普通高等教育"十二五"规划教材

现代数值分析 (MATLAB 版)

马昌凤 编著

国防工业出版社

·北京·

内容简介

本书阐述了现代数值分析的基本理论和方法,包括数值分析的基本概念、非线性方程求根、解线性方程组的直接法和迭代法、插值法与最小二乘拟合、数值积分和数值微分、矩阵特征值问题的计算、常微分方程初值问题的数值解法以及蒙特卡伦方法简介等.书中有丰富的例题、习题和上机实验题.本书既注重数值算法的实用性,又注意保持理论分析的严谨性,强调数值分析的思想和原理在计算机上的实现;选材恰当,系统性强,行文通俗流畅,具有较强的可读性.

本书的建议课时为72课时(其中含上机实验12课时),可作为数学与应用数学、信息与计算科学、计算机科学与技术以及统计学专业等本科生"数值分析"课程的教材或教学参考书,也可以作为理工科研究生"数值分析"课程的教材或教学参考书.

图书在版编目(CIP)数据

现代数值分析(MATLAB版)/马昌凤编著.—北京:国防工业出版社,2023.6重印
普通高等教育"十二五"规划教材
ISBN 978-7-118-08551-8

Ⅰ.①现… Ⅱ.①马… Ⅲ.①数值分析-Matlab软件-高等学校-教材 Ⅳ.①O241-39

中国版本图书馆CIP数据核字(2012)第296506号

※

国防工业出版社出版发行

(北京市海淀区紫竹院南路23号 邮政编码100048)
北京虎彩文化传播有限公司印刷
新华书店经售

*

开本 787×1092 1/16 **印张** 17 **字数** 390千字
2023年6月第1版第6次印刷 **印数** 10501—11500册 **定价** 35.00元

国防书店:(010)88540777 发行邮购:(010)88540776
发行传真:(010)88540755 发行业务:(010)88540717

前 言

科学计算的兴起是 20 世纪最重要的科学进步之一. 随着计算机和计算方法的飞速发展, 科学计算已与科学理论和科学实验鼎立为现代科学的三大组成部分之一. 在各种科学和工程领域中逐步形成了计算性学科分支, 如计算物理、计算力学、计算化学、计算生物学和计算地震学等. 科学计算在生命科学、医学、系统科学、经济学以及社会科学中所起的作用也日益增大; 在气象、勘探、航空航天、交通运输、机械制造、水利建筑等许多重要工程领域中, 科学计算已经成为不可缺少的工具. 这些计算性的科学和工程领域, 又以数值计算方法作为其共性基础和联系纽带, 使得计算数学这一古老的数学科目成为现代数学中一个生机勃勃的分支, 它是数学科学中最直接与生活相联系的部分, 是理论到实际的桥梁.

数值分析也称为数值计算方法, 其主要任务是构造求解科学和工程问题的数值算法, 研究算法的数学机理, 在计算机上设计和进行计算试验, 分析这些数值实验的误差, 并与相应的理论和可能的实验对比印证. 这就是数值分析研究的对象和任务.

本书简明扼要地介绍了现代数值分析的基本理论和方法, 包括误差的基本概念、非线性方程求根、解线性方程组的直接法和迭代法、插值法与最小二乘拟合、数值积分和数值微分、矩阵特征问题的计算、常微分方程初值问题的数值解法以及蒙特卡洛方法简介等. 此外, 书后还编写了一个附录, 介绍了数值实验报告的格式和一些具体的数值实验题目及各个实验的目的要求. 书中标有星号 (*) 的章节为选修内容, 计划课时在 48 学时及以下者可不讲授这一部分内容.

本书各章节的主要算法都给出了 MATLAB 程序及相应的计算实例. 为了更好地配合教学, 编制了与本教材配套的光盘资料. 光盘中包括了教材的电子课件和全部算法的 MATLAB 程序.

本书具有如下特点：

(1) 讲述数值分析中最重要最基础的理论与方法, 它们是研究各种复杂的数值计算问题的基础和工具。

(2) 给出教材全部算法的 MATLAB 程序, 所有程序都经过数值测试.

(3) 每一算法程序之后都给出了相应的计算实例. 这不仅能帮助学生理解程序里所包含的数值分析理论知识, 而且对培养学生处理数值计算问题的能力也大有裨益.

(4) 每章都配备了一定数量的例题和习题, 习题分为理论分析题和实验题, 以加强学生对所学知识的理解和巩固.

本书的编写和出版得到了"国家自然科学基金项目 (编号: 11071041)"的资助, 在此作者表示由衷的感谢. 此外, 还要感谢福建师范大学教务处以及数学与计算机科学学院给予的帮助和支持. 作者的研究生谢亚君、黄娜、柯艺芬、郑青青、卢怀泽和闫建瑞完成了本书全部的校对工作, 在此一并表示感谢.

由于编写时间和水平的限制, 本书难免出现错误, 殷切希望老师和同学们批评指正并提出修改建议.

编 者

目　录

第 1 章　现代数值分析引论

1.1　数值分析的研究对象

数值分析, 也称为数值计算方法, 是数学学科中关于数值计算的一门学问, 它研究如何借助计算工具求得数学问题的数值解答. 这里的数学问题仅限于数值问题, 即给出一组数值型的数据 (通常是一些实数, 称为初始数据), 去求另一组数值型数据, 问题的本身反映了这两组数据之间的某种确定关系. 如函数的计算、方程的求根等都是数值问题的典型例子.

数值计算方法的历史源远流长, 自有数学以来就有关于数值计算方面的研究. 古代巴比伦人在公元前 2000 年左右就有了关于二次方程求解的研究, 我国古代数学家刘徽利用割圆术求得圆周率的近似值, 而后祖冲之求得圆周率的高精度的值都是数值计算方面的杰出成就. 数值计算的理论与方法是在解决数值问题的长期实践过程中逐步形成和发展起来的. 但在电子计算机出现以前, 它的理论与方法发展十分缓慢, 甚至长期停滞不前. 由于受到计算工具的限制, 无法进行大量、复杂的计算.

科学技术的发展与进步提出了越来越多的复杂的数值计算问题, 这些问题的圆满解决已远非人工手算所能胜任, 必须依靠电子计算机快速准确的数据处理能力. 这种用计算机处理数值问题的方法, 称为科学计算. 当前, 科学计算的应用范围非常广泛, 如天气预报、工程设计、流体计算、经济规划和预测以及国防尖端的一些科研项目, 以及核武器的研制、导弹和火箭的发射等, 始终是科学计算最为活跃的领域.

现代数值分析的理论与方法是与计算机技术的发展与进步一脉相承的. 无论计算机在数据处理、信息加工等方面取得了多么辉煌的成就, 科学计算始终是计算机应用的一个重要方面, 而数值计算的理论与方法是计算机进行科学计算的依据. 它不但为科学计算提供了可靠的理论基础, 并且提供了大量行之有效的数值问题的算法.

由于计算机对数值计算这门学科的推动和影响, 使数值计算的重点转移到使用计算机编程算题的方面上来. 现代的数值计算理论与方法主要是面对计算机的. 研究与寻求适合在计算机上求解各种数值问题的算法是数值分析这门学科的主要内容.

1.2　数值算法的基本概念

通俗地说, 数值算法就是求解数值问题的计算步骤. 由一些基本运算及运算顺序的规定构成的一个 (数值) 问题完整的求解方案称为 (数值) 算法.

计算机的运算速度极高, 可以承担大运算量的工作, 这是否意味着人们可以对计算机上的算法随意选择呢?

我们知道, 在线性代数中, 克兰姆规则原则上可用来求解线性方程组. 用这种方法求解一个 n 阶方程组, 要计算 $n+1$ 个 n 阶行列式的值, 这意味着总共需要做 $A_n = n!(n-1)(n+1)$ 次乘法. 当 n 充分大时, 这个计算量是相当惊人的. 例如, 对于一个 20

阶的方程组, 大约需要做 $A_{20} \approx 10^{21}$ 次乘法, 现在假设这项计算用每秒百亿次 (10^{10}) 的计算机去做, 每年只能完成大约 $3.15 \times 10^{17} (365 \times 24 \times 3600 \times 10^{10})$, 故所需时间约为 $10^{21} \div (3.15 \times 10^{17}) \approx 3.2 \times 10^3$ (年), 即大约需要 3200 年才能完成. 当然, 解线性方程组有许多实用的算法 (参看本书的后续章节). 这个简单的例子说明, 能否正确地制订算法是科学计算成败的关键.

计算机虽然是运算速度极高的现代化计算工具, 但它本质上仅能完成一系列具有一定位数的基本的算术运算和逻辑运算. 故在进行数值计算时, 首先要将各种类型的数值问题转化为一系列计算机能够执行的基本运算.

通常的数值问题是在实数范围内提出的, 而计算机所能表示的数仅仅是有限位小数, 误差不可避免. 这些误差对计算结果的影响是需要考虑的. 如果给出一种算法, 在计算机上运行时, 误差在成千上万次的运算过程中得不到控制, 如初始数据的误差和由中间结果的舍入产生的误差, 这些误差在计算过程中的累积越来越大, 以致淹没了真值, 那么这样的计算结果将变得毫无意义. 相应地, 我们称这种算法是不可靠的, 或者数值不稳定的.

现在的计算机无论在运算速度上还是在存储能力上都是传统计算工具所无法比拟的. 但即使这样, 在设计算法时, 也必须对算法的运算次数和存储量大小给予足够的重视. 实际中存在大量的这样的问题, 由于所提供的解决这些问题的算法的运算量大得惊人, 即使利用最尖端的计算机也无法在有效时间内求得问题的答案.

那么, 一个好的算法一般应该具备什么特征呢? ① 必须结构简单, 易于计算机实现; ② 理论上必须保证方法的收敛性和数值稳定性; ③ 计算效率必须要高, 即计算速度快且节省存储量; ④ 必须经过数值实验检验, 证明行之有效.

1.3 误差的基本理论

1.3.1 误差的来源

误差是描述数值计算中近似值的精确程度的一个基本概念, 在数值计算中十分重要, 误差按来源可分为模型误差、观测误差、截断误差和舍入误差.

1. *模型误差*

数学模型通常是由实际问题抽象得到的, 一般带有误差, 这种误差称为模型误差.

2. *观测误差*

数学模型中包含的一些物理参数通常是通过观测和实验得到的, 难免带有误差, 这种误差称为观测误差.

3. *截断误差*

求解数学模型所用的数值方法通常是一种近似方法, 这种因方法产生的误差称为截断误差或方法误差. 例如, 利用 $\ln(x+1)$ 的泰勒公式, 即

$$\ln(x+1) = x - \frac{1}{2}x^2 + \frac{1}{3}x^3 - \frac{1}{4}x^4 + \cdots + (-1)^{n-1}\frac{1}{n}x^n + \cdots,$$

实际计算时只能截取有限项代数和计算, 如取前 5 项, 有

$$\ln 2 \approx 1 - \frac{1}{2} + \frac{1}{3} - \frac{1}{4} + \frac{1}{5}.$$

这时产生误差 (记作 R_5) 为

$$R_5 = -\frac{1}{6} + \frac{1}{7} - \frac{1}{8} + \frac{1}{9} - \cdots.$$

4. 舍入误差

由于计算机只能对有限位数进行运算, 在运算中像 e、$\sqrt{2}$、1/3 等都要按舍入原则保留有限位, 这时产生的误差称为舍入误差或计算误差.

在数值分析中, 总假定数学模型是准确的, 因而不考虑模型误差和观测误差, 主要研究截断误差和舍入误差对计算结果的影响.

1.3.2 绝对误差和相对误差

1. 绝对误差

给一实数 x, 它的近似值为 x^*, $x^* - x$ 反映了近似值和精确值差异的大小, 因此称

$$\varepsilon(x) = x^* - x$$

为近似数 x^* 的绝对误差. 由于精确值往往是无法知道的, 因此近似数的绝对误差也无法得到, 但有时却能估计出 $\varepsilon(x)$ 的绝对值的一个上限. 如果存在一个正数 η, 使得

$$|\varepsilon(x)| \leqslant \eta,$$

则称 η 为 x^* 的绝对误差限（或误差界）. 此时

$$x - \eta \leqslant x^* \leqslant x + \eta.$$

通常将上式简记为 $x^* = x \pm \eta$.

2. 相对误差

绝对误差通常不能完全反映近似数的精确程度, 它还依赖于此数本身的大小, 因此有必要引进相对误差的概念. 近似数 x^* 的相对误差定义为

$$\varepsilon_r(x) = \frac{\varepsilon(x)}{x} = \frac{x^* - x}{x}.$$

由于 x 未知, 实际使用时总是将 x^* 的相对误差取为

$$\varepsilon_r(x) = \frac{\varepsilon(x)}{x^*} = \frac{x^* - x}{x^*}.$$

和绝对误差的情况一样, 引进相对误差限（或相对误差界）的概念. 如果存在一个正数 δ, 使得

$$|\varepsilon_r(x)| \leqslant \delta,$$

则称 δ 为 x^* 的相对误差限.

例 1.1 设 $x^* = 5.230$ 是由精确值 x 经过四舍五入得到的近似值, 求 x^* 的绝对误差限和相对误差限.

解 由已知可得: $5.2295 \leqslant x < 5.2305$, 所以

$$-0.0005 \leqslant x - x^* < 0.0005.$$

因此, 绝对误差限为 $\eta = 0.5 \times 10^{-3}$, 相对误差限为 $\delta = \eta \div 5.230 \approx 0.96 \times 10^{-4}$.

1.3.3 近似数的有效数字

为了能给出一种数的表示法, 使之既能表示其大小, 又能表示其精确程度, 于是需要引进有效数字的概念. 在实际计算中, 当准确值 x 有很多位数时, 通常按四舍五入得到 x 的近似值 x^*. 例如无理数

$$\pi = 3.1415926535897\cdots,$$

若按四舍五入原则分别取 2 位和 4 位小数时, 得

$$\pi \approx 3.14, \quad \pi \approx 3.1416.$$

不管取几位得到的近似数, 其绝对误差不会超过末位数的半个单位, 即

$$|\pi - 3.14| \leqslant \frac{1}{2} \times 10^{-2}, \quad |\pi - 3.1416| \leqslant \frac{1}{2} \times 10^{-4}.$$

定义 1.1 设数 x^* 是数 x 的近似值, 如果 x^* 的绝对误差限是它的某一数位的半个单位, 并且从 x^* 左起第一个非零数字到该数位共有 n 位, 则称这 n 个数字为 x^* 的有效数字, 也称用 x^* 近似 x 时具有 n 位有效数字.

例 1.2 已知近似数

$$a = 35.2468, \quad b = -0.370, \quad c = 0.00051$$

的绝对误差限都是 0.0005, 问它们具有几位有效数字?

解 由于 0.0005 是小数点后第 3 数位的半个单位, 所以 a 有 5 位有效数字 3、5、2、4、6, b 有 3 位有效数字 3、7、0, c 没有有效数字.

一般地, 任何一个实数 x 经过四舍五入后得到的近似值 x^* 都可以写成如下标准形式, 即

$$x^* = \pm 0.a_1 a_2 \cdots a_n \times 10^m. \tag{1.1}$$

所以, 当其绝对误差限满足

$$|x^* - x| \leqslant \frac{1}{2} \times 10^{m-n}$$

时, 则称近似值 x^* 具有 n 位有效数字, 其中 m 为整数, a_1 是 $1 \sim 9$ 中的某个数字, $a_2, \cdots, a_n$ 是 $0 \sim 9$ 中的数字.

根据上述有效数字的定义, 不难验证 π 的近似值 3.1416 具有 5 位有效数字. 事实上, $3.1416 = 0.31416 \times 10^1$, 这里 $m = 1$, $n = 5$, 由于

$$|\pi - 3.1416| = 0.0000073465\cdots < \frac{1}{2} \times 10^{-4},$$

所以它具有 5 位有效数字.

有效数字与绝对误差、相对误差有如下关系:

定理 1.1 (1) 若有数 x 的近似值 $x^* = \pm 0.a_1 a_2 \cdots a_n \times 10^m$ 有 n 位有效数字, 则此近似值 x^* 的绝对误差限为

$$|x^* - x| \leqslant \frac{1}{2} \times 10^{m-n}. \tag{1.2}$$

(2) 若近似数 x^* 有 n 位有效数字, 则其相对误差限满足

$$|\varepsilon_r(x)| \leqslant \frac{1}{2a_1} \times 10^{-(n-1)}. \tag{1.3}$$

反之, 若近似数 x^* 的相对误差限满足

$$|\varepsilon_r(x)| \leqslant \frac{1}{2(a_1+1)} \times 10^{-(n-1)}, \tag{1.4}$$

则 x^* 至少有 n 位有效数字.

证明 (1) 结论显然.

(2) 由式 (1.1) 可知

$$a_1 \times 10^{m-1} \leqslant |x^*| \leqslant (a_1 + 1) \times 10^{m-1},$$

故

$$|\varepsilon_r(x)| = \frac{|x^* - x|}{|x^*|} \leqslant \frac{\frac{1}{2} \times 10^{m-n}}{a_1 \times 10^{m-1}} = \frac{1}{2a_1} \times 10^{-(n-1)}.$$

反之, 由

$$|x^* - x| = |x^*| \cdot |\varepsilon_r(x)| \leqslant (a_1 + 1) \times 10^{m-1} \cdot \frac{1}{2(a_1+1)} \times 10^{-(n-1)} = \frac{1}{2} \times 10^{m-n}$$

知, x^* 至少有 n 位有效数字.

由此可见, 当 m 一定时, n 越大 (即有效数字位数越多), 其绝对误差限越小.

例 1.3 为使 $\sqrt{20}$ 的近似值的相对误差小于 10^{-4}, 问需要取几位有效数字?

解 $\sqrt{20}$ 的近似值的首位非零数字是 $a_1 = 4$. 假设应取 n 位有效数字, 则由式 (1.3), 有

$$|\varepsilon_r(x)| \leqslant \frac{1}{2\times 4} \times 10^{-(n-1)} < 10^{-4},$$

解之得 $n > 4.0969$, 故取 $n = 5$ 即可满足要求. 也就是说, 只要 $\sqrt{20}$ 的近似值具有 5 位有效数字, 就能保证 $\sqrt{20} \approx 4.4721$ 的相对误差小于 10^{-4}.

例 1.4 已知近似数 x^* 的相对误差界为 10^{-4}. 问 x^* 至少有几位有效数字?

解 由于 x^* 首位数未知, 但必有 $1 \leqslant a_1 \leqslant 9$. 则由式 (1.4), 有

$$|\varepsilon_r(x)| \leqslant \frac{1}{2\times (a_1+1)} \times 10^{-(n-1)} = 10^{-4},$$

得

$$10^{n-1} = \frac{1}{2\times (a_1+1)} \times 10^4 \ \Rightarrow\ n = 5 - \lg 2 - \lg(a_1+1),$$

解之得 $3.6990 \leqslant n \leqslant 4.3979$, 故取 $n = 3$, 即近似数 x^* 至少有 3 位有效数字 (有可能达到 4 位有效数字).

1.4 数值算法设计的若干原则

为了减少舍入误差的影响, 设计算法时应遵循如下一些原则.

1. 避免两个相近的数相减

如果 x^*, y^* 分别是 x, y 的近似值, 则 $z^* = x^* - y^*$ 是 $z = x - y$ 的近似值, 此时有

$$|\varepsilon_r(z)| = \frac{|z^* - z|}{|z^*|} \leqslant \left|\frac{x^*}{x^* - y^*}\right| \cdot |\varepsilon_r(x)| + \left|\frac{y^*}{x^* - y^*}\right| \cdot |\varepsilon_r(y)|,$$

可见, 当 x^* 与y^* 很接近时, z^* 的相对误差有可能很大. 例如, 当 $x = 5000$ 时, 计算

$$\sqrt{x+1} - \sqrt{x}$$

的值, 若取 4 位有效数字计算

$$\sqrt{x+1} - \sqrt{x} = \sqrt{5001} - \sqrt{5000} = 71.72 - 71.71 = 0.01.$$

这个结果只有 1 位有效数字, 损失了 3 位有效数字, 从而绝对误差和相对误差都变得很大, 严重影响了计算精度. 但如果将公式改变为

$$\sqrt{x+1} - \sqrt{x} = \frac{1}{\sqrt{x+1} + \sqrt{x}} = \frac{1}{\sqrt{5001} + \sqrt{5000}} \approx 0.006972.$$

它仍然有 4 位有效数字, 可见改变计算公式可以避免两个相近数相减而引起的有效数字的损失, 从而得到比较精确的计算结果.

因此, 在数值计算中, 如果遇到两个相近的数相减运算, 应考虑改变一下算法以避免这两数相减.

2. 避免绝对值太小的数作除数

由于除数很小, 将导致商很大, 有可能出现"溢出"现象. 另外, 设 x^*, y^* 分别是 x, y 的近似值, 则 $z^* = x^* \div y^*$ 是 $z = x \div y$ 的近似值, 此时, z 的绝对误差满足

$$|\varepsilon(z)| = |z^* - z| = \left|\frac{(x^* - x)y + x(y - y^*)}{y^* y}\right| \approx \frac{|x^*| \cdot |\varepsilon(y)| + |y^*| \cdot |\varepsilon(x)|}{(y^*)^2}.$$

由此可见, 若除数太小, 则可能导致商的绝对误差很大.

3. 防止大数"吃掉"小数

因为计算机上只能采用有限位数计算, 若参加运算的数量级差很大, 在它们的加、减运算中, 绝对值很小的数往往被绝对值较大的数"吃掉", 造成计算结果失真.

例 1.5 求方程

$$x^2 - (10^9 + 1)x + 10^9 = 0$$

的根.

解 显然, 方程的两个根为: $x_1 = 10^9$, $x_2 = 1$. 如果用 8 位数字的计算机计算, 使用二次方程的求根公式

$$x_{1,2} = \frac{-b \pm \sqrt{b^2 - 4ac}}{2a},$$

得

$$\begin{aligned} -b &= 10^9 + 1 = \underbrace{0.10000000}_{8\text{ 位}} \times 10^{10} + \underbrace{0.10000000}_{8\text{ 位}} \times 10^1 \\ &= \underbrace{0.10000000}_{8\text{ 位}} \times 10^{10} + \underbrace{0.00000000}_{8\text{ 位}} \times 10^{10} \\ &\triangleq 0.10000000 \times 10^{10} \quad (\text{第 9 位和第 10 位舍去}) \\ &= 10^9 \quad (\triangleq \text{ 表示机器中的相等}), \end{aligned}$$

那么有

$$\sqrt{b^2 - 4ac} = \sqrt{(10^9 + 1)^2 - 4 \times 1 \times 10^9} = \sqrt{(10^9 - 1)^2} \triangleq 10^9,$$

所以

$$x_1 = \frac{-b + \sqrt{b^2 - 4qc}}{2a} = \frac{10^9 + 10^9}{2 \times 1} = 10^9, \quad x_2 = \frac{10^9 - 10^9}{2 \times 1} = 0.$$

实际上, x_2 应等于 1. 可以看出 x_2 的误差太大, 原因是在做加减运算过程中要"对阶", 因而"小数" 1 在对阶过程中, 被"大数" 10^9 吃掉了. 而从上述计算可以看出, x_1 是可靠的, 故可利用根与系数的关系 $x_1 \cdot x_2 = c/a$ 来求 x_2, 即

$$x_2 = \frac{c}{ax_1} = \frac{10^9}{1 \times 10^9} = 1.$$

此方法是可靠的.

4. 尽量简化计算步骤以减少运算次数

同样一个问题, 如果能减少运算次数, 不但可以节省计算时间, 还可以减少舍入误差的传播. 这是数值计算中必须遵循的原则, 也是数值分析要研究的重要内容. 例如, 计算多项式

$$P(x) = a_0x^n + a_1x^{n-1} + \cdots + a_{n-1}x + a_n$$

的值, 若直接计算 $a_{n-k}x^k(k = 0, 1, \cdots, n)$, 再逐项相加, 一共需做

$$1 + 2 + \cdots + (n-1) + n = \frac{n(n+1)}{2}$$

次乘法和 n 次加法. 而若采用秦九韶算法

$$P(x) = (\cdots((a_0x + a_1)x + a_2)x + \cdots + a_{n-1})x + a_n,$$

则只需要 n 次乘法和 n 次加法即可.

5. 应采用数值稳定性好的算法

在计算过程中, 由于原始数据本身就具有误差, 每次运算有可能产生舍入误差. 误差的传播和累积很可能会淹没真解, 使计算结果变得根本不可靠. 先看下面的例子.

例 1.6 在 4 位十进制计算机上计算 8 个积分:

$$I_n = \int_0^1 x^n \mathrm{e}^{x-1}\mathrm{d}x, \quad n = 0,\ 1, \cdots, 7.$$

解 利用分部积分公式可得递推关系: $I_n = 1 - nI_{n-1}$. 注意到 $I_0 = 1 - \mathrm{e}^{-1} \approx 0.6321$ 及

$$I_n = \int_0^1 x^n \mathrm{e}^{-(1-x)}\mathrm{d}x < \int_0^1 x^n \mathrm{d}x = \frac{1}{n+1} \to 0 \ \ (n \to \infty),$$

可得两种算法:

(1) 令 $I_0 = 0.6321$, 再算 $I_n = 1 - nI_{n-1}, \ \ n = 1,\ 2, \cdots, 7$.

(2) 令 $I_{11} = 0$, 再算 $I_{n-1} = (1 - I_n)/n, \ \ n = 11,\ 10, \cdots, 1$.

按算法 (1) 得 8 个积分的近似值为

0.6321, 0.3679, 0.2642, 0.2074, 0.1704, 0.1480, 0.1120, 0.2160.

按算法 (2) 得 8 个积分的近似值为

0.6321, 0.3679, 0.2642, 0.2073, 0.1709, 0.1455, 0.1268, 0.1124.

算法 (2) 中的诸结果均准确到 4 位小数, 而算法 (1) 中的 I_7 没有一位数字是准确的. □

可靠的算法, 各步误差不应对计算结果产生过大的影响, 即具有稳定性. 研究算法是否稳定, 理应考察每一步的误差对算法的影响, 但这相当困难且繁琐. 为简单计, 通常只考虑某一步 (如运算开始时) 误差的影响. 这实质上是把算法稳定性的研究, 转化

为初始数据误差对算法影响的分析. 从某种意义上来说, 这种做法是合理的. 可以设想, 一步误差影响大, 多步误差影响更大; 一步误差影响逐步削弱, 多步误差影响也削弱. 因此这种简化研究得出的结论具有指导意义.

下面用此法分析例 1.6 中的两种算法的稳定性. 对算法 (1), 设 $\bar{I}_0 \approx I_0$ 有误差, 此后计算无误差, 则

$$\begin{cases} I_n = 1 - nI_{n-1}, \\ \bar{I}_n = 1 - n\bar{I}_{n-1}, \end{cases} \quad n = 1, 2, \cdots, 7.$$

两式相减, 得

$$I_n - \bar{I}_n = (-n)(I_{n-1} - \bar{I}_{n-1}), \quad n = 1, 2, \cdots, 7.$$

由此递推, 得

$$I_7 - \bar{I}_7 = -7!(I_0 - \bar{I}_0) = -5040(I_0 - \bar{I}_0).$$

同理, 对算法 (2), 设 $\bar{I}_{11} \approx I_{11}$ 有误差, 此后计算无误差, 则有

$$I_0 - \bar{I}_0 = -(I_{11} - \bar{I}_{11})/39916800 \approx -2.5052 \times 10^{-8}(I_{11} - \bar{I}_{11}).$$

由此可见, 按算法 (1), 最后结果误差是初始误差的 5040 倍, 而按算法 (2), 最后结果误差只是初始误差的 39916800 分之一. 这说明算法 (2) 的稳定性较好.

习题 1

1.1 下列近似数都是通过四舍五入得到的, 指出它们的绝对误差限、相对误差限和有效数字位数.

(1) 23000, (2) 0.00230, (3) 2300.00, (4) 2.30×10^4.

1.2 下列各数都是经过四舍五入得到的近似值, 求各数的绝对误差限、相对误差限和有效数字的位数.

(1) 3580, (2) 0.0476, (3) 30.120, (4) 0.3012×10^{-5}.

1.3 已知 $\pi = 3.141592654\cdots$, 问:

(1) 若其近似值取 5 位有效数字, 则该近似值是多少? 其误差限是多少?

(2) 若其近似值精确到小数点后面 4 位, 则该近似值是什么? 其误差限是什么?

(3) 若其近似值的绝对误差限位 0.5×10^{-5}, 则该近似值是什么?

1.4 已知近似数 x^* 的相对误差限为 0.02%, 问 x^* 至少有几位有效数字?

1.5 已知近似数 x^* 有 3 位有效数字, 试求其相对误差限.

1.6 要使 $\sqrt{6}$ 的近似值的相对误差限小于 0.1%, 需取几位有效数字?

1.7 怎样计算下列各题才能使得结果比较精确?

(1) $\sin(x+y) - \sin x$, 其中 $|y|$ 充分小; (2) $1 - \cos 1^\circ$; (3) $\ln\left(\sqrt{10^{10}+1}\right) - 10^5$).

1.8 已知 $|x| \ll 1$, 下列计算 y 的公式哪一个比较准确?

(1) (A) $y = \dfrac{2\sin^2 x}{x}$, (B) $y = \dfrac{1-\cos 2x}{x}$;

(2) (A) $y = \ln \dfrac{|x|}{1+\sqrt{1-x^2}}$, (B) $y = \ln \dfrac{1-\sqrt{1-x^2}}{|x|}$.

1.9 已知积分 $I_n = \displaystyle\int_0^1 \frac{x^n}{x+4} \mathrm{d}x$ 具有递推关系:

$$I_n = \frac{1}{n} - 4I_{n-1}, \quad n = 1, 2, \cdots,$$

试在 4 位十进制计算机上利用下面两种算法计算积分 $I_0, I_1, \cdots, I_7$:

(1) 令 $I_0 = 0.2231 (\approx \ln 1.25)$, 计算 $I_n = \dfrac{1}{n} - 4I_{n-1}$, $n = 1,\ 2, \cdots, 7$;

(2) 令 $I_{11} = 0$, 计算 $I_{n-1} = \dfrac{1}{4n}(1 - nI_n)$, $n = 11,\ 10, \cdots, 1$.

哪种算法准确? 原因是什么?

第 2 章　非线性方程的求根方法

在工程计算和科学研究中, 如电路和电力系统计算、非线性力学等许多领域的实际问题都可以化为一个非线性方程的求根问题. 本章讨论求解一元非线性方程

$$f(x) = 0 \tag{2.1}$$

的迭代解法, 其中 $f(x)$ 是连续的非线性函数. 而方程按 $f(x)$ 是多项式或超越函数又分别称为代数方程和超越方程. 例如, 代数方程

$$x^4 - 8x^3 + 26x^2 - 43x + 17 = 0,$$

超越方程

$$\sin\frac{\pi x}{2} - \mathrm{e}^{-x} = 0.$$

已经证明, 对于五次及五次以上的一元多项式方程不存在精确的求根公式, 至于超越方程就更难求其精确解了. 因此, 如何求得满足一定精度的式 (2.1) 的近似根, 已成为目前相关领域的科研工作者迫切需要解决的问题.

本章主要讨论非线性方程求根的二分法、简单迭代法及其加速方法、牛顿法和割线法等, 并讨论算法的收敛性、收敛速度和计算效率等问题.

2.1　二分法

2.1.1　二分法及其收敛性

二分法的基本思想是通过计算隔根区间的中点, 逐步将隔根区间缩小, 从而可得到方程的近似根数列. 所谓隔根区间, 是指该区间有且只有方程 $f(x) = 0$ 的一个根. 具体地说, 设 $f(x)$ 为连续函数, 又设方程的隔根区间为 $[a, b]$, 即 $f(a)f(b) < 0$. 记 $a_0 := a$, $b_0 := b$, 取其中点 $x_0 = (a_0 + b_0)/2$, 若 $f(a_0)f(x_0) < 0$, 则去掉右半区间, 即令 $a_1 := a_0$, $b_1 := x_0$; 否则, 去掉左半区间, 即令 $a_1 := x_0$, $b_1 = b_0$. 一般地, 记当前有根区间为 $[a_k, b_k]$, 取

$$x_k = \frac{a_k + b_k}{2}, \tag{2.2}$$

若 $f(a_k)f(x_k) < 0$, 则令 $a_{k+1} := a_k$, $b_{k+1} := x_k$; 否则, 令 $a_{k+1} := x_k$, $b_{k+1} := b_k$; 再取 $x_{k+1} = (a_{k+1} + b_{k+1})/2$, 一直做下去, 直到满足精度为止.

算法 2.1 (二分法)

(1) 确定隔根区间 $[a, b]$, 设定精度要求 ε.

(2) 置 $x := (a + b)/2$.

(3) 若 $f(x) = 0$, 输出 x, 停算; 否则, 转步骤 (4).

(4) 若 $f(a) \cdot f(x) < 0$, 则置 $b := x$; 否则, 置 $a := x$.

(5) 置 $x = (a + b)/2$, 若 $|b - a| < \varepsilon$, 输出 x, 停算; 否则, 转步骤 (3).

下面估计由式 (2.2) 产生的点列 $\{x_k\}$ 与方程的根 x^* 之间的误差是多少. 根据二分法的基本思想, x_k 与 x^* 的误差不会超过区间 $[a_k, b_k]$ 长度的 1/2, 并注意到每一个小区间的长度是前一个区间长的 1/2, 因此有

$$|x_k - x^*| \leqslant \frac{b_k - a_k}{2} = \frac{b_{k-1} - a_{k-1}}{2^2} = \cdots = \frac{b_0 - a_0}{2^{k+1}},$$

即

$$|x_k - x^*| \leqslant \frac{1}{2^{k+1}}(b - a). \tag{2.3}$$

由式 (2.3) 可知, 当 $k \to \infty$ 时, 有 $|x_k - x^*| \to 0$, 即

$$\lim_{k\to\infty} x_k = x^*.$$

从以上推导过程可以看到, 序列 $\{x_k\}$ 的收敛性与初始区间 $[a, b]$ 无关. 对于任意给定的初始区间 $[a, b]$, 序列 $\{x_k\}$ 均是收敛的, 因此, 二分法是大范围收敛的.

例 2.1 用二分法求方程 $x^3 + x - 3 = 0$ 在区间 $[1, 2]$ 内的根, 使其精度达到两位有效数字. 问需要将区间二分多少次? 并求出满足精度的近似根.

解 根据式 (2.3) 可以估计二分次数 k 的大小. 设

$$|x_k - x^*| \leqslant \frac{1}{2^{k+1}}(b - a) \leqslant \varepsilon,$$

其中 $a = 1$, $b = 2$, 精度 $\varepsilon = 0.05$, 那么可求得 $k \geq (\ln 20/\ln 2) - 1 \approx 3.3219$, 取 $k = 4$ 即可. 用式 (2.2) 求解得 $x^* \approx x_4 = 1.9063$, 具体过程见表 2.1.

表 2.1 二分法的计算结果

k	a_k	b_k	x_k	$b_k - a_k$	$f(a_k)f(x_k)$
0	1	2	1.5	1	−
1	1	1.5	1.25	0.5	−
2	1	1.25	1.125	0.25	+
3	1.125	1.25	1.1875	0.125	+
4	1.1875	1.25	1.21875	0.0625	

根据上述讨论, 二分法具有计算简单, 方法可靠并且有大范围收敛性的优点; 缺点是收敛缓慢 (只有线性收敛速度), 并且不能求重根和复根. 通常用二分法为其他的求根方法 (如牛顿法) 提供较好的初始近似值, 再用其他的求根方法精确化.

2.1.2 二分法的 MATLAB 程序

根据算法 2.1 编制 MATLAB 通用程序如下:

• 二分法 MATLAB 程序

```
%程序2.1--mbisec.m
function [x,k]=mbisec(f,a,b,ep)
%用途: 用二分法求非线性方程f(x)=0有根区间[a,b]中的一个根
%格式: [x,k]=mbisec(f,a,b,ep)  f为函数表达式, a,b为
%区间左右端点, ep为精度, x,k分别返回近似根和二分次数
x=(a+b)/2.0;  k=0;
while abs(feval(f,x))>ep|(b-a>ep)
    if feval(f,x)*feval(f,a)<0
        b=x;
    else
        a=x;
    end
    x=(a+b)/2.0; k=k+1;
end
```

例 2.2 用二分法程序 2.1 (mbisec.m) 求方程 $f(x) = x - \mathrm{e}^{-x} = 0$ 在 $[0,1]$ 内的一个实根. 取定精度 $\varepsilon = 10^{-5}$.

解 在 MATLAB 命令窗口执行:

```
>> f=@(x)x-exp(-x);
>> [x,k]=mbisec(f,0,1,1e-5)
```

得计算结果:

```
x =
    0.5671
k =
    17
```

即二分 17 之后, 得到满足给定精度的近似根.

2.2 迭代法的基本理论

2.2.1 迭代法的基本思想

能够得到递推形式的算法称为迭代法. 迭代法是数值方法中最常用的一种方法, 它是一种逐次逼近的方法. 其基本思想是: 先给出方程的根的一个近似值 (初始值), 反复

使用某递推公式, 校正根的近似值, 使之逐渐精确化, 最后得到满足精度要求的方程的近似解.

基于上述思想, 将方程 $f(x)=0$ 改写成其等价形式

$$x=\varphi(x). \tag{2.4}$$

取方程根的某一近似值 x_0 作为迭代的初始点, 由函数 $\varphi(x)$ 可计算出 x_1, 即 $x_1=\varphi(x_0)$, 如此下去, 设当前点为 x_k, 由 $\varphi(x)$ 计算出 x_{k+1}, 即

$$x_{k+1}=\varphi(x_k), \qquad k=0,1,\cdots, \tag{2.5}$$

这里, 称 $\varphi(x)$ 为迭代函数, 而称式 (2.5) 为迭代公式.

若序列 $\{x_k\}$ 存在极限 x^*, 即

$$\lim_{k\to\infty} x_k = x^*,$$

则称迭代过程 (或迭代公式) 是收敛的. 如果函数 $\varphi(x)$ 连续, 在式 (2.5) 两端取极限, 得

$$x^*=\varphi(x^*),$$

则 x^* 是式 (2.4) 的根. 也称 x^* 是函数 $\varphi(x)$ 的一个不动点, 因此也称式 (2.5) 为不动点迭代. 在式 (2.5) 中, 由于 x_{k+1} 仅由 x_k 决定, 因此这是一个单步迭代公式. 一个单步迭代公式也称为简单迭代法.

由上述讨论, 可得到如下算法.

算法 2.2 (简单迭代法)

(1) 取初始点 x_0, 最大迭代次数 N 和精度要求 ε, 置 $k:=0$.

(2) 根据式 (2.5) 计算 x_{k+1}.

(3) 若 $|x_{k+1}-x_k|<\varepsilon$, 则停算.

(4) 若 $k=N$, 则停算; 否则, 置 $k:=k+1$, 转步骤 (2).

由以上算法过程可以看出, 一旦确定了迭代函数, 算法 2.2 的程序实现非常简单. 根据算法 2.2 可编制 MATLAB 程序如下:

- 简单迭代法 MATLAB 程序

```
%程序2.2--miter.m
function [x,k]=miter(phi,x0,ep,N)
%用途: 用简单迭代法求非线性方程f(x)=0有根区间[a,b]中的一个根
%格式: [x,k]=miter(phi,x0,ep,N)  phi为迭代函数, x0为初值, ep为精度
%(默认1e-4), N为最大迭代次数(默认500), x,k分别返回近似根和迭代次数
if nargin<4 N=500;end
```

```
if nargin<3 ep=1e-4;end
k=0;
while k<N
   x=feval(phi,x0);
   if abs(x-x0)<ep
      break;
   end
   x0=x;k=k+1;
end
```

例 2.3 用简单迭代法程序 2.2 (miter.m) 求方程 $f(x)=x-\mathrm{e}^{-x}=0$ 在 $[0,1]$ 内的一个实根. 取定精度 $\varepsilon=10^{-5}$, 初始点为 $x_0=0.5$.

解 迭代法成功的关键在于如何适当选取迭代函数. 本问题可将原方程等价变形为至少下列 3 种形式, 即

$$x=\mathrm{e}^{-x}, \quad x=-\ln x, \quad x=x+x\mathrm{e}^{x}-1.$$

经过粗略的观察, 可发现后两种等价变形是不可取的 (稍后还有详细论述). 故取迭代函数为 $\varphi(x)=\mathrm{e}^{-x}$, 迭代公式为

$$x_{k+1}=\mathrm{e}^{-x_k},$$

在 MATLAB 命令窗口执行:

```
>> phi=@(x)exp(-x);
>> [x,k]=miter(phi,0.5,1e-5)
```

得到计算结果:

```
x =
    0.5671
k =
    17
```

2.2.2 收敛性和误差分析

用简单迭代法求解非线性方程的关键在于适当地构造迭代公式, 不同的迭代公式收敛的速度不同, 甚至不收敛. 例如, 用迭代法求解方程 $x^3-x-1=0$, 可以将方程等价变形为至少下面 4 种形式, 即

$$x=\sqrt[3]{x+1}, \quad x=x^3-1, \quad x=\sqrt{1+\frac{1}{x}}, \quad x=\frac{x^3+x-1}{2}, \cdots$$

由此, 可以得到不同的迭代公式, 即

$$\text{(I)}\ \ x_{k+1}=\sqrt[3]{x_k+1},\qquad \text{(II)}\ \ x_{k+1}=x_k^3-1,$$

$$\text{(III)}\ \ x_{k+1}=\sqrt{1+\tfrac{1}{x_k}},\quad \text{(IV)}\ \ x_{k+1}=\frac{x_k^3+x_k-1}{2}$$

利用前面的 MATLAB 进行计算, 取初始值 $x_0=1.5$, 发现格式 (II) 和 (IV) 是不收敛的, 而格式 (I) 迭代 6 次, 格式 (III) 迭代 8 次即可达到满意的精度 ($<10^{-5}$).

那么, 现在的问题是, 当迭代公式 (或迭代函数) 满足什么样的条件时, 才能保证所产生的迭代序列收敛 (到方程的解) 呢? 我们有下面的收敛性定理:

定理 2.1 设函数 $\varphi(x)$ 在区间 $[a,b]$ 上有连续的一阶导数, 并满足:

(1) $a\leqslant\varphi(x)\leqslant b,\ \ \forall x\in[a,b]$.

(2) $|\varphi'(x)|\leqslant L<1,\ \ \forall x\in[a,b]$.

则

(1) 函数 $\varphi(x)$ 在区间 $[a,b]$ 上存在唯一的不动点 x^*, 即 $x^*=\varphi(x^*)$.

(2) 对任何 $x_0\in[a,b]$, 由式 (2.5) 得到的迭代序列 $\{x_k\}$ 均收敛到方程的解 x^*.

证 (1) 先证明存在性. 作函数 $g(x)=x-\varphi(x)$, 则由题设 $g(a)=a-\varphi(a)\leqslant 0$, $g(b)=b-\varphi(b)\geqslant 0$, 由根的存在定理, 至少存在一个 x^*, 使得 $g(x^*)=0$, 即 $x=\varphi(x^*)$.

再证唯一性. 假设存在两个解 x^* 和 $\bar{x}$, 即

$$x^*=\varphi(x^*),\quad \bar{x}=\varphi(\bar{x}),\quad x^*,\ \bar{x}\in[a,b].$$

由拉格朗日中值定理, 得

$$|x^*-\bar{x}|=|\varphi(x^*)-\varphi(\bar{x})|\leqslant|\varphi'(\xi)|\cdot|x^*-\bar{x}|\leqslant L|x^*-\bar{x}|, \tag{2.6}$$

因为 $L<1$, 式 (2.6) 成立必然有 $x^*=\bar{x}$.

(2) 由拉格朗日中值定理及条件 (2), 得

$$\begin{aligned}|x_k-x^*| &= |\varphi(x_{k-1})-\varphi(x^*)|=|\varphi'(\xi_{k-1})\cdot(x_{k-1}-x^*)|\\ &\leqslant L|x_{k-1}-x^*|\leqslant L^2|x_{k-2}-x^*|\leqslant\cdots\leqslant L^k|x_0-x^*|.\end{aligned}$$

由于 $L<1$, 故当 $k\to\infty$ 时, $L^k\to 0$, 从而 $x_k\to x^*(k\to\infty)$.

注 2.1 由定理 2.1 的证明过程可以看出, 条件 (2) 可以用 Lipschitz 条件来替代, 即存在常数 L 且 $0<L<1$, 使得

$$|\varphi(x)-\varphi(y)|\leqslant L|x-y|,\quad \forall x,y\in[a,b], \tag{2.7}$$

定理的结论依然成立.

定理 2.1 只是定性地指出了在满足一定的条件下, 迭代序列收敛到方程的解, 并没有定量地给出近似解与真解的误差, 这样, 在构造算法时, 无法确定终止条件. 下面的定理给出了算法 2.2 的误差估计.

定理 2.2 设定理 2.1 的条件成立, 则

$$|x_k - x^*| \leqslant \frac{L^k}{1-L}|x_1 - x_0|, \tag{2.8}$$

$$|x_k - x^*| \leqslant \frac{1}{1-L}|x_{k+1} - x_k|. \tag{2.9}$$

证 由定理 2.1 的证明过程可知

$$|x_{k+1} - x_k| \leqslant L|x_k - x_{k-1}| \leqslant \cdots \leqslant L^k|x_1 - x_0|. \tag{2.10}$$

反复利用式 (2.10)，得

$$\begin{aligned} |x_{k+p} - x_k| &\leqslant |x_{k+p} - x_{k+p-1}| + |x_{k+p-1} - x_{k+p-2} + \cdots + |x_{k+1} - x_k| \\ &\leqslant (L^{k+p-1} + L^{k+p-2} + \cdots + L^k)|x_1 - x_0| \\ &\leqslant \frac{L^k}{1-L}|x_1 - x_0|, \end{aligned}$$

在上式中, 令 $p \to \infty$, 即得式 (2.8).

用同样的方法, 得

$$\begin{aligned} |x_{k+p} - x_k| &\leqslant |x_{k+p} - x_{k+p-1}| + |x_{k+p-1} - x_{k+p-2}| + \cdots + |x_{k+1} - x_k| \\ &\leqslant (L^{p-1} + L^{p-2} + \cdots + L + 1)|x_{k+1} - x_k| \\ &\leqslant \frac{1}{1-L}|x_{k+1} - x_k|, \end{aligned}$$

在上式中, 令 $p \to \infty$, 即得式 (2.9).

上述定理所讨论的收敛性是在整个求解区间 $[a,b]$ 上论述的, 这种收敛性称为全局收敛性. 在实际使用迭代法时, 有时候不方便验证整个区间上的收敛条件, 而实际上只考察不动点 x^* 附近的收敛性, 因此称为局部收敛性.

定义 2.1 设 x^* 是迭代函数 $\varphi(x)$ 的不动点, 如果存在 x^* 的某个邻域 $N(x^*,\delta) = (x^* - \delta, x^* + \delta)$, 使得对任意的 $x_0 \in N(x^*,\delta)$, 由式 (2.5) 产生的序列 $\{x_k\} \subset N(x^*,\delta)$, 且收敛到 x^*, 则称式 (2.5) 局部收敛.

定理 2.3 设 x^* 是方程 $x = \varphi(x)$ 的根, $\varphi'(x)$ 在 x^* 的某个邻域内连续且有 $|\varphi'(x^*)| < 1$, 则式 (2.5) 局部收敛.

证 由定理的条件, 存在 $\delta>0$, 使得 $\forall x\in N(x^*,\delta)$ 时, 有 $|\varphi'(x)|\leqslant L<1$. 因此, 有

$$|x_{k+1}-x^*|=|\varphi(x_k)-\varphi(x^*)|=|\varphi'(\xi_k)\cdot(x_k-x^*)|\leqslant L|x_k-x^*|<|x_k-x^*|,$$

所以当 $x_k\in N(x^*,\delta)$ 时, 有 $x_{k+1}\in N(x^*,\delta)$. 由定理 2.1 知, 式 (2.5) 局部收敛.

例 2.4 利用适当的迭代格式证明

$$1+\cfrac{1}{1+\cfrac{1}{1+\cdots}}=\frac{1+\sqrt{5}}{2}.$$

证 记

$$x_k=1+\cfrac{1}{1+\cfrac{1}{1+\cdots}},$$

则有递推式

$$x_{k+1}=1+\frac{1}{x_k},\quad k=0,1,\cdots.$$

令 $\varphi(x)=1+\dfrac{1}{x}$, 则 $\varphi'(x)=-\dfrac{1}{x^2}$. 设 $\varphi(x)$ 有不动点 x^*, 即 $x^*=1+\dfrac{1}{x^*}$, 解之得

$$x^*=\frac{1+\sqrt{5}}{2}.$$

另一方面, 因

$$|\varphi'(x^*)|=\frac{1}{\left(\dfrac{1+\sqrt{5}}{2}\right)^2}<1,$$

故由定理 2.3 知, $\{x_k\}$ 局部收敛于 x^*.

为了刻画迭代序列 $\{x_k\}$ 的收敛速度, 引进收敛阶的概念, 它是衡量一个迭代算法优劣的重要指标之一.

定义 2.2 设 $\lim\limits_{k\to\infty}x_k=x^*$, 令 $e_k=x_k-x^*$, 如果存在某个实数 $p\geqslant1$ 及常数 $c>0$, 使得

$$\lim_{k\to\infty}\frac{|e_{k+1}|}{|e_k|^p}=c,\tag{2.11}$$

则称序列 $\{x_k\}$ 是 p 阶收敛的. 特别地, 当 $p=1$, $0<c<1$ 时, 称为线性收敛; 当 $p=1$, $c=0$ 时, 称为超线性收敛; 当 $p=2$ 时, 称为平方收敛.

根据计算实践, 一般认为, 一个算法如果只有线性收敛速度, 那是认为不理想的, 有必要改进算法, 或采用加速技巧. 而一个算法如果具有超线性收敛速度, 那就可以认为是一个很不错的算法. 至于构造具有平方敛速以上的算法, 则是数值分析人员梦寐以求的事情.

那么, 式 (2.5) 的收敛速度怎么样呢? 见定理 2.4.

定理 2.4 设迭代函数 $\varphi(x)$ 满足:

(1) $x^* = \varphi(x^*)$, 且在 x^* 附近有 p 阶导数;

(2) $\varphi'(x^*) = \varphi''(x^*) = \cdots = \varphi^{(p-1)}(x^*) = 0$;

(3) $\varphi^{(p)}(x^*) \neq 0$.

那么, 式 (2.5) 是 p 阶收敛的.

证 由泰勒公式, 有

$$
\begin{aligned}
x_{k+1} &= \varphi(x_k) = \varphi(x^*) + \varphi'(x^*)(x_k - x^*) + \cdots \\
&\quad + \frac{\varphi^{(p-1)}(x^*)}{(p-1)!}(x_k - x^*)^{p-1} + \frac{\varphi^{(p)}(\xi_k)}{p!}(x_k - x^*)^p \\
&= x^* + \frac{\varphi^{(p)}(\xi_k)}{p!}(x_k - x^*)^p,
\end{aligned}
$$

其中 ξ_k 介于 x_k 与 x^* 之间, 所以

$$
\frac{x_{k+1} - x^*}{(x_k - x^*)^p} = \frac{\varphi^{(p)}(\xi_k)}{p!}. \tag{2.12}
$$

上式两边取极限, 并注意到当 $k \to \infty$ 时, $\xi_k \to x^*$, 得

$$
\lim_{k \to \infty} \frac{x_{k+1} - x^*}{(x_k - x^*)^p} = \frac{\varphi^{(p)}(x^*)}{p!},
$$

即式 (2.5) 是 p 阶收敛的.

例 2.5 用简单迭代法求方程 $x^3 - x - 1 = 0$ 在区间 $[1,2]$ 上的一个根. 试用不同的方法构造迭代格式, 并指出每一格式是否收敛, 如果收敛指出收敛阶.

解 方法 1 将原方程变为 $x = x^3 - 1$, 迭代公式为 $x_{k+1} = x_k^3 - 1$. 这里迭代函数 $\varphi(x) = x^3 - 1$, 有 $\varphi'(x) = 3x^2 > 1$, $\forall x \in [1,2]$. 若令 $x_0 = 2$, 有 $x_1 = 7$, $x_2 = 342, \cdots$, 迭代显然是不收敛的.

方法 2 将原方程变为 $x = \sqrt[3]{x+1}$, 迭代公式为 $x_{k+1} = \sqrt[3]{x_k + 1}$. 这里迭代函数 $\varphi(x) = \sqrt[3]{x+1}$, 可以验证 $\varphi(x) \in [1,2]$, $\forall x \in [1,2]$, 且

$$
\varphi'(x) = \frac{1}{3\sqrt[3]{(x+1)^2}} < 1,\ \forall x \in [1,2].
$$

故由定理 2.1 知这一迭代格式是收敛的. 由于 $\varphi'(x^*) \neq 0$, 故其收敛阶是一阶的.

方法 3 将原方程变为 $x = x - \dfrac{x^3 - x - 1}{3x^2 - 1}$, 迭代公式为 $x_{k+1} = x_k - \dfrac{x_k^3 - x_k - 1}{3x_k^2 - 1}$. 这里迭代函数

$$
\varphi(x) = x - \frac{x^3 - x - 1}{3x^2 - 1} = \frac{2x^3 + 1}{3x^2 - 1}.
$$

可以验证 $\varphi(x) \in [1,2]$, $\forall x \in [1,2]$, 且

$$\varphi'(x) = \frac{6x(x^3 - x - 1)}{(3x^2 - 1)^2}, \ \forall x \in [1,2].$$

设 x^* 是方程 $x^3 - x - 1 = 0$ 在区间 $[1,2]$ 上的根, 则有 $\varphi'(x^*) = 0$, 故由定理 2.4 知这一迭代格式至少是二阶收敛的.

2.3 迭代法的加速技巧

2.3.1 迭代法加速的基本思想

对于一个收敛的迭代过程, 只要迭代足够多次, 就可以使结果达到任意精度, 但有时迭代过程收敛缓慢, 从而使计算过程变得很大, 因此迭代过程的加速是个重要课题.

由定理 2.4 可知, 当 $\varphi'(x^*) \neq 0$ 时, 式 (2.5) 只有线性收敛速度, 收敛到真解的速度是比较缓慢的. 下面我们来考虑迭代过程的加速问题.

设 x_k 是根 x^* 的某个近似值, 用迭代公式校正一次, 得

$$y_k = \varphi(x_k).$$

假设 $\varphi'(x)$ 在所考察的范围内变化不大, 其估计值为 q, 则

$$x^* - y_k = \varphi(x^*) - \varphi(x_k) \approx q(x^* - x_k),$$

由此解出 x^* 得

$$x^* \approx \frac{1}{1-q} y_k - \frac{q}{1-q} x_k,$$

这就是说, 如果将迭代值 y_k 与 x_k 加权平均, 可望得到的

$$x_{k+1} = \frac{1}{1-q} y_k - \frac{q}{1-q} x_k$$

是比 y_k 更好的近似根. 这样加工后的计算过程是:

迭代 $y_k = \varphi(x_k)$;

改进 $x_{k+1} = \dfrac{1}{1-q} y_k - \dfrac{q}{1-q} x_k$.

这组迭代公式可以合并成

$$x_{k+1} = \frac{1}{1-q}\big[\varphi(x_k) - q x_k\big]. \tag{2.13}$$

例如, 用式 (2.13) 求解例 2.3, 由于 $\varphi'(x) = -\mathrm{e}^{-x}$, 故可取 $q = -0.5$, 则式 (2.13) 的具体形式为

$$x_{k+1} = \frac{1}{1.5}\big(\mathrm{e}^{-x_k} + 0.5 x_k\big).$$

利用简单迭代法通用程序 maiter.m, 在 MATLAB 命令窗口执行:

```
>> phi=@(x) (exp(-x)+0.5*x)/1.5;
>> [x,k]=miter(phi,0.5,1e-5)
```

得到计算结果

```
x =
    0.5671
k =
     3
```

即只需迭代 3 次, 就可以得到与例 2.3 同样精度的结果 (而在那里迭代了 17 次), 可见这种加速的效果是明显的.

尽管如此, 加速迭代公式 (2.13) 使用起来却很不方便, 因为常数 q 一般是很难确定的.

2.3.2 Aitken 加速公式

由于加速迭代公式 (2.13) 不实用, Aitken (艾特金) 提出了一个实用的加速迭代公式. 其基本思想如下.

设当前近似点为 x_k, 令

$$y_k = \varphi(x_k), \tag{2.14}$$

$$z_k = \varphi(y_k). \tag{2.15}$$

仍设 $\varphi'(x) \approx q$, 于是有

$$y_k - x^* \approx q(x_k - x^*), \quad z_k - x^* \approx q(y_k - x^*),$$

将上面两式相除, 得

$$\frac{y_k - x^*}{z_k - x^*} \approx \frac{x_k - x^*}{y_k - x^*},$$

由上式解出 x^*, 得

$$x^* \approx \frac{x_k z_k - y_k^2}{z_k - 2y_k + x_k} = x_k - \frac{(y_k - x_k)^2}{z_k - 2y_k + x_k}.$$

可将上式的右端作为新的近似值, 即

$$x_{k+1} = x_k - \frac{(y_k - x_k)^2}{z_k - 2y_k + x_k}, \quad k = 0, 1, \cdots \tag{2.16}$$

下面写出具体算法.

算法 2.3 (Aitken 加速方法)

(1) 取初始点 x_0, 最大迭代次数 N 和精度要求 ε, 置 $k:=0$.

(2) 计算 $y_k=\varphi(x_k)$, $z_k=\varphi(y_k)$, 及

$$x_{k+1}=x_k-\frac{(y_k-x_k)^2}{z_k-2y_k+x_k}.$$

(3) 若 $|x_{k+1}-x_k|<\varepsilon$, 则停算.

(4) 若 $k=N$, 则停算; 否则, 置 $k:=k+1$, 转步骤 (2).

可以证明, Aitken 加速方法具有平方收敛速度, 此结论略去不证.
根据算法 2.3, 编制 MATLAB 程序如下:

- Aitken 加速法 MATLAB 程序

```
%程序2.3--maitken.m
function [x,k]=maitken(phi,x0,ep,N)
%用途: 用Aitken加速方法求f(x)=0的解
%格式: [x,k]=maaitken(phi,x0,ep,N)  phi为迭代函数, x0为迭代初值,
%ep为精度(默认1e-4), N为最大迭代次数(默认500), x,k分别返回近似根
%和迭代次数
if nargin<4,N=500;end
if nargin<3,ep=1e-4;end
k=0;
while k<N
    y=feval(phi,x0);
    z=feval(phi,y);
    x=x0-(y-x0)^2/(z-2*y+x0);
    if abs(x-x0)<ep, break;  end
    x0=x; k=k+1;
end
```

例 2.6 用 Aitken 加速法程序 2.3 (maitken.m) 求方程 $f(x)=x-\mathrm{e}^{-x}=0$ 在 $[0,1]$ 内的一个实根, 取初始点为 $x_0=0.5$, 精度为 10^{-5}.

解 在 MATLAB 命令窗口执行:

```
>> phi=@(x) exp(-x);
>> [x,k]=maitken(phi,0.5,1e-5)
x =
     0.5671
```

```
k =

     2
```

即只需 2 次迭代就可以得到满足精度要求的结果.

例 2.7 设函数 $\varphi(x)$ 连续可微, 若迭代公式 $x_{k+1}=\varphi(x_k)$ 局部线性收敛, 对于 $a\in R$, 构造迭代公式

$$x_{k+1}=\psi(x_k),\quad k=0,1,\cdots, \tag{2.17}$$

其中

$$\psi(x)=\frac{1}{1-a}\varphi(x)-\frac{a}{1-a}x.$$

试选取 a 的值使得式 (2.17) 具有更高的收敛阶.

解 因 $x_{k+1}=\varphi(x_k)$ 局部线性收敛, 故存在不动点 x^* 使得 $x^*=\varphi(x^*)$. 注意到

$$\psi(x^*)=\frac{1}{1-a}\varphi(x^*)-\frac{a}{1-a}x^*=\frac{1}{1-a}x^*-\frac{a}{1-a}x^*=x^*,$$

即 x^* 也是 $\psi(x)$ 的不动点. 对 $\psi(x)$ 求导数, 得

$$\psi'(x)=\frac{1}{1-a}\varphi'(x)-\frac{a}{1-a}.$$

要使式 (2.17) 具有比线性收敛更高的收敛阶, 必须满足条件 $\psi'(x^*)=0$, 即

$$\frac{1}{1-a}\varphi'(x^*)-\frac{a}{1-a}=0,$$

解得

$$a=\varphi'(x^*).$$

因此, 如果选取 $a=\varphi'(x^*)$, 则式 (2.17) 至少是二阶收敛的.

2.4 牛顿法

2.4.1 牛顿法及其收敛性

牛顿法是一种特殊形式的迭代法, 它是求解非线性方程最有效的方法之一. 其基本思想是：利用泰勒公式将非线性函数在方程的某个近似根处展开, 然后截取其线性部分作为函数的一个近似, 通过解一个一元一次方程来获得原方程的一个新的近似根.

具体地说, 设当前点为 x_k, 将 $f(x)$ 在 x_k 处泰勒展开并截取线性部分, 得

$$f(x)\approx f(x_k)+f'(x_k)(x-x_k),$$

令上式右端为 0, 解得

$$x_{k+1}=x_k-\frac{f(x_k)}{f'(x_k)},\quad k=0,1,\cdots \tag{2.18}$$

式 (2.18) 称为牛顿迭代公式.

根据导数的几何意义及上述推导过程可知, 牛顿法在几何上表现为: x_{k+1} 是函数 $f(x)$ 在点 $(x_k, f(x_k))$ 处的切线与 x 轴的交点. 因此, 牛顿法的本质是一个不断用切线来近似曲线的过程, 故牛顿法也称为切线法.

至于牛顿法的终止条件, 可以采用与简单迭代法相同的终止条件 (因牛顿法本身就是迭代法), 于是我们可以写出算法过程如下.

算法 2.4 (牛顿法)

(1) 取初始点 x_0, 最大迭代次数 N 和精度要求 ε, 置 $k := 0$.

(2) 计算

$$x_{k+1} = x_k - \frac{f(x_k)}{f'(x_k)}.$$

(3) 若 $|x_{k+1} - x_k| < \varepsilon$, 则停算.

(4) 若 $k = N$, 则停算; 否则, 置 $k := k+1$, 转步骤 (2).

下面分析牛顿法的收敛性及收敛速度.

定理 2.5 设函数 $f(x)$ 二次连续可导, x^* 满足 $f(x^*) = 0$ 及 $f'(x^*) \neq 0$, 则存在 $\delta > 0$, 当 $x_0 \in [x_0 - \delta, x_0 + \delta]$ 时, 牛顿法是收敛的, 且收敛阶至少是 2 (即至少是平方收敛的).

证 不难发现, 牛顿法本质相当于迭代函数为

$$\varphi(x) = x - \frac{f(x)}{f'(x)}$$

的迭代法, 于是

$$\varphi'(x) = 1 - \frac{[f'(x)]^2 - f(x)f''(x)}{[f'(x)]^2} = \frac{f(x)f''(x)}{[f'(x)]^2}.$$

由题设 $f(x^*) = 0$ 及 $f'(x^*) \neq 0$ 可得 $\varphi'(x^*) = 0$, 从而由定理 2.3 可知, 存在 $\delta > 0$, 当 $x_0 \in N(x^*, \delta)$ 时, 牛顿法收敛. 再由定理 2.4 可知, 其收敛阶至少是二阶的.

注 2.2 细心的读者会发现, 用牛顿迭代公式 (2.18) 求一个正数 a 的算术平方根或倒数是非常有效且方便的. 对于前者, 可将牛顿法用于解方程 $f(x) = x^2 - a = 0$, 得到迭代公式:

$$x_{k+1} = x_k - \frac{x_k^2 - a}{2x_k} = \frac{1}{2}\left(x_k + \frac{a}{x_k}\right), \quad k = 0, 1, \cdots. \tag{2.19}$$

而对于后者, 可将牛顿法用于解方程 $f(x) = \dfrac{1}{x} - a = 0$, 得到迭代公式:

$$x_{k+1} = 2x_k - ax_k^2, \quad k = 0, 1, \cdots. \tag{2.20}$$

例 2.8 试用牛顿法计算 $\sqrt{3}$ 的近似值, 使其具有 4 位有效数字.

解 取初始点 $x_0 = 2$, 利用式 (2.19) 计算, 结果见表 2.2.

表 2.2 牛顿法的计算结果

迭代次数 (k)	近似根的值 (x_k)	迭代次数 (k)	近似根的值 (x_k)
0	2.00000	2	1.73214
1	1.75000	3	1.73205

2.4.2 牛顿法的 MATLAB 程序

根据算法 2.4, 编制 MATLAB 程序如下:

- 牛顿法 MATLAB 程序

```
%程序2.4--mnewton.m
function [x,k]=mnewton(f,df,x0,ep,N)
%用途:用牛顿法求解非线性方程f(x)=0
%格式:[x,k]=mnewton(f,df,x0,ep,N)  f和df分别为表示f(x)
%及其导数, x0为迭代初值, ep为精度(默认1e-4), N为最大迭
%代次数(默认为500), x,k分别返回近似根和迭代次数
if nargin<5,N=500;end
if nargin<4,ep=1e-4;end
k=0;
while k<N
    x=x0-feval(f,x0)/feval(df,x0);
    if abs(x-x0)<ep
        break;
    end
    x0=x; k=k+1;
end
```

例 2.9 用牛顿法程序 2.4 (mnewton.m) 求方程 $f(x)=x-\mathrm{e}^{-x}=0$ 在 $[0,1]$ 内的一个实根, 取初始点为 $x_0=0.5$, 精度为 10^{-5}.

解 在 MATLAB 命令窗口执行:

```
>> f=@(x)x-exp(-x);
>> df=@(x)1+exp(-x);
>> [x,k]=mnewton(f,df,0.5,1e-5)
```

得计算结果:

```
x =
```

```
    0.5671
k =
    2
```

2.4.3 重根情形的牛顿法加速

由定理 2.5 的条件 ($f(x^*)=0,\ f'(x^*)\neq 0$) 可知, 当 x^* 是方程 $f(x)=0$ 的单根时, 收敛阶至少二阶的. 如果 x^* 是方程 $f(x)=0$ 的重根的情形会是怎么样的呢? 下面做一些简单的分析.

设 x^* 是方程 $f(x)=0$ 的 m 重根, 即

$$f(x)=(x-x^*)^m g(x),\quad m\geqslant 2,$$

其中 $g(x)$ 有二阶导数且 $g(x^*)\neq 0$, 计算 $\varphi(x)=x-f(x)/f'(x)$ 的导数, 得

$$\varphi'(x)=\frac{\left(1-\dfrac{1}{m}\right)+(x-x^*)\dfrac{2g'(x)}{mg(x)}+(x-x^*)^2\dfrac{g''(x)}{m^2g(x)}}{\left[1+(x-x^*)\dfrac{2g'(x)}{mg(x)}\right]^2}.$$

所以有

$$\varphi'(x^*)=1-\frac{1}{m}.$$

这样, 当 $m\geqslant 2$ 时, $\varphi'(x^*)\neq 0$, 且有 $|\varphi'(x^*)|<1$, 这样, 牛顿法就至多只有线性收敛速度了. 这说明在重根的情形, 牛顿法失去了快速收敛的优点而变得不再实用.

为改善重根时牛顿法的收敛速度, 可以采用下面两种方法.

(1) 当根的重数 $m\geqslant 2$ 时, 将迭代函数改为

$$\varphi(x)=x-\frac{mf(x)}{f'(x)}, \tag{2.21}$$

容易验证由上式定义的 $\varphi(x)$ 满足 $\varphi'(x^*)=0$, 因此迭代公式

$$x_{k+1}=x_k-\frac{mf(x_k)}{f'(x_k)},\quad k=0,1,\cdots \tag{2.22}$$

至少是二阶收敛的.

稍加思考便会发现上述加速方法并不适用, 因为事先并不知道根的重数 m, 故这一方法只具有理论上的意义, 下面的方法才是求重根时比较实用的加速方法.

(2) 若 x^* 是 $f(x)=0$ 的 m 重根, 则必为

$$\mu(x)=\frac{f(x)}{f'(x)}$$

的单根. 基于这个事实可以将牛顿迭代函数修改为

$$\varphi(x)=x-\frac{\mu(x)}{\mu'(x)}=x-\frac{f(x)f'(x)}{[f'(x)]^2-f(x)f''(x)}.$$

根据定理 2.5, 关于 $\mu(x)$ 的牛顿迭代公式

$$x_{k+1} = x_k - \frac{f(x_k)f'(x_k)}{[f'(x_k)]^2 - f(x_k)f''(x_k)}, \quad k = 0, 1, \cdots \tag{2.23}$$

至少是二阶收敛的. 式 (2.23) 称为求重根的牛顿加速公式.

例 2.10 取初始点为 $x_0 = 1.5$, 分别用牛顿法和式 (2.23) 计算方程

$$x^3 - x^2 - x + 1 = 0$$

的根.

解 容易发现 $x = 1$ 是二重根. 利用牛顿法的迭代公式为

$$x_{k+1} = x_k - \frac{x_k^2 - 1}{3x_k + 1}, \tag{2.24}$$

而利用式 (2.23) 的迭代公式为

$$x_{k+1} = \frac{x_k^2 + 6x_k + 1}{3x_k^2 + 2x_k + 3}. \tag{2.25}$$

利用式 (2.24), 迭代 13 次得近似解为 $x_{13} = 1.0001$. 而利用公式 (2.25) 迭代 3 次即可得到十分精确的结果：$x_1 = 0.96078$, $x_2 = 0.9996$, $x_3 = 1.0000$. 由此可见, 式 (2.23) 是有效的.

2.5 割线法

2.5.1 割线法的迭代公式

用牛顿法解方程 $f(x) = 0$ 的优点是收敛速度快, 但牛顿法有一个明显的缺点, 即每次迭代除需计算函数值 $f(x_k)$, 还需计算导数 $f'(x_k)$ 的值, 如果 $f(x)$ 比较复杂, 计算 $f'(x_k)$ 就可能十分麻烦. 尤其当 $|f'(x_k)|$ 很小时, 计算需十分精确, 否则会产生较大的误差.

为避开计算导数, 可以改用差商代替导数, 即

$$f'(x_k) \approx \frac{f(x_k) - f(x_{k-1})}{x_k - x_{k-1}},$$

得到式 (2.18) 的离散化形式

$$x_{k+1} = x_k - \frac{f(x_k)}{f(x_k) - f(x_{k-1})}(x_k - x_{k-1}). \tag{2.26}$$

式 (2.26) 称为割线法, 其几何意义是用过曲线 $y = f(x)$ 上两点的割线与 x 轴的交点去逼近 $f(x)$ 的零点. 割线法的计算步骤可归纳如下.

算法 2.5 (割线法)

(1) 取初始点 x_0, x_1, 最大迭代次数 N 和精度要求 ε, 置 $k := 1$.

(2) 计算 $f(x_k)$ 及 $f(x_{k-1})$.

(3) 由公式 (2.26) 计算 x_{k+1}.

(4) 若 $|x_{k+1} - x_k| < \varepsilon$, 则停算.

(5) 若 $k = N$, 则停算; 否则, 置 $x_{k-1} := x_k$, $x_k := x_{k+1}$, $k := k + 1$, 转步骤 (2).

对于割线法, 可以证明下面的收敛定理.

定理 2.6 设函数 $f(x)$ 在其零点 x^* 的某个邻域 $S = \{x||x - x^*| \leqslant \delta\}$ 内有二阶连续导数, 且对任意 $x \in S$, 有 $f'(x) \neq 0$, 则当 $\delta > 0$ 充分小时, 对 S 中任意 x_0, x_1, 由式 (2.26) 产生的序列 $\{x_k\}$ 收敛到方程 $f(x) = 0$ 的根 x^*, 且具有超线性收敛速度, 其收敛阶 $p \approx 1.618$.

证明可参见关治和陆金甫编写的《数值分析基础》第 348 页 ~ 第 350 页.

注 2.3 由于割线法不需要计算导数且具有超线性收敛速度, 因此, 割线法在非线性方程的求根中得到广泛的应用, 也是工程计算中的常用方法之一.

2.5.2 割线法的 MATLAB 程序

根据算法 2.5, 编制 MATLAB 通用程序如下:

- 割线法 MATLAB 程序

```
%程序2.5--mqnewt.m
function [x,k]=mqnewt(f,x0,x1,ep,N)
%用途:用割线法求解非线性方程f(x)=0
%格式:[x,k]=mqnewt(f,,x0,x1,ep,N)  f为f(x)的表达式,
%x0, x1为迭代初值, ep为精度(默认1e-4), N为最大迭代次
%数(默认为500), x,k分别返回近似根和迭代次数
if nargin<5,N=500;end
if nargin<4,ep=1e-4;end
k=0;
while k<N
  x=x1-(x1-x0)*feval(f,x1)/(feval(f,x1)-feval(f,x0));
  if abs(x-x1)<ep,
    break;
  end
  x0=x1; x1=x;
  k=k+1;
end
```

例 2.11 用割线法程序 2.5 (mqnewt.m) 求方程 $f(x) = \mathrm{e}^x + x^2 - 2 = 0$ 的实根, 精度设置为 10^{-5}, 取不同的初始点, 记录程序运行的结果.

解 在 MATLAB 命令窗口进行如下操作:

```
>> f=@(x)exp(x)+x^2-2;
>> [x,k]=mqnewt(f,0.0,1.0,1e-5)
```

得到如下结果:

```
x =
    0.5373
k =
     5
```

对于其他初始点, 可进行类似的操作, 数值结果见表 2.3.

表 2.3 割线法的计算结果

初始点 (x_0)	初始点 (x_1)	迭代次数 (k)	近似根 (x_k)	$\|f(x_k)\|$ 的值
0.0	1.0	5	0.5373	2.2073e-010
1.0	10.0	7	0.5373	9.0994e-013
-10	1.0	6	0.5373	3.5219e-011
-10	-1.0	5	-1.316	1.7276e-010
-10^2	-10^3	15	-1.316	1.9036e-011
-10^3	-10^4	20	-1.316	1.0867e-012

2.6 方程求根的 MATLAB 解法*

2.6.1 MATLAB 函数 fzero

在 MATLAB 中提供了一个求单变量非线性方程 $f(x) = 0$ 根的函数 fzero. 该函数的调用格式为

```
z=fzero(f,x0,tol)
```

其中: f 是待求根方程左端的函数表达式; x0 是初始点; tol 是近似根的相对精度 (默认为 eps). 由于一个方程可能有多个根, 该函数给出离初始点 x0 最近的那个根.

例 2.12 用函数 fzero 求方程 $f(x) = \mathrm{e}^x + x^2 - 2 = 0$ 的实根, 精度设置为 10^{-5}, 取不同的初始点, 记录程序运行的结果.

解 对于不同的初始点, 数值结果见表 2.4.

从表 2.4 中的数值结果可以看出, 当初始点 $x_0 \geqslant 6$ 及 $x_0 \leqslant -14$ 时, 用 MATLAB 函数 fzero 求方程 $f(x) = \mathrm{e}^x + x^2 - 2 = 0$ 的根就会失败.

表 2.4 用 fzero 函数求根的计算结果

初始点 (x_0)	近似根 (x_k)	$\lvert f(x_k)\rvert$ 的值
1.0	0.5373	4.4409e-016
5.0	0.5373	0
6.0	NaN	NaN
−2	−1.316	2.2204e-016
−10	−1.316	2.2204e-016
−13	−1.316	0
−14	NaN	NaN

2.6.2 MATLAB 函数 fsolve

在 MATLAB 优化工具箱中还提供了一个功能更强的方程求根函数 fsolve, 其调用格式为

```
z=fsolve(f,x0,options)
```

其中: z 是返回的近似根; f 是待求根方程左端的函数表达式; x0 是初始点; options 是优化工具箱的选项设定, 用户可以使用 optimset 命令将这些选项显示出来. 如果想改变其中某个选项, 则可以调用 optimset( ) 函数来完成. 例如, Display 选项决定函数调用是中间结果的显示方式, 其中 `'off'` 表示不显示, `'iter'` 表示每步都显示, `'final'` 则只显示最终结果.

例如, 用 fsolve 函数求方程 $f(x) = \mathrm{e}^x + x^2 - 2 = 0$ 的实根, 可在 MATLAB 命令窗口进行如下操作:

```
>> f= @(x)exp(x)+x^2-2;
>> z=fsolve(f,1.0,optimset('Display','off'))
z =
     0.5373
>> z=fsolve(f,-1.0,optimset('Display','off'))
z =
   -1.3160
```

值得一提的是, fsolve 函数还可以求非线性方程组的近似解, 其操作方法如下面的例题.

例 2.13 用 fsolve 函数求解方程组

$$\begin{cases} x_1^2 - x_1 + x_2^2 + x_3^2 = 4, \\ x_1^2 + x_2^2 - x_2 + x_3^2 = 5, \\ x_1^2 + x_2^2 + x_3^2 - x_3 = 6. \end{cases}$$

解 在 MATLAB 命令窗口进行如下操作:

```
>> f=@(x)[x(1)^2-x(1)+x(2)^2+x(3)^2-4; ...
          x(1)^2+x(2)^2-x(2)+x(3)^2-5; ...
          x(1)^2+x(2)^2+x(3)^2-x(3)-6];
>> x0=[1 1 1]'; %选取初始点
>> options=optimset('MaxFunEvals',1e4,'MaxIter',1e4,'Display','off');
>> [x,val]=fsolve(f,x0,options)
x =
    2.1805
    1.1805
    0.1805
val =
  1.0e-012 *
    0.1501
    0.1501
    0.1492
```

习题 2

2.1 已知方程 $e^x + x - 4 = 0$ 在区间 $[1, 2]$ 内有一根, 试问用二分法求根, 使其具有 4 位有效数字至少应二分多少次?

2.2 基于迭代原理证明

$$\sqrt{1+\sqrt{1+\sqrt{1+\cdots}}} = \frac{1+\sqrt{5}}{2}.$$

2.3 给定函数 $f(x)$, 设对一切 x, $f'(x)$ 存在且 $0 < m \leqslant f'(x) \leqslant M$, 试证明: $\forall \beta \in (0, 2/M)$, 迭代过程

$$x_{k+1} = x_k - \beta f(x_k)$$

均收敛于方程 $f(x) = 0$ 的根 x^*.

2.4 设 $\varphi(x) = x^2 - 2x + 2$, 问取什么初值 x_0, 由 $x_{k+1} = \varphi(x_k)$ 产生的序列 $\{x_k\}$ 收敛到 $\varphi(x)$ 的不动点?

2.5 对方程 $x - \cos x = 0$, 确定 $[a, b]$ 及 $\varphi(x)$, 使 $x_{k+1} = \varphi(x_k)$ 对任意 $x_0 \in [a, b]$ 均收敛, 并求出方程的近似根, 误差不超过 10^{-3}.

2.6 已知 $x = \varphi(x)$ 在 $[a,\ b]$ 上只有一个实根, 且当 $x \in [a,\ b]$ 时, $|\varphi'(x)| \geqslant L > 1$ (L 为常数), 问如何将 $x = \varphi(x)$ 化为适合于迭代的形式.

2.7 设方程 $2x - \sin x - 4 = 0$ 的迭代格式 $x_{k+1} = 2 + 0.5 \sin x_k$.

(1) 证明对任意的 $x_0 \in R$, 均有 $\{x_k\} \to x^*$ $(k \to \infty)$, 其中 x^* 是方程的根;

(2) 取 $x_0 = 2$, 求此方程的近似根, 使误差不超过 10^{-3};

(3) 证明此迭代法是线性收敛的.

2.8 取初始值 $x_0=3$, 用简单迭代法求解方程 $\ln x-x+2=0$ 在 $(2,\infty)$ 内的根, 并用 Aitken 加速公式加速.

2.9 设 x^* 是方程 $f(x)=0$ 的单根, $x=\varphi(x)$ 是 $f(x)=0$ 的等价方程. 若 $\varphi(x)=x-m(x)f(x)$, 证明当 $m(x^*)\neq\dfrac{1}{f'(x^*)}$ 时, $x_{k+1}=\varphi(x_k)$ 至多是一阶收敛的; 当 $m(x^*)=\dfrac{1}{f'(x^*)}$ 时, $x_{k+1}=\varphi(x_k)$ 至少是二阶收敛的.

2.10 为了简化计算, 可在牛顿迭代公式中用 $f'(x_0)$ 取代 $f'(x_k)$, 试问这种迭代格式的收敛阶是几阶的?

2.11 对于实数 $a\neq 0$, 给出一个不用除法运算求其倒数的二阶收敛迭代公式, 并分析初值 x_0 可以选取的范围.

2.12 导出计算 $\dfrac{1}{\sqrt{a}}$ (其中 $a>0$) 的牛顿迭代公式, 要求该迭代公式既无开方又无除法运算.

2.13 将牛顿法用于求解 $x^3-10=0$, 讨论取什么初值可使迭代收敛.

2.14 证明: 解方程 $(x^2-a)^2=0$ 求 $\sqrt{a}$ 的牛顿法

$$x_{k+1}=\frac{3}{4}x_k+\frac{a}{4x_k}$$

仅为线性收敛.

2.15 设牛顿法的迭代序列 $\{x_k\}$ 收敛到方程 $f(x)=0$ 的某个单根 x^*, 证明: 误差界 $e_k=x_k-x^*$ 至少是二阶的, 即

$$\lim_{k\to\infty}\frac{e_{k+1}}{e_k}=\frac{f''(x^*)}{2f'(x^*)}.$$

2.16 设 x^* 是方程 $f(x)=0$ 的 $m(\geqslant 2)$ 重根, 证明修正的牛顿迭代

$$x_{k+1}=x_k-m\frac{f(x_k)}{f'(x_k)}$$

为平方收敛.

2.17 证明: Aitken 加速公式

$$x_{k+1}=x_k-\frac{[f(x_k)]^2}{f(x_k+f(x_k))-f(x_k)}$$

对于 $f(x)=0$ 的单根 x^* 为平方收敛.

2.18 证明: 迭代公式

$$x_{k+1}=\frac{2x_k(x_k^2+a)}{3x_k^2+a}$$

是计算 $\sqrt{a}$ 的三阶方法. 假定初值 x_0 充分靠近根 x^*, 求

$$\lim_{k\to\infty}\frac{x_{k+1}-\sqrt{a}}{(x_k-\sqrt{a})^3}$$

的值.

2.19 试确定常数 $\alpha,\ \beta,\ \gamma$, 使迭代公式

$$x_{k+1}=\alpha x_k+\frac{\beta a}{x_k^2}+\frac{\gamma a^2}{x_k^5}$$

产生的序列收敛到 $\sqrt[3]{a}$, 并使其收敛阶尽量高.

实验题

2.1 利用算法 2.1 (二分法), 编制 MATLAB 程序, 求方程

$$\cos x - 3x + 1 = 0$$

在 [0, 1] 内的一个根, 精度为 10^{-5}.

2.2 适当选取迭代格式, 利用算法 2.2 (简单迭代法), 编制 MATLAB 程序, 求方程

$$10^x - x - 2 = 0$$

在 [0.3, 0.4] 内的一个根, 精度为 10^{-5}.

2.3 编制 MATLAB 程序, 比较算法 2.2 和算法 2.3 (迭代加速法) 在求解方程

$$x^3 - x - 1 = 0$$

的计算效率. 隔根区间为 [1, 2], 精度为 10^{-5}.

2.4 利用算法 2.4 (牛顿法), 编制 MATLAB 程序, 求方程

$$x^5 - x - 0.2 = 0$$

在 [0, 1] 内的一个根, 精度为 10^{-5}.

2.5 利用算法 2.5 (割线法), 编制 MATLAB 程序, 求方程

$$\mathrm{e}^x + 10x - 2 = 0$$

在 [0, 1] 内的一个根, 精度为 10^{-5}.

第 3 章　线性方程组的直接解法

各种各样的科学与工程计算问题往往最终归结为求解一个线性方程组的问题. 例如, 微分方程数值解、最优化与非线性方程组以及结构分析、网络分析和数据分析等. 因此, 研究求解大规模线性方程组快速、稳定的数值算法已成为当前科学与工程计算的核心问题之一. 本章研究如下形式的 n 阶线性方程组的直接解法

$$\begin{cases} a_{11}x_1 + a_{12}x_2 + \cdots + a_{1n}x_n = b_1, \\ a_{21}x_1 + a_{22}x_2 + \cdots + a_{2n}x_n = b_2, \\ \qquad\vdots \\ a_{n1}x_1 + a_{n2}x_2 + \cdots + a_{nn}x_n = b_n. \end{cases} \tag{3.1}$$

若用矩阵和向量的记号来表示, 式 (3.1) 可写成

$$\boldsymbol{Ax} = \boldsymbol{b}, \tag{3.2}$$

式中: n 阶矩阵 $\boldsymbol{A} = (a_{ij})_{n\times n}$ 为方程组的系数矩阵; n 维向量 $\boldsymbol{b} = (b_1, b_2, \cdots, b_n)^{\mathrm{T}}$ 为右端项; $\boldsymbol{x} = (x_1, x_2, \cdots, x_n)^{\mathrm{T}}$ 为所求的解. 所谓直接解法, 是指经过有限步运算后能求得方程组精确解的方法. 若 $\boldsymbol{A}$ 非奇异, 式 (3.1) 有唯一解. 下面介绍几种比较实用的直接法.

3.1　高斯消去法

3.1.1　顺序高斯消去法及其 MATLAB 程序

高斯消去法的基本思想是：首先使用初等行变换将方程组转化为一个同解的上三角形方程组 (称为消元), 再通过回代法求解该三角形方程组 (称为回代). 按行原先的位置进行消元的高斯消去法称为顺序高斯消去法.

例 3.1 用顺序高斯消去法解线性方程组

$$\begin{cases} x_1 + x_2 + x_3 + x_4 = 10, \\ -x_1 + 2x_2 - 3x_3 + x_4 = -2, \\ 3x_1 - 3x_2 + 6x_3 - 2x_4 = 7, \\ -4x_1 + 5x_2 + 2x_3 - 3x_4 = 0. \end{cases}$$

解 (1) 消元过程:

$$\begin{pmatrix} 1 & 1 & 1 & 1 & 10 \\ -1 & 2 & -3 & 1 & -2 \\ 3 & -3 & 6 & -2 & 7 \\ -4 & 5 & 2 & -3 & 0 \end{pmatrix} \xrightarrow[r_4+4r_1]{\substack{r_2\ +\ r_1 \\ r_3-3r_1}} \begin{pmatrix} 1 & 1 & 1 & 1 & 10 \\ 0 & 3 & -2 & -2 & 8 \\ 0 & -6 & 3 & -5 & -23 \\ 0 & 9 & 6 & 1 & 40 \end{pmatrix} \xrightarrow[r_4-3r_2]{r_3+2r_2}$$

$$\begin{pmatrix} 1 & 1 & 1 & 1 & 10 \\ 0 & 3 & -2 & -2 & 8 \\ 0 & 0 & -1 & -1 & -7 \\ 0 & 0 & 12 & -5 & 16 \end{pmatrix} \xrightarrow{r_4+12r_3} \begin{pmatrix} 1 & 1 & 1 & 1 & 10 \\ 0 & 3 & -2 & -2 & 8 \\ 0 & 0 & -1 & -1 & -7 \\ 0 & 0 & 0 & -17 & -68 \end{pmatrix}.$$

(2) 回代过程:

$$\begin{cases} x_1 + x_2 + x_3 + x_4 = 10, \\ 3x_2 - 2x_3 + 2x_4 = 8, \\ -x_3 - x_4 = -7, \\ -17x_4 = -68. \end{cases} \Rightarrow \begin{cases} x_4 = 4, \\ x_3 = 7 - x_4 = 3, \\ x_2 = (8 + 2x_3 - 2x_4)/3 = 2, \\ x_1 = 10 - x_2 - x_3 - x_4 = 1. \end{cases}$$

故原方程组的解是: $x_1 = 1,\ x_2 = 2,\ x_3 = 3,\ x_4 = 4.$

对于一般线性方程组, 使用顺序高斯消去法求解

$$\begin{cases} a_{11}^{(1)}x_1 + a_{12}^{(1)}x_2 + \cdots + a_{1n}^{(1)}x_n = b_1^{(1)}, \\ a_{21}^{(1)}x_1 + a_{22}^{(1)}x_2 + \cdots + a_{2n}^{(1)}x_n = b_2^{(1)}, \\ \vdots \\ a_{n1}^{(1)}x_1 + a_{n2}^{(1)}x_2 + \cdots + a_{1n}^{(1)}x_n = b_n^{(1)}. \end{cases} \tag{3.3}$$

(1) 消元过程:

$$\begin{pmatrix} a_{11}^{(1)} & a_{12}^{(1)} & a_{13}^{(1)} & \cdots & a_{1n}^{(1)} & b_1^{(1)} \\ a_{21}^{(1)} & a_{22}^{(1)} & a_{23}^{(1)} & \cdots & a_{2n}^{(1)} & b_2^{(1)} \\ a_{31}^{(1)} & a_{32}^{(1)} & a_{33}^{(1)} & \cdots & a_{3n}^{(1)} & b_3^{(1)} \\ \vdots & \vdots & \vdots & \ddots & \vdots & \vdots \\ a_{n1}^{(1)} & a_{n2}^{(1)} & a_{n3}^{(1)} & \cdots & a_{nn}^{(1)} & b_n^{(1)} \end{pmatrix} \to \begin{pmatrix} a_{11}^{(1)} & a_{12}^{(1)} & a_{13}^{(1)} & \cdots & a_{1n}^{(1)} & b_1^{(1)} \\ 0 & a_{22}^{(2)} & a_{23}^{(2)} & \cdots & a_{2n}^{(2)} & b_2^{(2)} \\ 0 & a_{32}^{(2)} & a_{33}^{(2)} & \cdots & a_{3n}^{(2)} & b_3^{(2)} \\ \vdots & \vdots & \vdots & \ddots & \vdots & \vdots \\ 0 & a_{n2}^{(2)} & a_{n3}^{(2)} & \cdots & a_{nn}^{(2)} & b_n^{(2)} \end{pmatrix}$$

$$\to \cdots \to \begin{pmatrix} a_{11}^{(1)} & a_{12}^{(1)} & a_{13}^{(1)} & \cdots & a_{1n}^{(1)} & b_1^{(1)} \\ 0 & a_{22}^{(2)} & a_{23}^{(2)} & \cdots & a_{2n}^{(2)} & b_2^{(2)} \\ 0 & 0 & a_{33}^{(3)} & \cdots & a_{3n}^{(3)} & b_3^{(3)} \\ \vdots & \vdots & \vdots & \ddots & \vdots & \vdots \\ 0 & 0 & 0 & \cdots & a_{nn}^{(n)} & b_n^{(n)} \end{pmatrix}$$

其中

$$a_{ij}^{(2)} = a_{ij}^{(1)} - m_{i1}a_{1j}^{(1)},\quad b_i^{(2)} = b_i^{(1)} - m_{i1}b_1^{(1)},\quad m_{i1} = \frac{a_{i1}^{(1)}}{a_{11}^{(1)}},\quad i,j = 2,\cdots,n.$$

一般地, 有

$$a_{ij}^{(k+1)} = a_{ij}^{(k)} - m_{ik}a_{kj}^{(k)}, \quad b_i^{(k+1)} = b_i^{(k)} - m_{ik}b_k^{(k)}, \quad m_{ik} = \frac{a_{ik}^{(k)}}{a_{kk}^{(k)}},$$
$$i, j = k+1, \cdots, n; \ k = 1, \cdots, n-1. \tag{3.4}$$

(2) 回代过程:

$$\begin{cases} a_{11}^{(1)}x_1 + a_{12}^{(1)}x_2 + \cdots + a_{1n}^{(1)}x_n & = & b_1^{(1)}, \\ \qquad a_{22}^{(2)}x_2 + \cdots + a_{2n}^{(2)}x_n & = & b_2^{(2)}, \\ & \vdots & \\ \qquad\qquad a_{nn}^{(n)}x_n & = & b_n^{(n)}, \end{cases}$$

$$\Longrightarrow \begin{cases} x_n = b_n^{(n)}/a_{nn}^{(n)}, \\ x_k = \left(b_k^{(k)} - \sum\limits_{j=k+1}^{n} a_{kj}^{(k)}x_j\right)/a_{kk}^{(k)}, \quad k = n-1, \cdots, 2, 1. \end{cases} \tag{3.5}$$

在此基础上, 得到顺序高斯消去法的算法步骤:

算法 3.1 (顺序高斯消去法)

(1) 输入系数矩阵 $\boldsymbol{A}$, 右端项 $\boldsymbol{b}$, 置 $k := 1$.

(2) 消元: 对 $k = 1, \cdots, n-1$, 计算

$$m_{ik} = a_{ik}^{(k)}/a_{kk}^{(k)}, \quad a_{ik}^{(k+1)} = 0,$$
$$a_{ij}^{(k+1)} = a_{ij}^{(k)} - m_{ik}a_{kj}^{(k)}, \quad b_i^{(k+1)} = b_i^{(k)} - m_{ik}b_k^{(k)}.$$
$$(i = k+1, \cdots, n; \quad j = k+1, \cdots, n.)$$

(3) 回代:

$$x_n = b_n^{(n)}/a_{nn}^{(n)},$$
$$x_k = \left(b_k^{(k)} - \sum_{j=k+1}^{n} a_{kj}^{(k)}x_j\right)/a_{kk}^{(k)}, \ k = n-1, \cdots, 1.$$

可以统计顺序高斯消去法的计算量. 由于加减法的计算量可忽略不计, 此处只统计乘除法次数.

消元过程: 第 k $(k = 1, \cdots, n-1)$ 步消元, 有

$$(n-k)(n-k+1) + (n-k) = (n-k)(n-k+2)$$

次乘除法, 共

$$N_1 = \sum_{k=1}^{n-1}(n-k)(n-k+2) = \sum_{i=1}^{n-1}(i^2 + 2i)$$

$$= \frac{n(n-1)(2n-1)}{6} + n(n-1) = \frac{n(n-1)(2n+5)}{6}$$

次乘除法.

回代过程：计算 x_k $(k=n,\cdots,2,1)$ 时，有 $n-k+1$ 次乘除法，共

$$N_2 = \sum_{k=1}^{n}(n-k+1) = \sum_{i=1}^{n} i = \frac{n(n+1)}{2}$$

次乘除法.

消元和回代过程共计

$$N_1 + N_2 = \frac{n(n-1)(2n+5)}{6} + \frac{n(n+1)}{2} = \frac{n^3}{3} + n^2 - \frac{n}{3}$$

次乘除法.

可见消元过程的计算量为 $O(n^3)$, 而回代过程的计算量为 $O(n^2)$, 因此顺序高斯消去法的计算量主要在消元过程部分.

算法 3.1 要求对所有的 $k=1,\cdots,n$, $a_{kk}^{(k)} \neq 0$, 此时称顺序高斯消去法是可行的. 一般将 $a_{kk}^{(k)}$ 称为第 k 步消元的主元. 例 3.2 给出了顺序高斯消去法可行的一个充要条件.

例 3.2 *证明：顺序高斯消去法可行的充分必要条件是系数矩阵* $\boldsymbol{A}$ *的所有顺序主子式* $\boldsymbol{D}_k \neq 0$, $k=1,2,\cdots,n$.

证 必要性. 若顺序高斯消去法是可行的, 即 $a_{kk}^{(k)} \neq 0$, 则可进行消去法的 $k-1$ 步 $(k \leqslant n)$. 由于 $\boldsymbol{A}^{(k)}$ 是由 $\boldsymbol{A}$ 逐行实行初等变换 (某数乘以某一行加到另一行) 得到的, 这些运算不改变相应顺序主子式的值, 故有

$$\boldsymbol{D}_k = \begin{vmatrix} a_{11}^{(1)} & a_{12}^{(1)} & \cdots & a_{1k}^{(1)} \\ & a_{22}^{(2)} & \cdots & a_{2k}^{(2)} \\ & & \ddots & \vdots \\ & & & a_{kk}^{(k)} \end{vmatrix} = a_{11}^{(1)} a_{22}^{(2)} \cdots a_{kk}^{(k)} \neq 0, \quad k=1,2,\cdots,n.$$

充分性. 用归纳法证明. 当 $k=1$ 时显然成立. 设命题对 $k-1$ 成立. 现设 $\boldsymbol{D}_1 \neq 0$, $\cdots$, $\boldsymbol{D}_{k-1} \neq 0$, $\boldsymbol{D}_k \neq 0$. 由归纳法假设有 $a_{11}^{(1)} \neq 0$, $\cdots$, $a_{k-1,k-1}^{(k-1)} \neq 0$. 因此, 消去法可以进行第 $k-1$ 步, $\boldsymbol{A}$ 约化为

$$\boldsymbol{A}^{(k)} = \begin{bmatrix} \boldsymbol{A}_{11}^{(k-1)} & \boldsymbol{A}_{12}^{(k-1)} \\ & \boldsymbol{A}_{22}^{(k)} \end{bmatrix},$$

式中: $\boldsymbol{A}_{11}^{(k-1)}$ 是对角元为 $a_{11}^{(1)}, \cdots, a_{k-1,k-1}^{(k-1)}$ 的上三角矩阵, 因 $\boldsymbol{A}^{(k)}$ 是通过行初等变换由 $\boldsymbol{A}$ 逐步得到的, 故 $\boldsymbol{A}$ 的 k 阶顺序主子式与 $\boldsymbol{A}^{(k)}$ 的 k 阶顺序主子式相等, 即

$$\boldsymbol{D}_k = \det\begin{pmatrix} \boldsymbol{A}_{11}^{(k-1)} & \alpha_{12}^{(k-1)} \\ & a_{kk}^{(k)} \end{pmatrix} = a_{11}^{(1)} \cdots a_{k-1,k-1}^{(k-1)} a_{kk}^{(k)},$$

式中: $\alpha_{12}^{(k-1)}$ 是 $\boldsymbol{A}_{12}^{(k-1)}$ 的第 1 列. 故由 $\boldsymbol{D}_k \neq 0$ 及归纳法假设可推出 $a_{kk}^{(k)} \neq 0$.

根据算法 3.1, 可编制 MATLAB 程序如下:

- 顺序高斯消去法 MATLAB 程序

```
%程序3.1--mgauss.m
function [x]=mgauss(A,b,flag)
%用途: 顺序高斯消去法解线性方程组Ax=b
%格式: [x]=mgauss(A,b,flag), A为系数矩阵, b为右端项, 若flag=0,
%则不显示中间过程, 否则显示中间过程, 默认为0, x为解向量
if nargin<3, flag=0; end
n=length(b);
%消元过程
for k=1:(n-1)
   m=A(k+1:n,k)/A(k,k);
   A(k+1:n,k+1:n)=A(k+1:n,k+1:n)-m*A(k,k+1:n);
   b(k+1:n)=b(k+1:n)-m*b(k);
   A(k+1:n,k)=zeros(n-k,1);
   if flag~=0, Ab=[A,b], end
end
%回代过程
x=zeros(n,1);
x(n)=b(n)/A(n,n);
for k=n-1:-1:1
   x(k)=(b(k)-A(k,k+1:n)*x(k+1:n))/A(k,k);
end
```

例 3.3 利用程序 3.1 (mgauss.m) 计算下列方程组的解.

$$\begin{cases} x_1 + x_2 + x_3 + x_4 = 10, \\ -x_1 + 2x_2 - 3x_3 + x_4 = -2, \\ 3x_1 - 3x_2 + 6x_3 - 2x_4 = 7, \\ -4x_1 + 5x_2 + 2x_3 - 3x_4 = 0. \end{cases}$$

解 在 MATLAB 命令窗口执行

```
>> A=[1 1 1 1;-1 2 -3 1;3 -3 6 -2;-4 5 2 -3];
>> b=[10 -2 7 0]';
>> x=mgauss(A,b)
```

得计算结果：

```
x =
      1
      2
      3
      4
```

3.1.2 列主元高斯消去法及其 MATLAB 程序

一般来说, 顺序高斯消去法的计算过程是不可靠的, 一旦出现 $a_{kk}^{(k)}=0$, 计算就无法进行下去. 即使对所有 $k=1,2,\cdots,n$, $a_{kk}^{(k)}\neq 0$, 也不能保证计算过程是数值稳定的.

例 3.4 设有线性方程组

$$\begin{cases} 0.0001x_1+1.0x_2=1.0, \\ 1.0x_1+1.0x_2=2.0. \end{cases}$$

其精确解为

$$x_1=\frac{10000}{9999}\approx 1.00010, \quad x_2=\frac{9998}{9999}\approx 0.99990$$

现在假定用尾数为 4 位十进制字长的浮点数来求解.

解 (1) 消元过程：根据 4 位浮点数运算规则 $1.0-10000.0=(0.00001-0.1)10^5=(0.0000-0.1)10^5=-10000.0$ (舍入), 同理, $2.0-10000.0=-10000.0$,

$$\begin{pmatrix} 0.0001 & 1.0 & 1.0 \\ 1.0 & 1.0 & 2.0 \end{pmatrix} \xrightarrow{r_2-10^4 r_1} \begin{pmatrix} 0.0001 & 1.0 & 1.0 \\ 0 & 1.0-10000.0 & 2.0-10000.0 \end{pmatrix}$$

$$\xrightarrow{\text{舍入}} \begin{pmatrix} 0.0001 & 1.0 & 1.0 \\ 0 & -10000.0 & -10000.0 \end{pmatrix}.$$

(2) 回代过程：

$$\begin{cases} 0.0001x_1+1.0x_2=1.0, \\ \qquad -10000.0x_2=-10000.0. \end{cases} \Longrightarrow \begin{cases} x_2=1.0, \\ x_1=0.0. \end{cases}$$

代入原方程组验算, 发现结果严重失真.

分析结果失真的原因发现, 由于第 1 列的主元素 0.0001 绝对值过于小, 当它在消元过程中做分母时把中间过程数据放大 10000 倍, 使中间结果"吃"掉了原始数据, 从而造成数值不稳定.

针对以上问题, 考虑选用绝对值大的数作为主元素.

(1) 消元过程：

$$\begin{pmatrix} 0.0001 & 1.0 & 1.0 \\ 1.0 & 1.0 & 2.0 \end{pmatrix} \xrightarrow{r_1\leftrightarrow r_2} \begin{pmatrix} 1.0 & 1.0 & 2.0 \\ 0.0001 & 1.0 & 1.0 \end{pmatrix}$$

$$\xrightarrow{r_2-0.0001r_1}\begin{pmatrix} 1.0 & 1.0 & 2.0 \\ 0 & 1.0-0.0001 & 1.0-0.0002 \end{pmatrix}$$

$$\xrightarrow{\text{舍入}}\begin{pmatrix} 1.0 & 1.0 & 2.0 \\ 0 & 1.0 & 1.0 \end{pmatrix}.$$

这里, 舍入过程 $1.0-0.0001=(0.1-0.00001)10^1$ (舍入), 同理 $1.0-0.0002=1.0$.

(2) 回代过程:

$$\begin{cases} 1.0x_1+1.0x_2=2.0, \\ \qquad\quad 1.0x_2=1.0. \end{cases} \Longrightarrow \begin{cases} x_2=1.0, \\ x_1=1.0. \end{cases}$$

代入原方程组验算, 发现结果基本合理.

上述例子说明了选主元素的重要性. 下面阐述列主元高斯消去法的基本思想. 记 $\boldsymbol{A}^{(1)}=\boldsymbol{A}$, 在消元过程的第 1 步, 取第 1 列中绝对值最大的元素 $a_{r_11}^{(1)}$, 即

$$a_{r_11}^{(1)}=\max_{1\leqslant i\leqslant n}|a_{i1}^{(1)}|$$

作为主元素. 若 $r_1>1$, 交换第 r_1 行和第 1 行.

一般地, 在消元过程的第 k 步, 取

$$a_{r_kk}^{(k)}=\max_{k\leqslant i\leqslant n}|a_{ik}^{(k)}| \tag{3.6}$$

作为主元素. 若 $r_k>k$, 交换第 r_k 行和第 k 行.

列主元高斯消去法算法步骤如下.

算法 3.2 (列主元高斯消去法)

(1) 输入系数矩阵 $\boldsymbol{A}$, 右端项 $\boldsymbol{b}$, 置 $k:=1$.

(2) 对 $k=1,\cdots,n-1$ 进行如下操作:

① 选列主元, 确定 r_k, 使

$$a_{r_kk}^{(k)}=\max_{k\leqslant i\leqslant n}|a_{ik}^{(k)}|,$$

若 $a_{r_kk}^{(k)}=0$, 则停止计算, 否则, 进行下一步.

② 若 $r_k>k$, 交换 $(A^{(k)},b^{(k)})$ 的第 k, r_k 两行.

③ 消元: 对 $i,j=k+1,\cdots,n$, 计算

$$m_{ik}=a_{ik}^{(k)}/a_{kk}^{(k)}, \quad a_{ik}^{(k+1)}=0,$$

$$a_{ij}^{(k+1)}=a_{ij}^{(k)}-m_{ik}a_{kj}^{(k)}, \quad b_i^{(k+1)}=b_i^{(k)}-m_{ik}b_k^{(k)}.$$

(3) 回代

$$x_n=b_n^{(n)}/a_{nn}^{(n)},$$

$$x_k=\Big(b_k^{(k)}-\sum_{j=k+1}^{n}a_{kj}^{(k)}x_j\Big)/a_{kk}^{(k)}, \quad k=n-1,\cdots,1.$$

根据算法 3.2, 编制 MATLAB 程序如下:

- 列主元高斯消去法 MATLAB 程序

```
%程序3.2--mgauss2.m
function [x]=mgauss2(A,b,flag)
%用途: 列主元高斯消去法解线性方程组Ax=b
%格式: [x]=mgauss(A,b,flag), A为系数矩阵, b为右端项, 若
%flag=0(默认),则不显示中间过程,否则显示中间过程,x为解向量
if nargin<3, flag=0; end
n=length(b);
for k=1:(n-1)  % 选主元
    [ap,p]=max(abs(A(k:n,k)));
    p=p+k-1;
    if p>k
        A([k p],:)=A([p k],:);
        b([k p],:)=b([p k],:);
    end
    % 消元
    m=A(k+1:n,k)/A(k,k);
    A(k+1:n,k+1:n)=A(k+1:n,k+1:n)-m*A(k,k+1:n);
    b(k+1:n)=b(k+1:n)-m*b(k);
    A(k+1:n,k)=zeros(n-k,1);
    if flag~=0, Ab=[A,b], end
end
% 回代
x=zeros(n,1);
x(n)=b(n)/A(n,n);
for k=n-1:-1:1
    x(k)=(b(k)-A(k,k+1:n)*x(k+1:n))/A(k,k);
end
```

例 3.5 利用程序 3.3 (mgauss2.m) 计算下列线性方程组的解.

$$\begin{pmatrix} 2 & -1 & 4 & -3 & 1 \\ -1 & 1 & 2 & 1 & 3 \\ 4 & 2 & 3 & 3 & -1 \\ -3 & 1 & 3 & 2 & 4 \\ 1 & 3 & -1 & 4 & 4 \end{pmatrix}\begin{pmatrix} x_1 \\ x_2 \\ x_3 \\ x_4 \\ x_5 \end{pmatrix}=\begin{pmatrix} 11 \\ 14 \\ 4 \\ 16 \\ 18 \end{pmatrix}.$$

解 在 MATLAB 命令窗口执行

```
>> A=[2 -1 4 -3 1;-1 1 2 1 3;4 2 3 3 -1;-3 1 3 2 4;1 3 -1 4 4];
>> b=[11 14 4 16 18]';
>> x=mgauss2(A,b); x=x'
```

得计算结果:

```
x =
    1.0000  2.0000  1.0000  -1.0000   4.0000
```

3.2 LU 分解法

把一个 n 阶矩阵分解成两个三角形矩阵的乘积称为矩阵的三角分解. 本节将介绍一种矩阵的 LU 分解, 其中 $\boldsymbol{L}$ 是单位下三角矩阵, $\boldsymbol{U}$ 是上三角矩阵. 这种形式的分解对于求解式 (3.1) 是十分有用的. 事实上, 若 $\boldsymbol{A}=\boldsymbol{L}\boldsymbol{U}$ 是一个 LU 分解, 此时线性方程组

$$\boldsymbol{A}\boldsymbol{x}=\boldsymbol{b} \;\Rightarrow\; \boldsymbol{L}\boldsymbol{U}\boldsymbol{x}=\boldsymbol{b} \;\Rightarrow\; \begin{cases} \boldsymbol{L}\boldsymbol{y}=\boldsymbol{b} \\ \boldsymbol{U}\boldsymbol{x}=\boldsymbol{y} \end{cases} \tag{3.7}$$

转化为 $\boldsymbol{L}\boldsymbol{y}=\boldsymbol{b}$ 及 $\boldsymbol{U}\boldsymbol{x}=\boldsymbol{y}$ 两个三角形方程组. 由于三角形方程组很容易通过向前消去法或回代方法求解, 且只有 $O(n^2)$ 的计算量, 故研究矩阵的 LU 分解十分有意义的.

3.2.1 一般 LU 分解及其 MATLAB 程序

现在来讨论矩阵的 LU 分解. 设 $\boldsymbol{A}=\boldsymbol{L}\boldsymbol{U}$, 其中 $\boldsymbol{L}$ 为一个单位下三角矩阵, $\boldsymbol{U}$ 为一个上三角矩阵, 即

$$\boldsymbol{L}=\begin{pmatrix} 1 & & & \\ l_{21} & 1 & & \\ \vdots & \vdots & \ddots & \\ l_{n1} & l_{n2} & \cdots & 1 \end{pmatrix}, \quad \boldsymbol{U}=\begin{pmatrix} u_{11} & u_{12} & \cdots & u_{1n} \\ & u_{22} & \cdots & u_{2n} \\ & & \ddots & \vdots \\ & & & u_{nn} \end{pmatrix}. \tag{3.8}$$

下面推导三角形矩阵 $\boldsymbol{L}$ 和 $\boldsymbol{U}$ 的元素的计算公式. 由等式 $\boldsymbol{A}=\boldsymbol{L}\boldsymbol{U}$, 得

$$a_{ij}=\begin{pmatrix} l_{i1}, & \cdots, & l_{i,i-1}, & 1, & 0, & \cdots, & 0 \end{pmatrix} \begin{pmatrix} u_{1j} \\ \vdots \\ u_{j-1,j} \\ u_{jj} \\ 0 \\ \vdots \\ 0 \end{pmatrix} \tag{3.9}$$

当 $j \geqslant i$ 时, 有

$$a_{ij} = l_{i1}u_{1j} + \cdots + l_{i,\,i-1}u_{i-1,\,j} + u_{ij},$$

于是

$$u_{ij} = a_{ij} - \sum_{r=1}^{i-1} l_{ir}u_{rj};$$

当 $j < i$ 时, 有

$$a_{ij} = l_{i1}u_{1j} + \cdots + l_{i,\,j-1}u_{j-1,\,j} + l_{ij}u_{jj},$$

于是

$$l_{ij} = \Big(a_{ij} - \sum_{r=1}^{j-1} l_{ir}u_{rj}\Big)/u_{jj}.$$

即

$$u_{1j} = a_{1j}, \quad j = 1, \cdots, n; \quad l_{i1} = a_{i1}/u_{11}, \quad i = 2, \cdots, n; \tag{3.10}$$

$$u_{ij} = a_{ij} - \sum_{r=1}^{i-1} l_{ir}u_{rj}, \quad i = 2, \cdots, n; \ j = i, \cdots, n; \tag{3.11}$$

$$l_{ij} = \Big(a_{ij} - \sum_{r=1}^{j-1} l_{ir}u_{rj}\Big)/u_{jj}, \quad i = 2, \cdots, n; \ j = 2, \cdots, i-1. \tag{3.12}$$

为了便于编程计算, 将式 (3.10) 第 1 式中的下标 j 换成 i, 式 (3.11) 中的下标 i 换成 k, 下标 j 换成 i, 式 (3.12) 中的下标 j 换成 k, 则有

$$u_{1i} = a_{1i}, \quad i = 1, \cdots, n; \quad l_{i1} = a_{i1}/u_{11}, \quad i = 2, \cdots, n; \tag{3.13}$$

$$u_{ki} = a_{ki} - \sum_{r=1}^{k-1} l_{kr}u_{ri}, \quad k = 2, \cdots, n; \ i = k, \cdots, n; \tag{3.14}$$

$$l_{ik} = \Big(a_{ik} - \sum_{r=1}^{k-1} l_{ir}u_{rk}\Big)/u_{kk}, \quad k = 2, \cdots, n-1; \ i = k+1, \cdots, n. \tag{3.15}$$

下面是用一般 LU 分解求解线性方程组的算法步骤.

算法 3.3 (一般LU 分解法)

(1) 输入系数矩阵 $\boldsymbol{A}$, 右端项 $\boldsymbol{b}$.

(2) LU 分解:

$u_{1i} = a_{1i}, \quad i = 1, \cdots, n;$

$l_{i1} = a_{i1}/u_{11}, \quad i = 2, \cdots, n;$

对 $k = 2, \cdots, n$, 计算

$$u_{ki} = a_{ki} - \sum_{r=1}^{k-1} l_{kr}u_{ri}, \quad i = k, \cdots, n;$$

$$l_{ik} = \left(a_{ik} - \sum_{r=1}^{k-1} l_{ir}u_{rk}\right)/u_{kk}, \quad i = k+1, \cdots, n.$$

(3) 用向前消去法解下三角方程组 $\boldsymbol{Ly} = \boldsymbol{b}$:

$$y_1 = b_1,$$
$$y_k = b_k - \sum_{i=1}^{k-1} l_{ki}y_i, \quad k = 2, \cdots, n.$$

(4) 用回代法解上三角方程组 $\boldsymbol{Ux} = \boldsymbol{y}$:

$$x_n = y_n/u_{nn},$$
$$x_k = \left(y_k - \sum_{i=k+1}^{n} u_{ki}x_i\right)\Big/u_{kk}, \; k = n-1, \cdots, 1.$$

注 3.1 可以看出, 利用 LU 分解, 分开了系数矩阵的计算和对右端项的计算. 正是这一特点, 使得 LU 分解法特别适用于求解系数矩阵相同而右端项不同的一系列方程组, 而控制论等领域中刚好存在这样的实际问题.

下面考虑算法 3.3 的程序实现. 注意到 LU 分解后, 原系数矩阵 $\boldsymbol{A}$ 的数据不再需要保留, 因此, 为了节省存储空间, 在下面的 MATLAB 程序中将分解后的单位下三角矩阵 $\boldsymbol{L}$ 和上三角矩阵 $\boldsymbol{U}$ 分别存放在系数矩阵 $\boldsymbol{A}$ 的严格下三角和上三角部分 (单位下三角矩阵的对角线元素 1 不需存储), 而不再为其开辟额外的存储单元.

- LU 分解 MATLAB 程序

```
%程序3.3--mlu.m
function [x,L,U]=mlu(A,b)
%用途: 用LU分解法解方程组Ax=b
%格式: [x,L,U]=malu(A,b)  A为系数矩阵, b为右端向量,
%x返回解向量, L返回下三角矩阵, U返回上三角矩阵
n=length(b);
%LU分解
U=zeros(n,n); L=eye(n,n);
U(1,:)=A(1,:);  L(2:n,1)=A(2:n,1)/U(1,1);
for k=2:n
   U(k,k:n)=A(k,k:n)-L(k,1:k-1)*U(1:k-1,k:n);
   L(k+1:n,k)=(A(k+1:n,k)-L(k+1:n,1:k-1)*U(1:k-1,k))/U(k,k);
end
%解下三角方程组Ly=b
y=zeros(n,1);  y(1)=b(1);
for k=2:n
   y(k)=b(k)-L(k,1:k-1)*y(1:k-1);
```

```
end
%解上三角方程组Ux=y
x=zeros(n,1);  x(n)=y(n)/U(n,n);
for k=n-1:-1:1
   x(k)=(y(k)-U(k,k+1:n)*x(k+1:n))/U(k,k);
end
```

例 3.6 利用程序 malu.m 计算下列线性方程组的解

$$\begin{pmatrix} 2 & -1 & 4 & -3 & 1 \\ -1 & 1 & 2 & 1 & 3 \\ 4 & 2 & 3 & 3 & -1 \\ -3 & 1 & 3 & 2 & 4 \\ 1 & 3 & -1 & 4 & 4 \end{pmatrix} \begin{pmatrix} x_1 \\ x_2 \\ x_3 \\ x_4 \\ x_5 \end{pmatrix} = \begin{pmatrix} 11 \\ 14 \\ 4 \\ 16 \\ 18 \end{pmatrix}.$$

解 在 MATLAB 命令窗口执行

```
>> A=[2 -1 4 -3 1;-1 1 2 1 3;4 2 3 3 -1;-3 1 3 2 4;1 3 -1 4 4];
>> b=[11 14 4 16 18]';
>> [x,L,U]=malu(A,b)
```

得计算结果:

```
x =
    1.0000
    2.0000
    1.0000
   -1.0000
    4.0000
L =
    1.0000         0         0         0         0
   -0.5000    1.0000         0         0         0
    2.0000    8.0000    1.0000         0         0
   -1.5000   -1.0000   -0.3514    1.0000         0
    0.5000    7.0000    0.8378   -1.2069    1.0000
U =
    2.0000   -1.0000    4.0000   -3.0000    1.0000
         0    0.5000    4.0000   -0.5000    3.5000
         0         0  -37.0000   13.0000  -31.0000
         0         0         0    1.5676   -1.8919
         0         0         0         0    2.6897
```

3.2.2 列主元 LU 分解及其 MATLAB 程序

下面指出, 一般 LU 分解法在本质上与顺序高斯消去法是一致的. 由算法 3.1 可知, 顺序高斯消去法的第 1 步消元相当于用矩阵

$$
\boldsymbol{M}_1 = \begin{pmatrix} 1 & & & & \\ -m_{21} & 1 & & & \\ -m_{31} & & 1 & & \\ \vdots & & & \ddots & \\ -m_{n1} & & & & 1 \end{pmatrix}
$$

左乘 $(\boldsymbol{A}^{(1)}, \boldsymbol{b}^{(1)})$, 这里 m_{i1} 由式 (3.4) 所定义, 即

$$
(\boldsymbol{A}^{(2)}, \boldsymbol{b}^{(2)}) = \boldsymbol{M}_1(\boldsymbol{A}^{(1)}, \boldsymbol{b}^{(1)}).
$$

第 2 步消元相当于用矩阵

$$
\boldsymbol{M}_2 = \begin{pmatrix} 1 & & & & \\ & 1 & & & \\ & -m_{32} & 1 & & \\ & \vdots & & \ddots & \\ & -m_{n2} & & & 1 \end{pmatrix}
$$

左乘 $(\boldsymbol{A}^{(2)}, \boldsymbol{b}^{(2)})$, 即

$$
(\boldsymbol{A}^{(3)}, \boldsymbol{b}^{(3)}) = \boldsymbol{M}_2(\boldsymbol{A}^{(2)}, \boldsymbol{b}^{(2)}) = \boldsymbol{M}_2\boldsymbol{M}_1(\boldsymbol{A}^{(1)}, \boldsymbol{b}^{(1)}).
$$

一般地, 第 k 步相当于用矩阵

$$
\boldsymbol{M}_k = \begin{pmatrix} 1 & & & & & \\ & \ddots & & & & \\ & & 1 & & & \\ & & -m_{k+1,\,k} & 1 & & \\ & & \vdots & & \ddots & \\ & & -m_{nk} & & & 1 \end{pmatrix}
$$

左乘 $(\boldsymbol{A}^{(k)}, \boldsymbol{b}^{(k)})$, 即

$$
\begin{aligned}
\left(\boldsymbol{A}^{(k+1)}, \boldsymbol{b}^{(k+1)}\right) &= \boldsymbol{M}_k\left(\boldsymbol{A}^{(k)}, \boldsymbol{b}^{(k)}\right) = \cdots \\
&= \boldsymbol{M}_k \cdots \boldsymbol{M}_2\boldsymbol{M}_1\left(\boldsymbol{A}^{(1)}, \boldsymbol{b}^{(1)}\right), \quad k = 1, \cdots, n-1.
\end{aligned}
$$

由顺序高斯消去法可知, 经过 $n-1$ 步消元后, 系数矩阵 $\boldsymbol{A}$ 被化成了上三角矩阵, 即 $\boldsymbol{A}^{(n)} = \boldsymbol{U}$, 从而

$$
\boldsymbol{U} = \boldsymbol{A}^{(n)} = \boldsymbol{M}_{n-1}\boldsymbol{A}^{(n-1)} = \boldsymbol{M}_{n-1} \cdots \boldsymbol{M}_2\boldsymbol{M}_1\boldsymbol{A},
$$

于是

$$\boldsymbol{A} = \boldsymbol{M}_1^{-1}\boldsymbol{M}_2^{-1}\cdots\boldsymbol{M}_{n-1}^{-1}\boldsymbol{U} = \boldsymbol{L}\boldsymbol{U},$$

这里,

$$\boldsymbol{L} = \boldsymbol{M}_1^{-1}\boldsymbol{M}_2^{-1}\cdots\boldsymbol{M}_{n-1}^{-1} = \begin{pmatrix} 1 & & & & \\ m_{21} & 1 & & & \\ \vdots & & \ddots & & \\ m_{n-1,1} & m_{n-1\,2} & \cdots & 1 & \\ m_{n1} & m_{n2} & \cdots & m_{n,n-1} & 1 \end{pmatrix}$$

是单位下三角矩阵. 由此可见, 顺序高斯消去法实际上就是将方程组的系数矩阵分解成单位下三角矩阵与上三角矩阵的乘积. 对比算法 3.1 和算法 3.3, 不难看出, 顺序高斯消去法的消元过程相当于 LU 分解过程和 $\boldsymbol{L}\boldsymbol{y} = \boldsymbol{b}$ 的求解, 而回代过程则相当于解线性方程组 $\boldsymbol{U}\boldsymbol{x} = \boldsymbol{y}$.

例 3.7 若 n 阶方阵 $\boldsymbol{A}$ 的所有顺序主子式都不等于零, 则 $\boldsymbol{A}$ 存在唯一的 LU 分解 $\boldsymbol{A} = \boldsymbol{L}\boldsymbol{U}$.

证 因 LU 分解本质上等同于顺序高斯消去法, 故存在性由例 3.2 立即可得. 下面证明唯一性. 事实上, 若 $\boldsymbol{A}$ 存在两种不同的三角分解

$$\boldsymbol{A} = \boldsymbol{L}\boldsymbol{U} = \boldsymbol{L}_1\boldsymbol{U}_1,$$

式中: $\boldsymbol{L}$、$\boldsymbol{L}_1$ 都是单位下三角矩阵, 而 $\boldsymbol{U}$、$\boldsymbol{U}_1$ 都是上三角矩阵. 因 $\boldsymbol{A}$ 是非奇异的, 故 $\boldsymbol{U}$、$\boldsymbol{U}_1$ 也是非奇异的. 于是由上式, 得

$$\boldsymbol{L}_1^{-1}\boldsymbol{L} = \boldsymbol{U}_1\boldsymbol{U}^{-1}.$$

注意到上式的左边是单位下三角矩阵, 而右边则是上三角矩阵, 故必有

$$\boldsymbol{L}_1^{-1}\boldsymbol{L} = \boldsymbol{U}_1\boldsymbol{U}^{-1} = \boldsymbol{I}\ (\text{单位阵}),$$

即 $\boldsymbol{L}_1 = \boldsymbol{L}, \boldsymbol{U}_1 = \boldsymbol{U}$.

根据上面的分析, 既然一般 LU 分解法本质上等同于顺序高斯消去法, 因此, 为了提高计算的数值稳定性, 有必要考虑列主元 LU 分解技术. 这只需要在一般 LU 分解的第 k 步避免绝对值较小的 u_{kk} 做除数即可. 假设第 $k-1$ 步已经完成, 在进行第 k 步分解之前进行选主元的操作. 可以引入

$$s_i = a_{ik} - \sum_{r=1}^{k-1} l_{ir}u_{rk}, \quad i = k, k+1, \cdots, n,$$

且令

$$|s_{i_k}| = \max_{k \leqslant i \leqslant n} |s_i|.$$

然后用 s_{i_k} 作为 u_{kk} 并交换增广矩阵 $[\boldsymbol{A}, \boldsymbol{b}]$ 的第 k 行和第 i_k 行, 于是有 $|l_{ik}| \leqslant 1\,(i = k+1, \cdots, n)$, 再进行第 k 步分解. 算法如下:

算法 3.4 (列主元 LU 分解法)

(1) 输入系数矩阵 $\boldsymbol{A}$, 右端项 $\boldsymbol{b}$.

(2) 列主元 LU 分解:

对 $k = 1, \cdots, n$, 计算

① 计算 $s_i = a_{ik} - \sum\limits_{r=1}^{k-1} l_{ir} u_{rk} \Rightarrow a_{ik}$, $i = k, k+1, \cdots, n$.

② 选主元 $|s_{i_k}| = \max\limits_{k \leqslant i \leqslant n} |s_i|$, 并记录 i_k, $s_{i_k} \Rightarrow u_{kk}$.

③ 交换 $[\boldsymbol{A}, \boldsymbol{b}]$ 的第 k 行和第 i_k 行元素.

④ 计算 $\boldsymbol{L}$ 的第 k 列元素: $l_{ik} = s_i / u_{kk} = a_{ik} / a_{kk} \Rightarrow a_{ik}$, $i = k+1, \cdots, n$.

⑤ 计算 $\boldsymbol{U}$ 的第 k 行元素: $u_{kj} = a_{kj} - \sum\limits_{r=1}^{k-1} l_{kr} u_{rj} \Rightarrow a_{kj}$, $j = k+1, \cdots, n$.

(3) 用向前消去法解下三角方程组 $\boldsymbol{Ly} = \boldsymbol{b}$:

$y_1 = b_1$,

$y_k = b_k - \sum\limits_{j=1}^{k-1} l_{kj} y_j$, $k = 2, \cdots, n$.

(4) 用回代法解上三角方程组 $\boldsymbol{Ux} = \boldsymbol{y}$:

$x_n = y_n / u_{nn}$,

$x_k = \Big(y_k - \sum\limits_{j=k+1}^{n} u_{kj} x_j\Big) / u_{kk}$, $k = n-1, \cdots, 1$.

下面给出列主元 LU 分解法的 MATLAB 程序:

- 列主元 LU 分解 MATLAB 程序

```
%程序3.4--mzlu.m
function [x,L,U,P]=mzlu(A,b)
%用途: 用列主元LU分解法解方程组Ax=b
%格式: [x,L,U,P]=malu(A,b)  A为系数矩阵, b为右端向量,
%x返回解向量, L返回下单位三角矩阵, U返回上三角矩阵,
%P返回选主元时记录行交换的置换阵
n=length(b);
P=eye(n); %P记录选择主元时候所进行的行变换
%列主元LU分解
for k=1:n
```

```
    A(k:n,k)=A(k:n,k)-A(k:n,1:k-1)*A(1:k-1,k);
    [s,m]=max(abs(A(k:n,k)));    %选列主元
    m=m+k-1;
    if m~=k
       A([k m],:)=A([m k],:);
       P([k m],:)=P([m k],:);
       %b([k m],:)=b([m k],:);
    end
    A(k+1:n,k)=A(k+1:n,k)/A(k,k);
    A(k,k+1:n)=A(k,k+1:n)-A(k,1:k-1)*A(1:k-1,k+1:n);
end
L=tril(A,-1)+eye(n,n);
U=triu(A);
%解下三角矩阵Ly=b
newb=P*b;
%newb=b;
y=zeros(n,1);
for k=1:n
    j=1:k-1;
    y(k)=(newb(k)-L(k,j)*y(j))/L(k,k);
end
%解上三角方程组Ux=y
x=zeros(n,1);
for k=n:-1:1
    j=k+1:n;
    x(k)=(y(k)-U(k,j)*x(j))/U(k,k);
end
```

例 3.8 利用程序 3.4 (mzlu.m) 计算下列线性方程组的解

$$\begin{pmatrix} 2 & -1 & 4 & -3 & 1 \\ -1 & 1 & 2 & 1 & 3 \\ 4 & 2 & 3 & 3 & -1 \\ -3 & 1 & 3 & 2 & 4 \\ 1 & 3 & -1 & 4 & 4 \end{pmatrix} \begin{pmatrix} x_1 \\ x_2 \\ x_3 \\ x_4 \\ x_5 \end{pmatrix} = \begin{pmatrix} 11 \\ 14 \\ 4 \\ 16 \\ 18 \end{pmatrix}.$$

解 在 MATLAB 命令窗口执行

```
>> A=[2 -1 4 -3 1;-1 1 2 1 3;4 2 3 3 -1;-3 1 3 2 4;1 3 -1 4 4];
>> b=[11 14 4 16 18]';
```

```
>> [x,L,U,P]=mzlu(A,b)
```

得计算结果:

```
x =
     1
     2
     1
    -1
     4
L =
    1.0000         0         0         0         0
   -0.7500    1.0000         0         0         0
    0.2500    1.0000    1.0000         0         0
    0.5000   -0.8000   -0.9571    1.0000         0
   -0.2500    0.6000    0.0571    0.3611    1.0000
U =
    4.0000    2.0000    3.0000    3.0000   -1.0000
         0    2.5000    5.2500    4.2500    3.2500
         0         0   -7.0000   -1.0000    1.0000
         0         0         0   -2.0571    5.0571
         0         0         0         0   -1.0833
P =
     0     0     1     0     0
     0     0     0     1     0
     0     0     0     0     1
     1     0     0     0     0
     0     1     0     0     0
```

3.3 两类特殊方程组的解法

前面讨论的高斯消去法和 LU 分解法, 都是求解一般方程组的方法, 它们均不考虑方程组系数矩阵本身的特点. 但在实际应用中经常会遇到一些特殊类型的方程组, 其系数矩阵具有某种特殊性, 如对称正定矩阵、稀疏 (带状) 矩阵等. 对于这些方程组, 若还用原有的一般方法来求解, 势必造成存储空间和计算的浪费. 因此, 有必要构造适合特殊方程组的求解方法. 本节主要介绍解对称正定方程组的乔列斯基 (Cholesky) 分解法和解三对角线性方程组的追赶法.

3.3.1 对称正定方程组的乔列斯基法

当线性方程组的系数矩阵 $\boldsymbol{A}$ 是对称正定矩阵时, 可利用对称正定的特点使 LU 分解减少计算量, 从而节省存储空间. 由于对称正定矩阵的所有顺序主子式都大于零, 故由例 3.7 可知 $\boldsymbol{A}$ 存在唯一的 LU 分解. 由于 $\boldsymbol{A}$ 是对称的, 即 $a_{ij} = a_{ji}, i, j = 1, 2, \cdots, n$. 由 LU 分解式 (3.13)~式 (3.15), 有

$$u_{1i} = a_{1i},\ \ i = 1, \cdots, n;\quad l_{i1} = \frac{a_{i1}}{a_{11}},\ \ i = 2, \cdots, n,$$

则

$$l_{i1} = \frac{a_{i1}}{a_{11}} = \frac{a_{1i}}{a_{11}} = \frac{u_{1i}}{u_{11}},\ \ i = 2, \cdots, n. \tag{3.16}$$

若已求得第 1 步到第 $k-1$ 步的 $\boldsymbol{L}$ 和 $\boldsymbol{U}$ 的元素有如下关系

$$l_{ij} = \frac{u_{ji}}{u_{jj}},\ \ j = 1, \cdots, k-1;\ i = j+1, \cdots, n, \tag{3.17}$$

则对于第 k 步, 由式 (3.14)、式 (3.15) 和式 (3.17), 得

$$\begin{aligned} u_{ki} &= a_{ki} - \sum_{r=1}^{k-1} l_{kr} u_{ri} = a_{ki} - \sum_{r=1}^{k-1} \frac{u_{rk} u_{ri}}{u_{rr}},\ \ i = k, \cdots, n; \\ l_{ik} &= \Big(a_{ik} - \sum_{r=1}^{k-1} l_{ir} u_{rk}\Big) \Big/ u_{kk} \\ &= \Big(a_{ik} - \sum_{r=1}^{k-1} \frac{u_{rk} u_{ri}}{u_{rr}}\Big) \Big/ u_{kk} = \frac{u_{ki}}{u_{kk}},\ \ i = k+1, \cdots, n. \end{aligned}$$

由此可得

$$l_{ik} = \frac{u_{ki}}{u_{kk}},\ \ k = 1, \cdots, n-1;\ i = k+1, \cdots, n. \tag{3.18}$$

这样, 利用式 (3.18) 计算 $\boldsymbol{L}$ 的元素可节省工作量, 计算量节省了将近一半, 而 $\boldsymbol{U}$ 的元素仍用式 (3.14) 计算.

注 3.2 由式 (3.18), 得

$$u_{ki} = u_{kk} l_{ik},\ k = 1, \cdots, n-1;\ i = k+1, \cdots, n,$$

此即

$$\boldsymbol{U} = \boldsymbol{D}\boldsymbol{L}^{\mathrm{T}},$$

式中: $\boldsymbol{D}$ 是以 $u_{kk}\,(k = 1, \cdots, n)$ 为对角元的对角矩阵. 这样, 就把对称正定矩阵 $\boldsymbol{A}$ 分解成了

$$\boldsymbol{A} = \boldsymbol{L}\boldsymbol{U} = \boldsymbol{L}\boldsymbol{D}\boldsymbol{L}^{\mathrm{T}}$$

的形式. 这种分解方法称为 (改进的) 乔列斯基分解法.

下面建立用乔列斯基分解法求解对称正定方程组的算法步骤.

$$Ax=b \Rightarrow \begin{cases} A=LDL^{\mathrm{T}}, \\ LDL^{\mathrm{T}}x=b, \end{cases} \Rightarrow \begin{cases} Ly=b, \\ Dz=y, \\ L^{\mathrm{T}}x=z. \end{cases} \tag{3.19}$$

算法 3.5 (乔列斯基分解法)

(1) 输入对称正定矩阵 $\boldsymbol{A}$ 和右端向量 $\boldsymbol{b}$.

(2) 乔列斯基分解:

$u_{1i}=a_{1i},\quad i=1,\cdots,n;$

$l_{i1}=u_{1i}/u_{11},\quad i=2,\cdots,n.$

对 $k=2,\cdots,n$, 计算

$u_{ki}=a_{ki}-\sum\limits_{r=1}^{k-1}l_{kr}u_{ri},\quad i=k,\cdots,n;$

$l_{ik}=u_{ki}/u_{kk},\quad i=k+1,\cdots,n.$

(3) 用向前消去法解下三角方程组 $\boldsymbol{Ly}=\boldsymbol{b}$:

$y_1=b_1,$

对 $k=2,\cdots,n$ 计算 $y_k=b_k-\sum\limits_{i=1}^{k-1}l_{ki}y_i.$

(4) 解对角形方程组 $\boldsymbol{Dz}=\boldsymbol{y}$:

对 $k=1,\cdots,n$, 计算 $z_k=y_k/d_k.$

(5) 用回代法解上三角方程组 $\boldsymbol{L}^{\mathrm{T}}\boldsymbol{x}=\boldsymbol{z}$:

$x_n=z_n,$

对 $k=n-1,\cdots,1$, 计算 $x_k=z_k-\sum\limits_{i=k+1}^{n}l_{ik}x_i.$

根据算法 3.5, 编制 MATLAB 程序如下:

- 乔列斯基分解法 MATLAB 程序

```
%程序3.5--mchol.m
function [x,L,D]=mchol(A,b)
%用途: 用乔列斯基分解法解对称正定方程组Ax=b
%LDL'分解
n=length(b); D=zeros(1,n); L=eye(n,n);
U(1,:)=A(1,:);
L(2:n,1)=U(1,2:n)/U(1,1);
for k=2:n
    U(k,k:n)=A(k,k:n)-L(k,1:k-1)*U(1:k-1,k:n);
    L(k+1:n,k)=U(k,k+1:n)/U(k,k);
```

```
end
D=diag(diag(U));
%求解下三角方程组Ly=b(向前消去法)
y=zeros(n,1);
y(1)=b(1);
for k=2:n,
   y(k)=b(k)-L(k,1:k-1)*y([1:k-1]);
end
%求解对角方程组Dz=y
for k=1:n,
   z(k)=y(k)/D(k,k);
end
%求解上三角方程组L'x=z(回代法)
x=zeros(n,1);
U=L';  x(n)=z(n);
for k=(n-1):-1:1,
   x(k)=z(k)-U(k,k+1:n)*x(k+1:n);
end
```

例 3.9 利用程序 3.5 mchol.m 计算下列线性方程组的解.

$$\begin{pmatrix} 4 & 2 & -2 \\ 2 & 2 & -3 \\ -2 & -3 & 14 \end{pmatrix}\begin{pmatrix} x_1 \\ x_2 \\ x_3 \end{pmatrix} = \begin{pmatrix} 4 \\ 1 \\ 0 \end{pmatrix}.$$

解 在 MATLAB 命令窗口执行:

```
>> A=[4 2 -2; 2 2 -3; -2 -3 14];
>> b=[4 1 0]';
>> [x,L,D]=mchol(A,b)
```

得计算结果:

```
x =
    1.5000
   -1.0000
         0
L =
    1.0000         0         0
    0.5000    1.0000         0
   -0.5000   -2.0000    1.0000
```

```
D =

     4     0     0
     0     1     0
     0     0     9
```

例 3.10 已知方程组

$$\begin{pmatrix} 2 & -1 & b \\ -1 & 2 & a \\ b & -1 & 2 \end{pmatrix}\begin{pmatrix} x_1 \\ x_2 \\ x_3 \end{pmatrix}=\begin{pmatrix} 2 \\ 0 \\ 1 \end{pmatrix}.$$

试问参数 a、b 满足什么条件时, 可选用乔列斯基分解法求解该方程组?

解 方程组系数矩阵 $\boldsymbol{A}$ 对称正定时, 可用乔列斯基分解法求解. 由 $\boldsymbol{A}^{\mathrm{T}}=\boldsymbol{A}$ 可得 $a=-1$. 对称矩阵正定的充分必要条件是其各阶顺序主子式均大于零. 注意到 $\boldsymbol{D}_1=2>0$, $\boldsymbol{D}_2=4-1=3>0$. 而由

$$\boldsymbol{D}_3=\begin{vmatrix} 2 & -1 & b \\ -1 & 2 & -1 \\ b & -1 & 2 \end{vmatrix}=4+2b-2b^2>0,$$

即 $b^2+b-2<0$. 解得 $-1<b<2$. 故当 $a=-1$, $-1<b<2$ 时, 上述方程组可用乔列斯基分解法来求解.

3.3.2 三对角线性方程组的追赶法

在科学与工程计算中, 经常遇到求解三对角方程组的问题. 例如, 线性两点边值问题用有限差分法离散之后得到的线性代数方程组即为一个系数矩阵是三对角矩阵的线性方程组, 简称三对角方程组. 三对角矩阵属于所谓的"带状矩阵", 在大多数应用中, 带状矩阵是严格对角占优的或正定的. 下面给出给出带状矩阵和严格对角占优矩阵的定义.

定义 3.1 n 阶矩阵称为带状矩阵, 如果存在正整数 $p, q\,(1<p,q<n)$, 当 $i+p\leqslant j$ 或 $j+q\leqslant i$ 时, 就有 $a_{ij}=0$, 并称 $w=p+q-1$ 为该带状矩阵的"带宽".

定义 3.2 n 阶矩阵称为严格对角占优矩阵, 如果

$$|a_{ii}|>\sum_{j=1,j\neq i}^{n}|a_{ij}|$$

对每一个 $i=1,2,\cdots,n$ 成立.

三对角方程组的一般形式是

$$\begin{pmatrix} b_1 & c_1 & & & \\ a_2 & b_2 & c_2 & & \\ & \ddots & \ddots & \ddots & \\ & & a_{n-1} & b_{n-1} & c_{n-1} \\ & & & a_n & b_n \end{pmatrix} \begin{pmatrix} x_1 \\ x_2 \\ \vdots \\ x_{n-1} \\ x_n \end{pmatrix} = \begin{pmatrix} d_1 \\ d_2 \\ \vdots \\ d_{n-1} \\ d_n \end{pmatrix}. \tag{3.20}$$

将顺序高斯消去法应用于三对角方程组得到所谓的“追赶法”. 具体操作过程为

追:

$$\begin{pmatrix} b_1 & c_1 & & & & d_1 \\ a_2 & b_2 & c_2 & & & d_2 \\ & \ddots & \ddots & \ddots & & \vdots \\ & & a_{n-1} & b_{n-1} & c_{n-1} & d_{n-1} \\ & & & a_n & b_n & d_n \end{pmatrix} \Rightarrow \begin{pmatrix} \bar{b}_1 & c_1 & & & \bar{d}_1 \\ & \bar{b}_2 & c_2 & & \bar{d}_2 \\ & & \ddots & \ddots & \vdots \\ & & & \bar{b}_{n-1} \quad c_{n-1} & \bar{d}_{n-1} \\ & & & \bar{b}_n & \bar{d}_n \end{pmatrix},$$

其中

$$\begin{cases} \bar{b}_1 = b_1, \quad \bar{d}_1 = d_1, \\ \bar{b}_k = b_k - \dfrac{a_k}{\bar{b}_{k-1}} c_{k-1}, \qquad k = 2, \cdots, n. \\ \bar{d}_k = d_k - \dfrac{a_k}{\bar{b}_{k-1}} \bar{d}_{k-1}, \end{cases} \tag{3.21}$$

赶:

$$x_n = \frac{\bar{d}_n}{\bar{b}_n}, \quad x_k = \frac{\bar{d}_k - c_k x_{k+1}}{\bar{b}_k}, \quad k = n-1, \cdots, 2, 1. \tag{3.22}$$

追赶法不需要对零元素计算, 只有 $6n-5$ 次乘除法计算量, 且当系数矩阵对角占优时数值稳定, 是解三对角方程组的优秀算法.

下面给出追赶法的 MATLAB 程序:

- 追赶法 MATLAB 程序

```
%程序3.6--mchase.m
function [x]=mchase(a,b,c,d)
%用途: 追赶法解三对角方程组Ax=d
%格式: [x]=mchase(a,b,c,d), a为次下对角线元素向量, b主对角
%元素向量, c为次上对角线元素向量, d为右端向量, x返回解向量
n=length(b);
for k=2:n
   b(k)=b(k)-a(k)/b(k-1)*c(k-1);
   d(k)=d(k)-a(k)/b(k-1)*d(k-1);
end
```

```
x(n)=d(n)/b(n);
for k=n-1:-1:1
   x(k)=(d(k)-c(k)*x(k+1))/b(k);
end
```

例 3.11 用追赶法通用程序 machase.m 计算下列三对角方程组的解

$$\begin{pmatrix} 2 & -1 & & \\ -1 & 3 & -2 & \\ & -2 & 4 & -3 \\ & & -3 & 5 \end{pmatrix}\begin{pmatrix} x_1 \\ x_2 \\ x_3 \\ x_4 \end{pmatrix}=\begin{pmatrix} 6 \\ 1 \\ -2 \\ 1 \end{pmatrix}.$$

解 在 MATLAB 命令窗口执行:

```
>> b=[2 3 4 5]';
>> a1=0; c(4)=0;
>> a=[a1 -1 -2 -3]';
>> c=[-1 -2 -3 c4]';
>> d=[6 1 -2 1]';
>> [x]=mchase(a,b,c,d)
```

得到计算结果:

```
x =
     5     4     3     2
```

例 3.12 若方程组 (3.20) 的系数矩阵的元素满足条件

$$|b_1|>|c_1|>0,\ |b_n|>|a_n|>0,\ |b_i|>|a_i|+|c_i|,\quad i=2,\cdots,n-1,$$

则追赶法是可行的.

证 由式 (3.21)~式 (3.22) 可知, 只需证明 $\bar{b}_k\neq 0, (k=1,2,\cdots,n)$ 即可. 显然 $\bar{b}_1=b_1\neq 0$, 且 $|\bar{b}_1|=|b_1|>|c_1|$. 设 $|\bar{b}_{k-1}|>|c_{k-1}|$, 则

$$\begin{aligned} |\bar{b}_k| &= \left|b_k-\frac{a_k}{\bar{b}_{k-1}}c_{k-1}\right|\geqslant |b_k|-|a_k|\cdot\left|\frac{c_{k-1}}{\bar{b}_{k-1}}\right| \\ &> |b_k|-|a_k|>\begin{cases} |c_k|, & k<n, \\ 0, & k=n, \end{cases} \end{aligned}$$

即 $b_k\neq 0, k=2,\cdots,n$. 从而, 追赶法是可行的.

注 3.3 满足例 3.12 条件的三对角矩阵即为严格对角占优的, 这个例子说明对于严格对角占优的三对角矩阵, 追赶法总是可行的.

3.4 直接法的舍入误差分析

本节对用直接法求解方程组得到的解进行舍入误差分析. 首先介绍向量范数和矩阵范数及其有关性质, 它们是误差分析的基本工具.

3.4.1 向量范数和矩阵范数

1. 向量范数

定义 3.3 若对 $\boldsymbol{x},\boldsymbol{y}\in\mathbf{R}^n$ 有

(1) $\|\boldsymbol{x}\|\geqslant 0$, 且 $\|\boldsymbol{x}\|=0$ 当且仅当 $x=0$ (正定性);

(2) $\|\alpha\boldsymbol{x}\|=|\alpha|\cdot\|\boldsymbol{x}\|$ (齐次性);

(3) $\|\boldsymbol{x}+\boldsymbol{y}\|\leqslant\|\boldsymbol{x}\|+\|\boldsymbol{y}\|$ (三角不等式).

则称 $\|\boldsymbol{x}\|$ 为向量 $\boldsymbol{x}$ 的范数. 定义了范数的线性空间称为赋范线性空间.

常用的向量范数有

(1) $\|\boldsymbol{x}\|_1=\sum\limits_{i=1}^{n}|x_i|$ (1 范数);

(2) $\|\boldsymbol{x}\|_2=\left(\sum\limits_{i=1}^{n}x_i^2\right)^{1/2}$ (2 范数);

(3) $\|\boldsymbol{x}\|_\infty=\max\limits_{1\leqslant i\leqslant n}|x_i|$ (无穷范数).

不难验证, 上述三种范数均满足范数的定义.

2. 矩阵范数

将 $m\times n$ 矩阵 $\boldsymbol{A}$ 看做线性空间 $\mathbf{R}^{m\times n}$ 中的元素, 则完全可以按照定义 3.3 的方式引入矩阵的范数. 其中最常用的是与向量 2 范数相对应的范数

$$\|\boldsymbol{A}\|_F=\left(\sum_{i=1}^{m}\sum_{j=1}^{n}a_{ij}^2\right)^{1/2}$$

称为矩阵 $\boldsymbol{A}$ 的 F 范数.

关于矩阵范数与向量范数之间的关系, 引入相容性的概念.

定义 3.4 对于给定 $\mathbf{R}^n$ 上的一种范数 $\|\boldsymbol{x}\|$ 和 $\mathbf{R}^{m\times n}$ 上的一种范数 $\|\boldsymbol{A}\|$, 若有

$$\|\boldsymbol{A}\boldsymbol{x}\|\leqslant\|\boldsymbol{A}\|\cdot\|\boldsymbol{x}\|,\quad \forall\boldsymbol{x}\in\mathbf{R}^n,\ \boldsymbol{A}\in\mathbf{R}^{m\times n},$$

则称上述矩阵范数和向量范数是相容的.

这样, 可以利用相容性定义矩阵的范数, 定义

$$\|\boldsymbol{A}\|=\max_{\|\boldsymbol{x}\|\neq 0}\frac{\|\boldsymbol{A}\boldsymbol{x}\|}{\|\boldsymbol{x}\|}=\max_{\|\boldsymbol{x}\|=1}\|\boldsymbol{A}\boldsymbol{x}\| \tag{3.23}$$

为矩阵 $\boldsymbol{A}$ 的范数, 称为相容性范数.

按式 (3.23) 可以求出矩阵常用的三种相容性范数:

(1) $\|\boldsymbol{A}\|_1 = \max\limits_{1\leqslant j\leqslant n} \sum\limits_{i=1}^{m} |a_{ij}|$ (列和范数);

(2) $\|\boldsymbol{A}\|_2 = \sqrt{\lambda_{\max}(\boldsymbol{A}^{\mathrm{T}}\boldsymbol{A})}$ (谱范数);

(3) $\|\boldsymbol{A}\|_\infty = \max\limits_{1\leqslant i\leqslant m} \sum\limits_{j=1}^{n} |a_{ij}|$ (行和范数).

其中: $\lambda_{\max}(\boldsymbol{A}^{\mathrm{T}}\boldsymbol{A})$ 表示矩阵 $\boldsymbol{A}^{\mathrm{T}}\boldsymbol{A}$ 的最大特征值.

矩阵范数除了满足向量范数的定义 3.3 中的三条性质 (正定性、齐次性、三角不等式) 外, 还满足所谓的相容性性质:

$$\|\boldsymbol{AB}\| \leqslant \|\boldsymbol{A}\|\|\boldsymbol{B}\|, \quad \forall\, \boldsymbol{A}, \boldsymbol{B} \in \mathbf{R}^{n\times n}.$$

3. 谱半径

定义 3.5 设 $\boldsymbol{A}\in\mathbf{R}^{n\times n}$, 其特征值为 $\lambda_1,\lambda_2,\cdots,\lambda_n$, 则称

$$\rho(\boldsymbol{A}) = \max_{1\leqslant i\leqslant n} |\lambda_i|$$

为矩阵 $\boldsymbol{A}$ 的谱半径.

由上述定义, $\|\boldsymbol{A}\|_2$ 可定义为

$$\|\boldsymbol{A}\|_2 = \sqrt{\rho(\boldsymbol{A}^{\mathrm{T}}\boldsymbol{A})}.$$

特别地, 当 $\boldsymbol{A}$ 为对称矩阵时

$$\|\boldsymbol{A}\|_2 = \rho(\boldsymbol{A}).$$

对于一般情况, 有如下定理.

定理 3.1 设 $\boldsymbol{A}\in\mathbf{R}^{n\times n}$, 则 $\boldsymbol{A}$ 的谱半径不超过 $\boldsymbol{A}$ 的任何范数, 即

$$\rho(\boldsymbol{A}) \leqslant \|\boldsymbol{A}\|.$$

证 设 λ 是 $\boldsymbol{A}$ 的一个特征值, 且 $\boldsymbol{A}$ 的谱半径 $\rho(\boldsymbol{A}) = |\lambda|$, $\boldsymbol{u}$ 是对应于 λ 的特征向量, 即 $\boldsymbol{Au} = \lambda\boldsymbol{u}$, 所以对任何一种向量范数, 有 $\|\boldsymbol{Au}\| = |\lambda|\cdot\|\boldsymbol{u}\|$, 故有

$$\rho(\boldsymbol{A}) = |\lambda| = \frac{\|\boldsymbol{Au}\|}{\|\boldsymbol{u}\|} \leqslant \max_{\|\boldsymbol{x}\|\neq 0} \frac{\|\boldsymbol{Ax}\|}{\|\boldsymbol{x}\|} = \|\boldsymbol{A}\|.$$

定理 3.2 对任意的 $\boldsymbol{A}\in\mathbf{R}^{n\times n}$ 和任意正数 ε, 一定存在某种矩阵范数 $\|\boldsymbol{A}\|_\alpha$, 使得

$$\|\boldsymbol{A}\|_\alpha \leqslant \rho(\boldsymbol{A}) + \varepsilon.$$

(证明略去).

关于矩阵范数, 还有下述结论:

定理 3.3 若 $\|\boldsymbol{A}\| < 1$, 则矩阵 $\boldsymbol{I}-\boldsymbol{A}$ 非奇异, 且满足

$$\|(\boldsymbol{I}-\boldsymbol{A})^{-1}\| \leqslant \frac{1}{1-\|\boldsymbol{A}\|}.$$

证 用反证法. 设 $\det(\boldsymbol{I}-\boldsymbol{A})=0$, 则方程 $(\boldsymbol{I}-\boldsymbol{A})\boldsymbol{x}=0$ 有非零解, 即存在 $\boldsymbol{x}_0 \in \mathbf{R}^n$, $\boldsymbol{x}_0 \neq 0$, 使得 $(\boldsymbol{I}-\boldsymbol{A})\boldsymbol{x}_0=0$. 故

$$\|\boldsymbol{A}\| = \max_{\|\boldsymbol{x}\|\neq 0} \frac{\|\boldsymbol{A}\boldsymbol{x}\|}{\|\boldsymbol{x}\|} \geqslant \frac{\|\boldsymbol{A}\boldsymbol{x}_0\|}{\|\boldsymbol{x}_0\|} = 1.$$

这与 $\|\boldsymbol{A}\|<1$ 矛盾.

进一步, 由于 $(\boldsymbol{I}-\boldsymbol{A})(\boldsymbol{I}-\boldsymbol{A})^{-1}=\boldsymbol{I}$, 则 $(\boldsymbol{I}-\boldsymbol{A})^{-1}=\boldsymbol{I}+\boldsymbol{A}(\boldsymbol{I}-\boldsymbol{A})^{-1}$, 从而

$$\|(\boldsymbol{I}-\boldsymbol{A})^{-1}\| \leqslant \|I\| + \|\boldsymbol{A}\| \cdot \|(\boldsymbol{I}-\boldsymbol{A})^{-1}\|.$$

将上式整理即得要证的结论.

3.4.2 舍入误差对解的影响

用直接法解线性方程组 $\boldsymbol{A}\boldsymbol{x}=\boldsymbol{b}\,(\det(\boldsymbol{A})\neq 0)$, 理应得出准确解 $\boldsymbol{x}$. 但因为存在舍入误差, 只能得出近似解 $\bar{\boldsymbol{x}}$, 或者说得到近似方程组 $\bar{\boldsymbol{A}}\bar{\boldsymbol{x}}=\bar{\boldsymbol{b}}$ 的准确解. 近似矩阵 $\bar{\boldsymbol{A}}$ 和近似向量 $\bar{\boldsymbol{b}}$ 的误差

$$\delta\boldsymbol{A}=\boldsymbol{A}-\bar{\boldsymbol{A}}, \quad \delta\boldsymbol{b}=\boldsymbol{b}-\bar{\boldsymbol{b}}$$

同计算机运算和精度有关. 计算精度越高, $\|\delta\boldsymbol{A}\|$ 和 $\|\delta\boldsymbol{b}\|$ 必然越小. 下面估计$\|\delta\boldsymbol{A}\|$ 和 $\|\delta\boldsymbol{b}\|$ 很小时解的误差 $\delta\boldsymbol{x}=\boldsymbol{x}-\bar{\boldsymbol{x}}$. 注意到 $\boldsymbol{x}$ 和 $\bar{\boldsymbol{x}}$ 分别满足方程组

$$\boldsymbol{A}\boldsymbol{x}=\boldsymbol{b}, \quad (\boldsymbol{A}-\delta\boldsymbol{A})(\boldsymbol{x}-\delta\boldsymbol{x})=\boldsymbol{b}-\delta\boldsymbol{b}.$$

两式相减, 得

$$(\boldsymbol{A}-\delta\boldsymbol{A})\delta\boldsymbol{x}=\delta\boldsymbol{b}-\delta\boldsymbol{A}\boldsymbol{x}.$$

当 $\|\delta\boldsymbol{A}\|$ 很小时, $\|\boldsymbol{A}^{-1}\delta\boldsymbol{A}\|$ 也很小, $\boldsymbol{A}-\delta\boldsymbol{A}=\boldsymbol{A}(\boldsymbol{I}-\boldsymbol{A}^{-1}\delta\boldsymbol{A})$ 可逆, 于是

$$\delta\boldsymbol{x}=(\boldsymbol{A}-\delta\boldsymbol{A})^{-1}(\delta\boldsymbol{b}-\delta\boldsymbol{A}\boldsymbol{x})=(\boldsymbol{I}-\boldsymbol{A}^{-1}\delta\boldsymbol{A})^{-1}\boldsymbol{A}^{-1}(\delta\boldsymbol{b}-\delta\boldsymbol{A}\boldsymbol{x}).$$

故

$$\begin{aligned}
\|\delta\boldsymbol{x}\| &= \|(\boldsymbol{I}-\boldsymbol{A}^{-1}\delta\boldsymbol{A})^{-1}\boldsymbol{A}^{-1}(\delta\boldsymbol{b}-\delta\boldsymbol{A}\boldsymbol{x})\| \\
&\leqslant \|(\boldsymbol{I}-\boldsymbol{A}^{-1}\delta\boldsymbol{A})^{-1}\| \cdot \|\boldsymbol{A}^{-1}\|\big(\|\delta\boldsymbol{b}\|+\|\delta\boldsymbol{A}\boldsymbol{x}\|\big)
\end{aligned}$$

$$\leqslant \frac{\|\boldsymbol{A}^{-1}\|}{1-\|\boldsymbol{A}^{-1}\delta\boldsymbol{A}\|}(\|\delta\boldsymbol{b}\|+\|\delta\boldsymbol{A}\|\cdot\|\boldsymbol{x}\|),$$

上面的最后一个不等式用到了定理 3.3. 注意到

$$\|\boldsymbol{A}^{-1}\delta\boldsymbol{A}\| \leqslant \|\boldsymbol{A}^{-1}\|\cdot\|\delta\boldsymbol{A}\|, \quad \|\boldsymbol{b}\|=\|\boldsymbol{A}\boldsymbol{x}\|\leqslant\|\boldsymbol{A}\|\cdot\|\boldsymbol{x}\|,$$

从而有

$$\begin{aligned}\frac{\|\delta\boldsymbol{x}\|}{\|\boldsymbol{x}\|} &\leqslant \frac{\|\boldsymbol{A}^{-1}\|}{1-\|\boldsymbol{A}^{-1}\|\cdot\|\delta\boldsymbol{A}\|}\left(\frac{\|\boldsymbol{A}\|\cdot\|\delta\boldsymbol{b}\|}{\|\boldsymbol{A}\|\cdot\|\boldsymbol{x}\|}+\frac{\|\boldsymbol{A}\|\cdot\|\delta\boldsymbol{A}\|}{\|\boldsymbol{A}\|}\right)\\ &\leqslant \frac{\|\boldsymbol{A}^{-1}\|\cdot\|\boldsymbol{A}\|}{1-\|\boldsymbol{A}^{-1}\|\cdot\|\boldsymbol{A}\|\dfrac{\|\delta\boldsymbol{A}\|}{\|\boldsymbol{A}\|}}\left(\frac{\|\delta\boldsymbol{b}\|}{\|\boldsymbol{b}\|}+\frac{\|\delta\boldsymbol{A}\|}{\|\boldsymbol{A}\|}\right).\end{aligned}$$

令 $\kappa=\mathrm{cond}(\boldsymbol{A})=\|\boldsymbol{A}^{-1}\|\cdot\|\boldsymbol{A}\|$, 则得近似解 $\bar{\boldsymbol{x}}$ 的相对误差估计式

$$\frac{\|\delta\boldsymbol{x}\|}{\|\boldsymbol{x}\|}\leqslant\frac{\kappa}{1-\kappa\cdot\varepsilon_r(\bar{A})}[\varepsilon_r(\bar{\boldsymbol{b}})+\varepsilon_r(\bar{\boldsymbol{A}})], \tag{3.24}$$

其中

$$\varepsilon_r(\bar{\boldsymbol{A}})=\frac{\|\delta\boldsymbol{A}\|}{\|\boldsymbol{A}\|}, \quad \varepsilon_r(\bar{\boldsymbol{b}})=\frac{\|\delta\boldsymbol{b}\|}{\|\boldsymbol{b}\|}.$$

上式表明, 当 $\varepsilon_r(\bar{\boldsymbol{A}})=\|\delta\boldsymbol{A}\|/\|\boldsymbol{A}\|$ 很小时, 解的相对误差约等于 $\bar{\boldsymbol{A}}$ 和 $\bar{\boldsymbol{b}}$ 的相对误差的 κ 倍; 而当 κ 很大时, 即使 $\bar{\boldsymbol{A}}$ 和 $\bar{\boldsymbol{b}}$ 的相对误差很小, 解的相对误差也可能很大. 由此可知, 舍入误差对解的影响的大小取决于数 κ 的大小, 这个数称为方程组的条件数. 条件数 κ 很大的方程组称为病态方程组, κ 较小的方程组称为良态方程组.

对于病态方程组, 为了得到较准确的近似解, 可以采用以下措施来减少舍入误差的影响: ① 采用高精度计算; ② 采用数值稳定性较好的算法, 如全主元高斯消去法等; ③ 采用迭代改善计算解的办法.

所谓迭代改善计算解 $\bar{\boldsymbol{x}}$, 目的是设法求取修正量 $\Delta\boldsymbol{x}$, 使 $\bar{\boldsymbol{x}}+\Delta\boldsymbol{x}$ 满足原方程组 $\boldsymbol{A}\boldsymbol{x}=\boldsymbol{b}$, 即

$$\boldsymbol{A}(\bar{\boldsymbol{x}}+\Delta\boldsymbol{x})=\boldsymbol{b}, \quad \boldsymbol{A}\Delta\boldsymbol{x}=\boldsymbol{r}=\boldsymbol{b}-\boldsymbol{A}\bar{\boldsymbol{x}}.$$

实际计算时, 方程组 $\boldsymbol{A}\Delta\boldsymbol{x}=\boldsymbol{r}$ 不太可能准确求解, 从而必须反复求解 $\boldsymbol{A}\Delta\boldsymbol{x}=\boldsymbol{r}$ 和修正 $\bar{\boldsymbol{x}}$, 使 $\bar{\boldsymbol{x}}$ 逐渐接近真解. 这一过程称为迭代改善. 为节省计算量, 最好事先将系数矩阵 $\boldsymbol{A}$ 进行 LU 分解: $\boldsymbol{A}=\boldsymbol{L}\boldsymbol{U}$, 反复求解 $\boldsymbol{A}\Delta\boldsymbol{x}=\boldsymbol{r}$ 改为反复求解 $\boldsymbol{L}\boldsymbol{y}=\boldsymbol{r}$ 和 $\boldsymbol{U}\Delta\boldsymbol{x}=\boldsymbol{y}$. 为保证计算精度, 计算残差向量 $\boldsymbol{r}$ 最好采用高精度计算. 迭代改善过程可表述如下:

(1) LU 分解: $\boldsymbol{A}=\boldsymbol{L}\boldsymbol{U}$.

(2) 计算残差: $\boldsymbol{r}=\boldsymbol{b}-\boldsymbol{A}\bar{\boldsymbol{x}}$.

(3) 求解: $\boldsymbol{L}\boldsymbol{y}=\boldsymbol{r}$ 和 $\boldsymbol{U}\Delta\boldsymbol{x}=\boldsymbol{y}$, 置 $\bar{\boldsymbol{x}}:=\bar{\boldsymbol{x}}+\Delta\boldsymbol{x}$.

(4) 当 $\|\Delta\boldsymbol{x}\|$ 很小时, 停算, 否则, 转 (2).

例 3.13 已知方程组

$$\begin{pmatrix} 1 & 0 & -1 \\ 2 & 2 & 1 \\ 0 & 2 & 2 \end{pmatrix}\begin{pmatrix} x_1 \\ x_2 \\ x_3 \end{pmatrix} = \begin{pmatrix} -1 \\ 2 \\ 2 \end{pmatrix}$$

的解为 $\boldsymbol{x} = (1,\ -1,\ 2)^{\mathrm{T}}$. 如果右端有微小扰动 $\|\delta\boldsymbol{b}\|_\infty = 0.5 \times 10^{-6}$, 估计由此引起的解的相对误差.

解 记方程组的系数矩阵为 $\boldsymbol{A}$. 由于

$$\boldsymbol{A}^{-1} = \begin{pmatrix} -1 & 1 & -1 \\ 2 & -1 & 1.5 \\ -2 & 1 & -1 \end{pmatrix},$$

从而 $\mathrm{cond}(\boldsymbol{A})_\infty = \|\boldsymbol{A}\|_\infty \|\boldsymbol{A}^{-1}\|_\infty = 5 \times 4.5 = 22.5$. 故由公式

$$\frac{\|\delta\boldsymbol{x}\|_\infty}{\|\boldsymbol{x}\|_\infty} \leqslant \mathrm{cond}(\boldsymbol{A})_\infty \frac{\|\delta\boldsymbol{b}\|_\infty}{\|\boldsymbol{b}\|_\infty}$$

得

$$\frac{\|\delta\boldsymbol{x}\|_\infty}{\|\boldsymbol{x}\|_\infty} \leqslant 22.5 \times \frac{0.5 \times 10^{-6}}{2} = 5.625 \times 10^{-6}.$$

由上述结果可以看出, 解的相对误差是右端扰动量的 11 倍多.

3.5 线性方程组的 MATLAB 解法*

在 MATLAB 系统中提供了一些内部命令和函数用于实现对线性方程组的求解, 本节对其中几个最主要的命令和函数进行简单的介绍.

3.5.1 利用左除运算符求解线性方程组

MATLAB 系统提供了一个左除运算符“\”用于求解线性方程组, 它是根据选主元高斯消去法编制的一个 MATLAB 内部命令, 使用起来十分方便. 设 $\boldsymbol{A} \in \mathbf{R}^{n\times n}$, $\boldsymbol{b} \in \mathbf{R}^n$, 对于方程组 $\boldsymbol{Ax} = \boldsymbol{b}$, 只需在 MATLAB 命令窗口键入“x=A\b”, 回车即可得到方程组的解 $\boldsymbol{x}$. 此外, 若右端项 $\boldsymbol{b}$ 为 $n \times m$ 的矩阵, 则“x=A\b”可同时获得系数矩阵 $\boldsymbol{A}$ 相同的 m 个线性方程组的解 $\boldsymbol{x}$ (为 $n \times m$ 矩阵), 即

x(:, i) = A\b(:, i), i = 1, ⋯ , m.

例 3.14 用左除运算符求解线性方程组

$$\begin{pmatrix} 2 & 1 & 1 & 4 \\ 1 & 2 & -1 & 2 \\ 1 & -1 & 3 & 3 \\ 4 & 2 & 3 & 10 \end{pmatrix}\begin{pmatrix} x_1 \\ x_2 \\ x_3 \\ x_4 \end{pmatrix} = \begin{pmatrix} 1 \\ 2 \\ 0 \\ 3 \end{pmatrix}.$$

解 在 MATLAB 命令窗口键入:

```
>>A=[2 1 1 4; 1 2 -1 2; 1 -1 3 3; 4 2 3 10];
>> b=[1 2 0 3]';
>> x=A\b
```

得计算结果如下:

```
x =
   -1.0000
    2.0000
    1.0000
    0.0000
```

3.5.2 利用矩阵求逆函数解线性方程组

MATLAB 系统中提供了求矩阵逆的函数 inv($\boldsymbol{A}$), 由于线性方程组 $\boldsymbol{Ax}=\boldsymbol{b}$ 的解可以表示为 $\boldsymbol{x}=\boldsymbol{A}^{-1}\boldsymbol{b}$, 因此可以利用该函数来求解线性方程组, 即只需在命令窗口键入 "x=inv(A)*b" 回车即可得到方程组的解.

例 3.15 用矩阵求逆方法求解例 3.14 中的线性方程组.

解 在 MATLAB 命令窗口键入:

```
>>A=[2 1 1 4; 1 2 -1 2; 1 -1 3 3; 4 2 3 10];
>> b=[1 2 0 3]';
>> x=inv(A)*b
```

得计算结果如下:

```
x =
   -1.0000
    2.0000
    1.0000
    0.0000
```

3.5.3 利用矩阵 LU 分解函数解线性方程组

对于 $n\times n$ 矩阵 $\boldsymbol{A}$, MATLAB 系统提供了一个 LU 分解函数 lu($\boldsymbol{A}$), 这个函数是根据列主元 LU 分解算法编制的, 具有较好的数值稳定性, 其调用格式如下:

```
[L,U,P]=lu(A)
```

该函数返回一个下三角阵 $\boldsymbol{L}$、一个上三角阵 $\boldsymbol{U}$ 和一个置换阵 $\boldsymbol{P}$, 使之满足 $\boldsymbol{PA}=\boldsymbol{LU}$.

这样, 线性方程组 $\boldsymbol{Ax}=\boldsymbol{b}$ 的求解可以转化为求解两个三角形方程组: $\boldsymbol{Ly}=\boldsymbol{Pb}$ 和 $\boldsymbol{Ux}=\boldsymbol{y}$.

例 3.16 用 LU 分解函数求解例 3.14 中的线性方程组.

解 在 MATLAB 命令窗口键入:

```
>>A=[2 1 1 4; 1 2 -1 2; 1 -1 3 3; 4 2 3 10];
>>b=[1 2 0 3]';
>>[L,U,P]=lu(A);
>>y=L\(P*b);
>>x=U\y
```

得计算结果如下:

```
x =
   -1
    2
    1
    0
```

3.5.4 利用乔列斯基分解函数解对称正定方程组

对于 $n \times n$ 对称正定矩阵 $\boldsymbol{A}$, MATLAB 系统提供了一个乔列斯基分解函数 chol($\boldsymbol{A}$), 这个函数是根据改进的乔列斯基分解算法编制的, 具有较好的数值稳定性, 其调用格式如下:

```
[R,p]=chol(A)
```

如果 $\boldsymbol{A}$ 是对称正定矩阵, 该函数返回 $p=0$ 和一个下三角阵 $\boldsymbol{R}$, 使之满足 $\boldsymbol{R}^{\mathrm{T}}\boldsymbol{R}=\boldsymbol{A}$. 否则 p 是一个正整数.

这样, 线性方程组 $\boldsymbol{Ax}=\boldsymbol{b}$ 的求解可以转化为求解两个三角形方程组: $\boldsymbol{R}^{\mathrm{T}}\boldsymbol{y}=\boldsymbol{b}$ 和 $\boldsymbol{Rx}=\boldsymbol{y}$.

例 3.17 用乔列斯基分解函数求解例 3.14 中的线性方程组.

解 在 MATLAB 命令窗口键入:

```
>>A=[2 1 1 4; 1 2 -1 2; 1 -1 3 3; 4 2 3 10];
>>b=[1 2 0 3]';
>>[R,p]=chol(A);
>>y=R'\b;
>>x=R\y
```

得计算结果:

```
x =

   -1.0000
    2.0000
    1.0000
    0.0000
```

习题 3

3.1 用列主元高斯消去法解下面的方程组

(1) $\begin{cases} -3x_1+2x_2+6x_3=4, \\ 10x_1-7x_2 \qquad =7, \\ 5x_1-x_2+5x_3=6; \end{cases}$ (2) $\begin{cases} x_1+2x_2+3x_3=6, \\ 5x_1-6x_2+9x_3=8, \\ 3x_1-2x_2+x_3=2. \end{cases}$

3.2 顺序高斯消去法可行的条件是 $a_{11}^{(1)}, a_{22}^{(2)}, \cdots, a_{n-1,n-1}^{(n-1)}$ 都不为零. 试证明顺序高斯消去法可行的充要条件是 $\boldsymbol{A}$ 的顺序主子式 $\boldsymbol{D}_k \neq 0,\ 1 \leqslant k \leqslant n$.

3.3 设 $\boldsymbol{A}=(a_{ij}),\ a_{11} \neq 0$, 经一步高斯消元, 得

$$\boldsymbol{A}^{(2)}=\begin{pmatrix} a_{11} & \boldsymbol{\alpha}_1^{\mathrm{T}} \\ O & \boldsymbol{A}_2 \end{pmatrix}, \quad \text{其中} \ \boldsymbol{A}_2=\begin{pmatrix} a_{22}^{(2)} & \cdots & a_{2n}^{(2)} \\ \vdots & & \vdots \\ a_{n2}^{(2)} & \cdots & a_{nn}^{(2)} \end{pmatrix},$$

(1) 若 $\boldsymbol{A}$ 对称, 则 $\boldsymbol{A}_2$ 也对称;

(2) 若 $\boldsymbol{A}$ 对称正定, 则 $\boldsymbol{A}_2$ 也对称正定.

3.4 对于 n 阶矩阵 $\boldsymbol{A}=(a_{ij})$, 若

$$|a_{ii}| > \sum_{j=1, j \neq i}^{n} |a_{ij}|, \quad i=1,2,\cdots,n,$$

则称 $\boldsymbol{A}$ 是严格对角占优矩阵. 证明: 若 $\boldsymbol{A}$ 是严格对角占优矩阵, 则经一步顺序高斯消元过程后, 得到的 $\boldsymbol{A}^{(1)}$ 仍为严格对角占优矩阵.

3.5 已知方程组 $\boldsymbol{Ax}=\boldsymbol{f}$, 其中

$$\boldsymbol{A}=\begin{pmatrix} 2 & -1 & b \\ -1 & 2 & a \\ b & -1 & 2 \end{pmatrix}, \quad \boldsymbol{f}=\begin{pmatrix} 0 \\ 1 \\ 0 \end{pmatrix}.$$

(1) 试问参数和满足什么条件式时, 可选用平方根法求解该方程组?

(2) 取 $b=0,\ a=1$, 试用追赶法求解该方程组.

3.6 证明: (1) 正定矩阵必存在 LU 分解;

(2) 如果对称矩阵的各阶顺序主子式不等于零, 则必存在 LU 分解.

3.7 证明: 非奇异矩阵 $\boldsymbol{A}$ 不一定有 LU 分解.

3.8 证明非奇异矩阵 $\boldsymbol{A}\in\mathbf{R}^{n\times n}$ 有唯一 LDU 分解的充要条件是 $\boldsymbol{A}$ 的顺序主子式 $\boldsymbol{D}_1,\boldsymbol{D}_2,\cdots,\boldsymbol{D}_{n-1}$ 都是非零的, 其中 $\boldsymbol{D}$ 是对角矩阵, $\boldsymbol{L},\boldsymbol{U}$ 分别是单位下三角和单位上三角矩阵.

3.9 设 $\boldsymbol{U}$ 为非奇异的上三角矩阵.

(1) 推导求解 $\boldsymbol{Ux}=\boldsymbol{d}$ 的一般公式, 并写出算法;

(2) 计算求解上三角形方程组 $\boldsymbol{Ux}=\boldsymbol{d}$ 的乘除法次数.

3.10 设 $\boldsymbol{L}$ 为非奇异的下三角矩阵.

(1) 列出逐次代入求解 $\boldsymbol{Lx}=\boldsymbol{d}$ 的公式;

(2) 上述求解过程共需多少次乘除法运算?

3.11 已知向量 $\boldsymbol{x}=(2,\ -3,\ 4)^{\mathrm{T}}$, 求 $\|\boldsymbol{x}\|_p,\ p=1,2,\infty$.

3.12 已知矩阵 $\boldsymbol{A}=\begin{pmatrix}1&2\\3&4\end{pmatrix}$.

(1) 求 $\|\boldsymbol{A}\|_p,\ p=1,2,\infty$;

(2) 求 $\boldsymbol{A}$ 的谱半径 $\rho(\boldsymbol{A})$.

3.13 求下列矩阵的条件数

$$\boldsymbol{A}=\begin{pmatrix}1&0\\0&10^{-10}\end{pmatrix}.$$

3.14 已知方程组

$$\begin{pmatrix}1&0&-1\\2&2&1\\0&2&2\end{pmatrix}\begin{pmatrix}x_1\\x_2\\x_3\end{pmatrix}=\begin{pmatrix}1/2\\1/3\\-2/3\end{pmatrix}$$

的解为 $\boldsymbol{x}=(1/2,-1/3,0)^{\mathrm{T}}$. 如果右端有微小扰动 $\|\delta\boldsymbol{b}\|_\infty=0.5\times10^{-6}$, 估计由此引起的解的相对误差.

3.15 方程组 $\boldsymbol{Ax}=\boldsymbol{b}$, 其中 $\boldsymbol{A}$ 为 $m\times n$ 阶对称且非奇异矩阵. 设 $\boldsymbol{A}$ 有误差 $\delta\boldsymbol{A}$, 则原方程组变化为 $(\boldsymbol{A}+\delta\boldsymbol{A})(\boldsymbol{x}+\delta\boldsymbol{x})\boldsymbol{b}$, 其中 $\delta\boldsymbol{x}$ 为解的误差向量. 证明

$$\frac{\|\delta\boldsymbol{x}\|_2}{\|\boldsymbol{x}+\delta\boldsymbol{x}\|_2}\leqslant\left|\frac{\lambda_1}{\lambda_n}\right|\frac{\|\delta\boldsymbol{A}\|_2}{\|\boldsymbol{A}\|_2},$$

式中: λ_1 和 λ_n 分别为 $\boldsymbol{A}$ 的按模最大和最小的特征值.

实验题

3.1 利用算法 3.1 (顺序高斯消去法), 编制 MATLAB 程序, 求下列线性方程组的近似解.

(1) $\begin{pmatrix}2&3&4&5\\3&5&2&1\\4&3&12&5\\5&6&7&8\end{pmatrix}\begin{pmatrix}x_1\\x_2\\x_3\\x_4\end{pmatrix}=\begin{pmatrix}24\\-5\\34\\33\end{pmatrix}$;

(2) $\begin{pmatrix}10.4&1.2&2.2&1.9\\1.5&11.2&3.5&2.5\\2.1&1.5&9.6&1.8\\1.6&4.5&1.4&12.8\end{pmatrix}\begin{pmatrix}x_1\\x_2\\x_3\\x_4\end{pmatrix}=\begin{pmatrix}10.54\\-22.47\\-18.27\\29.93\end{pmatrix}$.

3.2 利用算法 3.2 (列主元高斯消去法), 编制 MATLAB 程序, 求下列方程组的近似解.

(1) $\begin{cases} 12x_1 - 2x_2 + 3x_3 = 15 \\ 18x_1 + 3x_2 - 2x_3 = -12 \\ -x_1 - x_2 - 15x_3 = 21 \end{cases}$;

(2) $\begin{pmatrix} 3 & -1 & 4 \\ -1 & 2 & -2 \\ 2 & -3 & -2 \end{pmatrix} \begin{pmatrix} x_1 \\ x_2 \\ x_3 \end{pmatrix} = \begin{pmatrix} 5 \\ 2 \\ 7 \end{pmatrix}$.

3.3 利用追赶法, 编制 MATLAB 程序, 求下列三对角方程组的近似解.

$$\begin{pmatrix} 4 & 1 & 0 & 0 \\ 1 & 4 & 1 & 0 \\ 0 & 1 & 4 & 1 \\ 0 & 0 & 1 & 4 \end{pmatrix} \begin{pmatrix} x_1 \\ x_2 \\ x_3 \\ x_4 \end{pmatrix} = \begin{pmatrix} 9 \\ 10 \\ 20 \\ 16 \end{pmatrix}.$$

3.4 利用算法 3.3 (LU 分解法), 编制 MATLAB 程序, 求下列方程组的近似解.

(1) $\begin{cases} x_1 + 2x_2 + 3x_3 = 1 \\ 5x_1 + 4x_2 + 10x_3 = 0 \\ 3x_1 + 0.2x_2 + 2x_3 = 2 \end{cases}$;

(2) $\begin{cases} 2x_1 + 2x_2 + 3x_3 = 7 \\ 4x_1 + 7x_2 + 7x_3 = 18 \\ -2x_1 + 4x_2 + 5x_3 = 1 \end{cases}$

3.5 利用算法 3.5 (乔列斯基分解法), 编制 MATLAB 程序, 求下列方程组的近似解.

(1) $\begin{pmatrix} 1 & 1 & 1 & 1 \\ 1 & 2 & 2 & 2 \\ 1 & 2 & 3 & 3 \\ 1 & 2 & 3 & 4 \end{pmatrix} \begin{pmatrix} x_1 \\ x_2 \\ x_3 \\ x_4 \end{pmatrix} = \begin{pmatrix} 4 \\ 3 \\ 2 \\ 1 \end{pmatrix}$;

(2) $\begin{pmatrix} 3 & 3 & 5 & 7 \\ 3 & 5 & 7 & 9 \\ 5 & 7 & 9 & 3 \\ 7 & 9 & 3 & 11 \end{pmatrix} \begin{pmatrix} x_1 \\ x_2 \\ x_3 \\ x_4 \end{pmatrix} = \begin{pmatrix} 6 \\ 8 \\ 7 \\ 9 \end{pmatrix}$.

第 4 章　线性方程组的迭代解法

本章考虑线性方程组

$$\boldsymbol{Ax} = \boldsymbol{b} \tag{4.1}$$

的迭代解法, 这里 $\boldsymbol{A} = (a_{ij}) \in \mathbf{R}^{n\times n}$, $\boldsymbol{b} = (b_1, \cdots, b_n)^{\mathrm{T}}$, $\boldsymbol{x} = (x_1, \cdots, x_n)^{\mathrm{T}}$.

迭代法的一个突出优点是算法简单, 因而编制程序比较容易. 计算实践表明, 迭代法对于求解大型稀疏方程组是十分有效的, 因为它可以保持系数矩阵稀疏的优点, 从而节省大量的存储量和计算量. 本章的目的就是介绍求解式 (4.1) 的迭代解法, 并讨论各种迭代法的收敛性和误差分析.

4.1　迭代法的一般理论

4.1.1　迭代公式的构造

首先将式 (4.1) 的系数矩阵 $\boldsymbol{A}$ 分裂为

$$\boldsymbol{A} = \boldsymbol{N} - \boldsymbol{P}, \tag{4.2}$$

这里要求 $\boldsymbol{N}$ 非奇异, 于是式 (4.1) 等价地可写成

$$\boldsymbol{x} = \boldsymbol{N}^{-1}\boldsymbol{Px} + \boldsymbol{N}^{-1}\boldsymbol{b}.$$

构造迭代公式:

$$\boldsymbol{x}^{(k+1)} = \boldsymbol{Mx}^{(k)} + \boldsymbol{f}, \tag{4.3}$$

其中 $\boldsymbol{M} = \boldsymbol{N}^{-1}\boldsymbol{P}$, $\boldsymbol{f} = \boldsymbol{N}^{-1}\boldsymbol{b}$. $\boldsymbol{M}$ 称为式 (4.3) 的迭代矩阵.

对于式 (4.1) 和式 (4.3), 若存在非奇异矩阵 $\boldsymbol{Q}$, 使

$$\boldsymbol{M} = \boldsymbol{I} - \boldsymbol{QA}, \quad \boldsymbol{f} = \boldsymbol{Qb}, \tag{4.4}$$

则称 $\boldsymbol{Q}$ 为分裂矩阵.

当任选一个解的初始近似 $\boldsymbol{x}^{(0)}$ 后, 即可由式 (4.3) 产生一个向量序列 $\{\boldsymbol{x}^{(k)}\}$, 如果它是收敛的, 即

$$\lim_{k\to\infty} \boldsymbol{x}^{(k)} = \boldsymbol{x}^*,$$

对式 (4.3) 两边取极限, 得

$$\boldsymbol{x}^* = \boldsymbol{Mx}^* + \boldsymbol{f}.$$

若式 (4.4) 成立, 可得 $\boldsymbol{Ax}^* = \boldsymbol{b}$, 故 $\boldsymbol{x}^*$ 满足式 (4.1), 即式 (4.3) 和式 (4.1) 相容.

对式 (4.3), 定义误差向量

$$\boldsymbol{e}^{(k)} = \boldsymbol{x}^{(k)} - \boldsymbol{x}^*,$$

则误差向量有如下的递推关系:

$$e^{(k)} = Me^{(k-1)} = M^2e^{(k-2)} = \cdots = M^ke^{(0)}, \tag{4.5}$$

这里, $e^{(0)} = x^{(0)} - x^*$ 是解的初始近似 $x^{(0)}$ 与精确解的误差.

引进误差向量后, 迭代的收敛问题就等价于误差向量序列收敛于 0 的问题.

4.1.2 迭代法的收敛性和误差估计

欲使式 (4.3) 对任意的初始向量 $x^{(0)}$ 都收敛, 误差向量 $e^{(k)}$ 应对任意的初始误差 $e^{(0)}$ 都收敛于零向量. 于是式 (4.3) 对任意的初始向量都收敛的充分必要条件是

$$\lim_{k\to\infty} M^k = 0. \tag{4.6}$$

定理 4.1 *式 (4.3) 对任意的初始向量 $x^{(0)}$ 都收敛的充分必要条件是 $\rho(M) < 1$, 这里 M 是迭代矩阵, $\rho(M)$ 表示 M 的谱半径.*

证 必要性. 设对初始向量 $x^{(0)}$, 式 (4.3) 是收敛的, 那么式 (4.6) 成立. 由定理 3.1, 对于任意的矩阵范数, 成立关系式

$$\rho(M) \leqslant \|M\|.$$

若 $\rho(M) < 1$ 不成立, 即 $\rho(M) \geqslant 1$, 则

$$\|M^k\| \geqslant \rho(M^k) = [\rho(M)]^k \geqslant 1,$$

这与式 (4.6) 矛盾.

充分性. 若 $\rho(M) < 1$, 则存在一个正数 ε, 使得

$$\rho(M) + 2\varepsilon < 1.$$

根据定理 3.2, 存在一种矩阵范数 $\|M\|$, 使

$$\|M\| < \rho(M) + \varepsilon < 1 - \varepsilon.$$

故得

$$\|M^k\| \leqslant \|M\|^k < (1-\varepsilon)^k,$$

从而当 $k \to \infty$ 时, $\|M^k\| \to 0$, 即 $M^k \to 0$, 充分性得证.

由此可见, 迭代是否收敛仅与迭代矩阵的谱半径有关, 即仅与方程组的系数矩阵和迭代格式的构造有关, 而与方程组的右端向量 b 及初始向量 $x^{(0)}$ 无关.

如果迭代格式是收敛的, 还可以给出近似解与准确解的误差估计.

定理 4.2 设 $\boldsymbol{M}$ 为迭代矩阵，若 $\|\boldsymbol{M}\| = q < 1$，则对式 (4.3)，有误差估计式

$$\|\boldsymbol{x}^{(k)} - \boldsymbol{x}^*\| \leqslant \frac{q^k}{1-q}\|\boldsymbol{x}^{(0)} - \boldsymbol{x}^{(1)}\|. \tag{4.7}$$

证 由式 (4.5)，有

$$\|\boldsymbol{x}^{(k)} - \boldsymbol{x}^*\| = \|\boldsymbol{e}^{(k)}\| \leqslant \|\boldsymbol{M}^k\| \cdot \|\boldsymbol{e}^{(0)}\| \leqslant q^k\|\boldsymbol{e}^{(0)}\|.$$

注意到 $\boldsymbol{x}^* = (\boldsymbol{I} - \boldsymbol{M})^{-1}\boldsymbol{f}$，于是

$$\begin{aligned}
\|\boldsymbol{e}^{(0)}\| &= \|\boldsymbol{x}^{(0)} - \boldsymbol{x}^*\| = \|\boldsymbol{x}^{(0)} - (\boldsymbol{I} - \boldsymbol{M})^{-1}\boldsymbol{f}\| \\
&= \|(\boldsymbol{I} - \boldsymbol{M})^{-1}[(\boldsymbol{I} - \boldsymbol{M})\boldsymbol{x}^{(0)} - \boldsymbol{f}]\| \\
&= \|(\boldsymbol{I} - \boldsymbol{M})^{-1}(\boldsymbol{x}^{(0)} - \boldsymbol{x}^{(1)})\| \\
&\leqslant \|(\boldsymbol{I} - \boldsymbol{M})^{-1}\| \cdot \|\boldsymbol{x}^{(0)} - \boldsymbol{x}^{(1)}\|.
\end{aligned}$$

因 $\|\boldsymbol{M}\| < 1$，根据定理 3.3，有

$$\|(\boldsymbol{I} - \boldsymbol{M})^{-1}\| \leqslant \frac{1}{1-q},$$

于是

$$\|\boldsymbol{x}^{(k)} - \boldsymbol{x}^*\| \leqslant \frac{q^k}{1-q}\|\boldsymbol{x}^{(0)} - \boldsymbol{x}^{(1)}\|.$$

在理论上，可用上述定理来估计近似解达到某一精度所需要的迭代次数，但由于 q 不易计算，故计算实践中很少使用.

定理 4.3 若 $\|\boldsymbol{M}\| < 1$，则对任一初始近似 $\boldsymbol{x}^{(0)}$，由式 (4.3) 产生的向量序列 $\{\boldsymbol{x}^{(k)}\}$ 收敛，且有估计式

$$\|\boldsymbol{x}^{(k)} - \boldsymbol{x}^*\| \leqslant \frac{\|\boldsymbol{M}\|}{1 - \|\boldsymbol{M}\|}\|\boldsymbol{x}^{(k)} - \boldsymbol{x}^{(k-1)}\|. \tag{4.8}$$

证 收敛性由定理 4.1 是显然的. 下证式 (4.8). 由于

$$\begin{aligned}
\boldsymbol{e}^{(k)} &= \boldsymbol{x}^{(k)} - \boldsymbol{x}^* = (\boldsymbol{M}\boldsymbol{x}^{(k-1)} + \boldsymbol{f}) - (\boldsymbol{M}\boldsymbol{x}^* + \boldsymbol{f}) \\
&= \boldsymbol{M}\boldsymbol{x}^{(k-1)} - \boldsymbol{M}\boldsymbol{x}^* = \boldsymbol{M}\boldsymbol{x}^{(k-1)} - \boldsymbol{M}(\boldsymbol{I} - \boldsymbol{M})^{-1}\boldsymbol{f} \\
&= \boldsymbol{M}(\boldsymbol{I} - \boldsymbol{M})^{-1}[(\boldsymbol{I} - \boldsymbol{M})\boldsymbol{x}^{(k-1)} - \boldsymbol{f}] \\
&= \boldsymbol{M}(\boldsymbol{I} - \boldsymbol{M})^{-1}(\boldsymbol{x}^{(k-1)} - \boldsymbol{x}^{(k)}),
\end{aligned}$$

利用定理 3.3，对上式两边取范数即得定理的结论.

由上述定理可知，只要 $\|\boldsymbol{M}\|$ 不很接近于 1，则可用 $\{\boldsymbol{x}^{(k)}\}$ 的相邻两项之差的范数 $\|\boldsymbol{x}^{(k)} - \boldsymbol{x}^{(k-1)}\|$ 来估计 $\|\boldsymbol{x}^{(k)} - \boldsymbol{x}^*\|$ 的大小.

4.2 三种经典迭代法

本节主要介绍三种经典迭代法: 雅可比 (Jacobi) 迭代法、高斯–赛德尔 (Gauss–Seidel) 迭代法和逐次超松弛 (SOR) 迭代法, 并讨论它们的收敛性条件.

4.2.1 雅可比迭代法及其 MATLAB 程序

对于式 (4.1), 设 $a_{ii} \neq 0,\ i = 1, \cdots, n$, 得

$$a_{ii}x_i = b_i - \sum_{j=1, j\neq i}^{n} a_{ij}x_j, \quad i = 1, \cdots, n,$$

即

$$x_i = \frac{1}{a_{ii}}\Big(b_i - \sum_{j=1, j\neq i}^{n} a_{ij}x_j\Big), \quad i = 1, \cdots, n.$$

其相应的迭代公式为

$$x_i^{(k+1)} = \frac{1}{a_{ii}}\Big(b_i - \sum_{j=1, j\neq i}^{n} a_{ij}x_j^{(k)}\Big), \quad i = 1, \cdots, n. \tag{4.9}$$

式 (4.9) 称为雅可比迭代法.

为便于收敛性分析, 可将分量形式的式 (4.9) 改写成矩阵形式. 令

$$\boldsymbol{N} = \boldsymbol{D} = \mathrm{diag}(a_{11}, a_{22}, \cdots, a_{nn}),$$

因 $a_{ii} \neq 0, i = 1, \cdots, n$, 故 $\boldsymbol{N}$ 非奇异. 对 $\boldsymbol{A}$ 作分裂, 得

$$\boldsymbol{A} = (\boldsymbol{A} - \boldsymbol{D}) + \boldsymbol{D},$$

则方程组 $\boldsymbol{Ax} = \boldsymbol{b}$ 可改写为

$$\boldsymbol{Dx} = (\boldsymbol{D} - \boldsymbol{A})\boldsymbol{x} + \boldsymbol{b},$$

因此有

$$\boldsymbol{x} = \boldsymbol{D}^{-1}[(\boldsymbol{D} - \boldsymbol{A})\boldsymbol{x} + \boldsymbol{b}].$$

相应的迭代公式为

$$\boldsymbol{x}^{(k+1)} = \boldsymbol{D}^{-1}[(\boldsymbol{D} - \boldsymbol{A})\boldsymbol{x}^{(k)} + \boldsymbol{b}] \tag{4.10}$$

简记为

$$\boldsymbol{x}^{(k+1)} = \boldsymbol{B}_J\boldsymbol{x}^{(k)} + \boldsymbol{f}_J, \tag{4.11}$$

式中: $\boldsymbol{B}_J = \boldsymbol{D}^{-1}(\boldsymbol{D} - \boldsymbol{A})$, $\boldsymbol{f}_J = \boldsymbol{D}^{-1}\boldsymbol{b}$. 式 (4.10) 或式 (4.11) 也称为雅可比迭代, 同时称式 (4.11) 中的 $\boldsymbol{B}_J$ 为雅可比迭代矩阵.

下面给出雅可比迭代法的具体算法步骤.

算法 4.1 (雅可比迭代法)

(1) 取初始点 $\boldsymbol{x}^{(0)}$, 精度要求 ε, 最大迭代次数 N, 置 $k:=0$.

(2) 由式 (4.9) 或式 (4.10) 计算 $\boldsymbol{x}^{(k+1)}$.

(3) 若 $\|\boldsymbol{b}-\boldsymbol{A}\boldsymbol{x}^{(k+1)}\|/\|\boldsymbol{b}\| \leqslant \varepsilon$, 则停算, 输出 $\boldsymbol{x}^{(k+1)}$ 作为方程组的近似解.

(4) 置 $\boldsymbol{x}^{(k)}:=\boldsymbol{x}^{(k+1)}$, $k:=k+1$, 转步骤 (2).

根据算法 4.1, 可编制 MATLAB 程序如下:

- 雅可比迭代法 MATLAB 程序

```
%程序4.1--mjacobi.m
function [x,iter]=mjacobi(A,b,x,ep,N)
%用途: 用雅可比迭代法解线性方程组Ax=b
%格式: [x,iter]=mjacobi(A,b,x,ep,N)  A为系数矩阵, b为右端向
%量, x为初始向量(默认零向量), ep为精度(默认1e-6), N为最大迭
%代次数(默认500次), 返回参数x,iter分别为近似解向量和迭代次数
if nargin<5, N=500; end
if nargin<4, ep=1e-6; end
if nargin<3, x=zeros(size(b)); end
D=diag(diag(A));
for iter=1:N
   x=D\((D-A)*x+b);
   err=norm(b-A*x)/norm(b);
   if err<ep, break; end
end
```

例 4.1 用雅可比迭代法程序 4.1 (mjacobi.m) 解线性方程组

$$\begin{pmatrix} 0.76 & -0.01 & -0.14 & -0.16 \\ -0.01 & 0.88 & -0.03 & 0.05 \\ -0.14 & -0.03 & 1.01 & -0.12 \\ -0.16 & 0.05 & -0.12 & 0.72 \end{pmatrix} \begin{pmatrix} x_1 \\ x_2 \\ x_3 \\ x_4 \end{pmatrix} = \begin{pmatrix} 0.68 \\ 1.18 \\ 0.12 \\ 0.74 \end{pmatrix},$$

取初始点 $\boldsymbol{x}^{(0)}=(0,0,0,0)^{\mathrm{T}}$, 精度要求 $\varepsilon=10^{-6}$.

解 在 MATLAB 命令窗口执行程序 majacobi.m:

```
>>A=[0.76 -0.01 -0.14 -0.16; -0.01 0.88 -0.03 0.05;
     -0.14 -0.03 1.01 -0.12; -0.16 0.05 -0.12 0.72];
>> b=[0.68 1.18 0.12 0.74]';
>> [x,iter]=mjacobi(A,b)
```

得到计算结果：

```
x =
    1.2762
    1.2981
    0.4890
    1.3027
iter =
    13
```

4.2.2 高斯–赛德尔迭代法及其 MATLAB 程序

对雅可比迭代方法作如下改变：迭代时首先用 $\boldsymbol{x}^{(k)}=(x_1^{(k)},x_2^{(k)},\cdots,x_n^{(k)})^{\mathrm{T}}$ 代入雅可比迭代的第 1 个方程求 $x_1^{(k+1)}$，求得 $x_1^{(k+1)}$ 后，用 $x_1^{(k+1)}$ 替换 $x_1^{(k)}$，用 $(x_1^{(k+1)},x_2^{(k)},\cdots,x_n^{(k)})^{\mathrm{T}}$ 代入雅可比迭代的第 2 个方程求 $x_2^{(k+1)}$，求得 $x_2^{(k+1)}$ 后，即可替换 $x_2^{(k)}$，用 $(x_1^{(k+1)},x_2^{(k+1)},x_3^{(k)},\cdots,x_n^{(k)})^{\mathrm{T}}$ 代入雅可比迭代的第 3 个方程求 $x_3^{(k+1)}$，如此逐个替换，直到 $\boldsymbol{x}^{(k)}$ 的所有分量替换完成，即可得到 $\boldsymbol{x}^{(k+1)}$. 这种改变既可以节省存储量，编程又十分方便，这就是高斯–赛德尔迭代.

对于线性代数方程式 (4.1)，高斯–赛德尔迭代的计算格式为

$$x_i^{(k+1)}=\frac{1}{a_{ii}}\Big(b_i-\sum_{j=1}^{i-1}a_{ij}x_j^{(k+1)}-\sum_{j=i+1}^{n}a_{ij}x_j^{(k)}\Big),\quad i=1,2,\cdots,n. \tag{4.12}$$

为便于收敛性分析，可将分量形式的迭代公式 (4.12) 改写成矩阵形式. 令

$$\boldsymbol{D}=\begin{pmatrix}a_{11}&&&\\&a_{22}&&\\&&\ddots&\\&&&a_{nn}\end{pmatrix},\boldsymbol{L}=\begin{pmatrix}0&&&\\-a_{21}&0&&\\\vdots&\vdots&\ddots&\\-a_{n1}&-a_{n2}&\cdots&0\end{pmatrix},\boldsymbol{U}=\begin{pmatrix}0&-a_{12}&\cdots&-a_{1n}\\&0&\cdots&-a_{2n}\\&&\ddots&\vdots\\&&&0\end{pmatrix},$$

则 $\boldsymbol{A}=\boldsymbol{D}-\boldsymbol{L}-\boldsymbol{U}$. 式 (4.12) 可表示为

$$\boldsymbol{D}\boldsymbol{x}^{(k+1)}=\boldsymbol{L}\boldsymbol{x}^{(k+1)}+\boldsymbol{U}\boldsymbol{x}^{(k)}+\boldsymbol{b},$$

得高斯–赛德尔迭代的矩阵表示为

$$\boldsymbol{x}^{(k+1)}=(\boldsymbol{D}-\boldsymbol{L})^{-1}(\boldsymbol{U}\boldsymbol{x}^{(k)}+\boldsymbol{b}), \tag{4.13}$$

简记为

$$\boldsymbol{x}^{(k+1)}=\boldsymbol{B}_S\boldsymbol{x}^{(k)}+\boldsymbol{f}_S, \tag{4.14}$$

式中：$\boldsymbol{B}_S=(\boldsymbol{D}-\boldsymbol{L})^{-1}\boldsymbol{U}$；$\boldsymbol{f}_S=(\boldsymbol{D}-\boldsymbol{L})^{-1}\boldsymbol{b}$.

下面给出高斯–赛德尔迭代法的具体算法步骤.

算法 4.2 (高斯–赛德尔迭代法)

(1) 输入矩阵 $\boldsymbol{A}$, 右端向量 $\boldsymbol{b}$, 初始点 $\boldsymbol{x}^{(0)}$, 精度要求 ε, 最大迭代次数 N, 置 $k := 0$.

(2) 由式 (4.12) 或式 (4.13) 计算 $\boldsymbol{x}^{(k+1)}$.

(3) 若 $\|\boldsymbol{b}-\boldsymbol{A}\boldsymbol{x}^{(k+1)}\|/\|\boldsymbol{b}\| \leqslant \varepsilon$, 则停算, 输出 $\boldsymbol{x}^{(k+1)}$ 作为方程组的近似解.

(4) 置 $\boldsymbol{x}^{(k)} := \boldsymbol{x}^{(k+1)}$, $k := k+1$, 转步骤 (2).

根据算法 4.2, 编制 MATLAB 程序如下:

- 高斯–赛德尔迭代法 MATLAB 程序

```
%程序4.2--mseidel.m
function [x,iter]=mseidel(A,b,x,ep,N)
%用途: 用高斯-赛德尔迭代法解线性方程组Ax=b
%格式: [x,iter]=mseidel(A,b,x,ep,N)  A为系数矩阵, b为右端向
%量, x为初始向量(默认零向量), ep为精度(默认1e-6), N为最大迭
%代次数(默认500次), 返回参数x,iter分别为近似解向量和迭代次数
if nargin<5, N=500; end
if nargin<4, ep=1e-6; end
if nargin<3, x=zeros(size(b)); end
D=diag(diag(A)); L=D-tril(A); U=D-triu(A);
for iter=1:N
    x=(D-L)\(U*x+b);
    err=norm(b-A*x)/norm(b);
    if err<ep, break; end
end
```

例 4.2 用高斯–赛德尔迭代法程序 4.2 (mseidel.m) 解线性方程组

$$\begin{pmatrix} 0.76 & -0.01 & -0.14 & -0.16 \\ -0.01 & 0.88 & -0.03 & 0.05 \\ -0.14 & -0.03 & 1.01 & -0.12 \\ -0.16 & 0.05 & -0.12 & 0.72 \end{pmatrix}\begin{pmatrix} x_1 \\ x_2 \\ x_3 \\ x_4 \end{pmatrix} = \begin{pmatrix} 0.68 \\ 1.18 \\ 0.12 \\ 0.74 \end{pmatrix},$$

取初始点 $\boldsymbol{x}^{(0)} = (0,0,0,0)^{\mathrm{T}}$, 精度要求 $\varepsilon = 10^{-6}$.

解 在 MATLAB 命令窗口执行程序 mseidel.m:

```
>>A=[0.76 -0.01 -0.14 -0.16; -0.01 0.88 -0.03 0.05;
     -0.14 -0.03 1.01 -0.12; -0.16 0.05 -0.12 0.72];
>> b=[0.68 1.18 0.12 0.74]';
>> [x,iter]=mseidel(A,b)
```

得到计算结果：

```
x =
    1.2762
    1.2981
    0.4890
    1.3027
iter =
    8
```

4.2.3 逐次超松弛迭代法及其 MATLAB 程序

逐次超松弛迭代法可以看作高斯-赛德尔迭代法的加速. 高斯-赛德尔迭代格式为

$$\boldsymbol{x}^{(k+1)} = \boldsymbol{D}^{-1}(\boldsymbol{L}\boldsymbol{x}^{(k+1)} + \boldsymbol{U}\boldsymbol{x}^{(k)} + \boldsymbol{b}),$$

可将其改写成

$$\begin{aligned}\boldsymbol{x}^{(k+1)} &= \boldsymbol{x}^{(k)} + \boldsymbol{D}^{-1}(\boldsymbol{L}\boldsymbol{x}^{(k+1)} + \boldsymbol{U}\boldsymbol{x}^{(k)} - \boldsymbol{D}\boldsymbol{x}^{(k)} + \boldsymbol{b}) \\ &:= \boldsymbol{x}^{(k)} + \Delta\boldsymbol{x}^{(k)}.\end{aligned}$$

则 $\boldsymbol{x}^{(k+1)}$ 可以看做由 $\boldsymbol{x}^{(k)}$ 作 $\Delta\boldsymbol{x}^{(k)}$ 修正而得到. 若在修正项 $\Delta\boldsymbol{x}^{(k)}$ 中引入一个因子 ω, 即

$$\boldsymbol{x}^{(k+1)} = \boldsymbol{x}^{(k)} + \omega\boldsymbol{D}^{-1}(\boldsymbol{L}\boldsymbol{x}^{(k+1)} + \boldsymbol{U}\boldsymbol{x}^{(k)} - \boldsymbol{D}\boldsymbol{x}^{(k)} + \boldsymbol{b}), \tag{4.15}$$

即可得到逐次超松弛迭代格式 (SOR). 由式 (4.15), 有

$$(\boldsymbol{I} - \omega\boldsymbol{D}^{-1}\boldsymbol{L})\boldsymbol{x}^{(k+1)} = [(1-\omega)\boldsymbol{I} + \omega\boldsymbol{D}^{-1}\boldsymbol{U}]\boldsymbol{x}^{(k)} + \omega\boldsymbol{D}^{-1}\boldsymbol{b},$$

即

$$(\boldsymbol{D} - \omega\boldsymbol{L})\boldsymbol{x}^{(k+1)} = [(1-\omega)\boldsymbol{D} + \omega\boldsymbol{U}]\boldsymbol{x}^{(k)} + \omega\boldsymbol{b}.$$

故 SOR 迭代的计算格式为

$$\boldsymbol{x}^{(k+1)} = (\boldsymbol{D} - \omega\boldsymbol{L})^{-1}\big([(1-\omega)\boldsymbol{D} + \omega\boldsymbol{U}]\boldsymbol{x}^{(k)} + \omega\boldsymbol{b}\big), \tag{4.16}$$

简记为

$$\boldsymbol{x}^{(k+1)} = \boldsymbol{B}_\omega\boldsymbol{x}^{(k)} + \boldsymbol{f}_\omega, \tag{4.17}$$

其中

$$\boldsymbol{B}_\omega = (\boldsymbol{D} - \omega\boldsymbol{L})^{-1}[(1-\omega)\boldsymbol{D} + \omega\boldsymbol{U}], \quad \boldsymbol{f}_\omega = \omega(\boldsymbol{D} - \omega\boldsymbol{L})^{-1}\boldsymbol{b},$$

参数 ω 叫松弛因子, 当 $\omega > 1$ 时叫超松弛, $0 < \omega < 1$ 时叫低松弛, $\omega = 1$ 时就是高斯–赛德尔迭代法.

用分量形式表示式 (4.15), 即

$$
\begin{aligned}
x_i^{(k+1)} &= x_i^{(k)} + \omega\Big(b_i - \sum_{j=1}^{i-1} a_{ij}x_j^{(k+1)} - \sum_{j=i}^{n} a_{ij}x_j^{(k)}\Big)/a_{ii} \\
&= (1-\omega)x_i^{(k)} + \omega\Big(b_i - \sum_{j=1}^{i-1} a_{ij}x_j^{(k+1)} - \sum_{j=i+1}^{n} a_{ij}x_j^{(k)}\Big)/a_{ii}, \qquad (4.18) \\
& \quad i = 1,2,\cdots,n; \quad k = 0,1,2,\cdots.
\end{aligned}
$$

下面给出 SOR 迭代的具体算法步骤.

算法 4.3 (SOR 迭代法)

(1) 输入矩阵 $\boldsymbol{A}$, 右端向量 $\boldsymbol{b}$, 初始点 $\boldsymbol{x}^{(0)}$, 精度要求 ε, 最大迭代次数 N, 置 $k := 0$.

(2) 由式 (4.16) 或式 (4.18) 计算 $\boldsymbol{x}^{(k+1)}$.

(3) 若 $\|\boldsymbol{b} - \boldsymbol{A}\boldsymbol{x}^{(k+1)}\|/\|\boldsymbol{b}\| \leqslant \varepsilon$, 则停算, 输出 $\boldsymbol{x}^{(k+1)}$ 作为方程组的近似解.

(4) 置 $\boldsymbol{x}^{(k)} := \boldsymbol{x}^{(k+1)}$, $k := k+1$, 转步骤 (2).

根据算法 4.3, 编制 MATLAB 程序如下.

- SOR 迭代法 MATLAB 程序

```
%程序4.3--msor.m
function [x,iter]=msor(A,b,omega,x,ep,N)
%用途: 用SOR迭代法解线性方程组Ax=b
%格式: [x,iter]=msor(A,b,omega,x,ep,N)  其中 A为系数矩阵, b为右端向量,
%omega为松弛因子(默认1.2),x为初始向量(默认零向量),ep为精度(默认1e-6),
%N为最大迭代次数(默认500次), 返回参数x,iter分别为近似解向量和迭代次数
if nargin<6, N=500; end
if nargin<5, ep=1e-6; end
if nargin<4, x=zeros(size(b)); end
if nargin<3, omega=1.2; end
D=diag(diag(A)); L=D-tril(A); U=D-triu(A);
for iter=1:N
   x=(D-omega*L)\(((1-omega)*D+omega*U)*x+omega*b);
   err=norm(b-A*x)/norm(b);
   if err<ep, break; end
end
```

例 4.3 用 SOR 迭代法程序 4.3 (msor.m) 解线性方程组

$$\begin{pmatrix} 0.76 & -0.01 & -0.14 & -0.16 \\ -0.01 & 0.88 & -0.03 & 0.05 \\ -0.14 & -0.03 & 1.01 & -0.12 \\ -0.16 & 0.05 & -0.12 & 0.72 \end{pmatrix} \begin{pmatrix} x_1 \\ x_2 \\ x_3 \\ x_4 \end{pmatrix} = \begin{pmatrix} 0.68 \\ 1.18 \\ 0.12 \\ 0.74 \end{pmatrix},$$

取初始点 $\boldsymbol{x}^{(0)} = (0,0,0,0)^{\mathrm{T}}$, 松弛因子 $\omega = 1.05$, 精度要求 $\varepsilon = 10^{-6}$.

解 在 MATLAB 命令窗口执行程序 msor.m:

```
>>A=[0.76 -0.01 -0.14 -0.16; -0.01 0.88 -0.03 0.05;
     -0.14 -0.03 1.01 -0.12; -0.16 0.05 -0.12 0.72];
>> b=[0.68 1.18 0.12 0.74]';
>> [x,iter]=msor(A,b,1.05)
```

得计算结果如下:

```
x =
    1.2762
    1.2981
    0.4890
    1.3027
iter =
     6
```

4.2.4 三种经典迭代法的收敛条件

本节讨论三种经典迭代法的收敛条件, 尽管这些条件只是充分条件, 但在某些特定情形下使用它们判别迭代法的收敛性是十分方便的. 首先引入下面的引理.

引理 4.1 设 n 阶矩阵 $\boldsymbol{A}$ 是行 (列) 严格对角占优的, 即

$$|a_{ii}| > \sum_{j=1,j\neq i}^{n} |a_{ij}|, \quad i = 1,2,\cdots,n \quad \left(|a_{jj}| > \sum_{i=1,i\neq j}^{n} |a_{ij}|, \quad j = 1,2,\cdots,n\right),$$

则 $\boldsymbol{A}$ 是非奇异的.

证 仅就行严格对角占优的情形加以证明. 用反证法. 假定 $\boldsymbol{A}$ 奇异, 则存在非零向量 $\boldsymbol{z}$ 使 $\boldsymbol{Az} = \boldsymbol{0}$. 不失一般性, 可设 $\|\boldsymbol{z}\|_\infty = 1$. 若令 $|z_i| = 1$, 则 $|z_j| \leqslant |z_i|$, $j = 1,\cdots,n$. 由 $\boldsymbol{Az} = \boldsymbol{0}$ 的第 i 个方程, 得

$$|a_{ii}| = |a_{ii}||z_i| = |a_{ii}z_i| \leqslant \sum_{j=1,j\neq i}^{n} |a_{ij}z_j| \leqslant \sum_{j=1,j\neq i}^{n} |a_{ij}|,$$

这与 $\boldsymbol{A}$ 的行严格对角占优性矛盾. 证毕.

定理 4.4 若式 (4.1) 的系数矩阵 $\boldsymbol{A}$ 是行 (列) 严格对角占优矩阵, 则雅可比迭代法和高斯–赛德尔迭代法均收敛.

证 仅就行严格对角占优的情形加以证明.

(1) 注意到雅可比迭代法的迭代矩阵为 $\boldsymbol{B}_J = \boldsymbol{D}^{-1}(\boldsymbol{D}-\boldsymbol{A}) = \boldsymbol{D}^{-1}(\boldsymbol{L}+\boldsymbol{U})$, 其特征多项式为

$$\begin{aligned} P(\lambda) &= \det(\lambda \boldsymbol{I} - \boldsymbol{B}_J) = \det(\lambda \boldsymbol{I} - \boldsymbol{D}^{-1}(\boldsymbol{L}+\boldsymbol{U})) \\ &= \det(\boldsymbol{D}^{-1}) \cdot \det(\lambda \boldsymbol{D} - \boldsymbol{L} - \boldsymbol{U}). \end{aligned}$$

显然 $\det(\boldsymbol{D}^{-1}) \neq 0$. 以下用反证法. 假设 $\boldsymbol{B}_J$ 有特征值 λ 满足 $|\lambda| \geqslant 1$. 因 $\boldsymbol{A} = \boldsymbol{D}-\boldsymbol{L}-\boldsymbol{U}$ 是行严格对角占优的, 故显然 $\lambda\boldsymbol{D}-\boldsymbol{L}-\boldsymbol{U}$ 也是行严格对角占优的. 由引理 4.1 可知 $\det(\lambda\boldsymbol{D}-\boldsymbol{L}-\boldsymbol{U}) \neq 0$. 这与 λ 是 $\boldsymbol{B}_J$ 的特征值相矛盾, 即 $|\lambda|$ 不可大于或等于 1. 因此 $|\lambda| < 1$, 即 $\rho(\boldsymbol{B}_J) < 1$, 从而雅可比迭代收敛.

(2) 注意到高斯–赛德尔迭代矩阵 $\boldsymbol{B}_S = (\boldsymbol{D}-\boldsymbol{L})^{-1}\boldsymbol{U}$ 的特征多项式为

$$\begin{aligned} P(\lambda) &= \det(\lambda \boldsymbol{I} - \boldsymbol{B}_S) = \det[\lambda \boldsymbol{I} - (\boldsymbol{D}-\boldsymbol{L})^{-1}\boldsymbol{U}] \\ &= \det\left\{(\boldsymbol{D}-\boldsymbol{L})^{-1}[\lambda(\boldsymbol{D}-\boldsymbol{L}) - \boldsymbol{U}]\right\} \\ &= \det[(\boldsymbol{D}-\boldsymbol{L})^{-1}] \cdot \det[\lambda(\boldsymbol{D}-\boldsymbol{L}) - \boldsymbol{U}]. \end{aligned}$$

显然 $\det[(\boldsymbol{D}-\boldsymbol{L})^{-1}] \neq 0$. 以下用反证法. 若高斯– 赛德尔迭代不收敛, 则至少存在一个特征值 λ 满足 $|\lambda| \geqslant 1$. 由于 $\boldsymbol{A}$ 行严格对角占优, 不难发现 $\lambda(\boldsymbol{D}-\boldsymbol{L})-\boldsymbol{U}$ 仍为行严格对角占优. 由引理 4.1 可知 $\det[\lambda(\boldsymbol{D}-\boldsymbol{L})-\boldsymbol{U}] \neq 0$. 故

$$\det(\lambda \boldsymbol{I} - \boldsymbol{B}_S) \neq 0,$$

这与 λ 是迭代矩阵 $\boldsymbol{B}_S$ 的特征值相矛盾, 即 $|\lambda|$ 不可大于或等于 1. 因此 $|\lambda| < 1$, 即 $\rho(\boldsymbol{B}_S) < 1$, 从而高斯–赛德尔迭代收敛.

定理 4.5 对于 SOR 迭代法, 有下面的收敛性结果.

(1) SOR 迭代法收敛的必要条件是 $0 < \omega < 2$.

(2) 若式 (4.1) 的系数矩阵 $\boldsymbol{A}$ 对称正定, 则 $0 < \omega < 2$ 时, SOR 迭代法收敛.

证 (1) SOR 迭代矩阵为 $\boldsymbol{B}_\omega = (\boldsymbol{D}-\omega\boldsymbol{L})^{-1}[(1-\omega)\boldsymbol{D}+\omega\boldsymbol{U}]$, 若 SOR 迭代收敛, 则 $\rho(\boldsymbol{B}_\omega) < 1$. 从而

$$|\det(\boldsymbol{B}_\omega)| = |\lambda_1\lambda_2\cdots\lambda_n| < 1,$$

这里, $\lambda_1, \lambda_2, \cdots, \lambda_n$ 为 $\boldsymbol{B}_\omega$ 的特征值. 又

$$\begin{aligned} |\det(\boldsymbol{B}_\omega)| &= |\det[(\boldsymbol{D}-\omega\boldsymbol{L})^{-1}]| \cdot |\det[(1-\omega)\boldsymbol{D}+\omega\boldsymbol{U}]| \\ &= |a_{11}^{-1}a_{22}^{-1}\cdots a_{nn}^{-1}| \cdot |(1-\omega)^n a_{11}a_{22}\cdots a_{nn}| \end{aligned}$$

$$= \ |(1-\omega)^n| \ < \ 1,$$

故有 $|1-\omega|<1$, 即 $0<\omega<2$.

(2) 设 λ 是 $\boldsymbol{B}_\omega$ 的任一特征值, 对应的特征向量为 $\boldsymbol{z}$, 则有

$$(\boldsymbol{D}-\omega\boldsymbol{L})^{-1}[(1-\omega)\boldsymbol{D}+\omega\boldsymbol{U}]\boldsymbol{z}=\lambda\boldsymbol{z},$$

即

$$[(1-\omega)\boldsymbol{D}+\omega\boldsymbol{U}]\boldsymbol{z}=\lambda(\boldsymbol{D}-\omega\boldsymbol{L})\boldsymbol{z}.$$

上式两边左乘 $\boldsymbol{z}$ 的共轭转置 $\boldsymbol{z}^{\mathrm{H}}$, 得

$$(1-\omega)\boldsymbol{z}^{\mathrm{H}}\boldsymbol{D}\boldsymbol{z}+\omega\boldsymbol{z}^{\mathrm{H}}\boldsymbol{U}\boldsymbol{z}=\lambda(\boldsymbol{z}^{\mathrm{H}}\boldsymbol{D}\boldsymbol{z}-\omega\boldsymbol{z}^{\mathrm{H}}\boldsymbol{L}\boldsymbol{z}),$$

即

$$\lambda=\frac{(1-\omega)\boldsymbol{z}^{\mathrm{H}}\boldsymbol{D}\boldsymbol{z}+\omega\boldsymbol{z}^{\mathrm{H}}\boldsymbol{U}\boldsymbol{z}}{\boldsymbol{z}^{\mathrm{H}}\boldsymbol{D}\boldsymbol{z}-\omega\boldsymbol{z}^{\mathrm{H}}L\boldsymbol{z}}. \tag{4.19}$$

记 $\boldsymbol{z}^{\mathrm{H}}\boldsymbol{D}\boldsymbol{z}=d$, $\boldsymbol{z}^{\mathrm{H}}\boldsymbol{L}\boldsymbol{z}=a+\mathrm{i}\,b$, 因 $\boldsymbol{A}$ 对称, 故 $\boldsymbol{U}=\boldsymbol{L}^{\mathrm{T}}$, $\boldsymbol{z}^{\mathrm{H}}\boldsymbol{U}\boldsymbol{z}=a-\mathrm{i}\,b$, 代入式 (4.19), 得

$$\lambda=\frac{(1-\omega)d+\omega(a-\mathrm{i}\,b)}{d-\omega(a+\mathrm{i}\,b)}=\frac{[(1-\omega)d+\omega a]-\mathrm{i}\,\omega b}{(d-\omega a)-\mathrm{i}\,\omega b}.$$

因 $\boldsymbol{A}$ 正定, 故 $\boldsymbol{z}^{\mathrm{H}}A\boldsymbol{z}=\boldsymbol{z}^{\mathrm{H}}(\boldsymbol{D}-\boldsymbol{L}-\boldsymbol{U})\boldsymbol{z}=d-2a>0$. 注意到 λ 的分子、分母虚部相等, 而当 $0<\omega<2$ 时, 有

$$(d-\omega a)^2-[(1-\omega)d+\omega a]^2=(2-\omega)\omega d(d-2a)>0.$$

由此可得 $|\lambda|<1$, 故迭代收敛.

由于当松弛因子 $\omega=1$ 时, SOR 迭代法退化为高斯- 赛德尔迭代法, 故立即有

推论 4.1 *若式 (4.1) 的系数矩阵 $\boldsymbol{A}$ 对称正定, 则高斯–赛德尔迭代法收敛.*

定理 4.6 *若式 (4.1) 的系数矩阵 $\boldsymbol{A}$ 对称正定, 则雅可比迭代法收敛的充要条件是 $2\boldsymbol{D}-\boldsymbol{A}$ 也对称正定.*

证 由于 $\boldsymbol{A}$ 是对称正定矩阵, 则 $a_{ii}>0$, $i=1,2,\cdots,n$.

$$\boldsymbol{B}_J=\boldsymbol{D}^{-1}(\boldsymbol{D}-\boldsymbol{A})=\boldsymbol{I}-\boldsymbol{D}^{-1}\boldsymbol{A}=\boldsymbol{D}^{-\frac{1}{2}}(\boldsymbol{I}-\boldsymbol{D}^{-\frac{1}{2}}\boldsymbol{A}\boldsymbol{D}^{-\frac{1}{2}})\boldsymbol{D}^{\frac{1}{2}}, \tag{4.20}$$

其中, $\boldsymbol{D}^{\frac{1}{2}}=\mathrm{diag}(\sqrt{a_{11}},\sqrt{a_{22}},\cdots,\sqrt{a_{nn}})$. 从而, $\boldsymbol{B}_J$ 相似于对称矩阵 $\boldsymbol{I}-\boldsymbol{D}^{-\frac{1}{2}}\boldsymbol{A}\boldsymbol{D}^{-\frac{1}{2}}$, 故其 n 个特征值均为实数.

必要性. 设雅可比迭代收敛, 则有

$$\rho(\boldsymbol{B}_J)=\rho(\boldsymbol{I}-\boldsymbol{D}^{-\frac{1}{2}}\boldsymbol{A}\boldsymbol{D}^{-\frac{1}{2}})<1.$$

于是 $\boldsymbol{D}^{-\frac{1}{2}}\boldsymbol{A}\boldsymbol{D}^{-\frac{1}{2}}$ 的任一特征值 λ 均满足 $|1-\lambda|<1$, 即 $0<\lambda<2$. 注意到

$$2\boldsymbol{D}-\boldsymbol{A}=\boldsymbol{D}^{\frac{1}{2}}(2\boldsymbol{I}-\boldsymbol{D}^{-\frac{1}{2}}\boldsymbol{A}\boldsymbol{D}^{-\frac{1}{2}})\boldsymbol{D}^{\frac{1}{2}}, \tag{4.21}$$

且 $2\boldsymbol{I}-\boldsymbol{D}^{-\frac{1}{2}}\boldsymbol{A}\boldsymbol{D}^{-\frac{1}{2}}$ 的特征值 $2-\lambda\in(0,2)$, 故 $2\boldsymbol{I}-\boldsymbol{D}^{-\frac{1}{2}}\boldsymbol{A}\boldsymbol{D}^{-\frac{1}{2}}$ 对称正定. 由式 (4.21) 即知 $2\boldsymbol{D}-\boldsymbol{A}$ 对称正定.

充分性. 设 $\boldsymbol{A}, 2\boldsymbol{D}-\boldsymbol{A}$ 均对称正定. 一方面, 由 $\boldsymbol{A}$ 对称正定, 可知 $\boldsymbol{D}^{-\frac{1}{2}}\boldsymbol{A}\boldsymbol{D}^{-\frac{1}{2}}$ 对称正定, 故其任一特征值 $\lambda>0$. 于是 $\boldsymbol{I}-\boldsymbol{D}^{-\frac{1}{2}}\boldsymbol{A}\boldsymbol{D}^{-\frac{1}{2}}$ 的特征值 $1-\lambda<1$, 由式 (4.20) 可知 $\boldsymbol{B}_J$ 的任一特征值 $\lambda(\boldsymbol{B}_J)<1$.

另一方面, 由 $2\boldsymbol{D}-\boldsymbol{A}$ 对称正定, 可知 $2\boldsymbol{I}-\boldsymbol{D}^{-\frac{1}{2}}\boldsymbol{A}\boldsymbol{D}^{-\frac{1}{2}}$ 也对称正定. 注意到

$$\boldsymbol{I}+(\boldsymbol{I}-\boldsymbol{D}^{-\frac{1}{2}}\boldsymbol{A}\boldsymbol{D}^{-\frac{1}{2}}).$$

由此可知, $\boldsymbol{I}-\boldsymbol{D}^{-\frac{1}{2}}\boldsymbol{A}\boldsymbol{D}^{-\frac{1}{2}}$ 的特征值全大于 -1. 由式 (4.20) 可知 $\boldsymbol{B}_J$ 的任一特征值 $\lambda(\boldsymbol{B}_J)>-1$. 于是 $\rho(\boldsymbol{B}_J)<1$, 故雅可比迭代法收敛.

例 4.4 *已知矩阵 $\boldsymbol{A}$ 如下, 判断求解 $\boldsymbol{Ax}=\boldsymbol{b}$ 的雅可比迭代法、高斯–赛德尔迭代法及 SOR 迭代法是否收敛:*

$$(1)\quad \boldsymbol{A}=\begin{pmatrix}1&-1&2\\-1&3&0\\2&0&7\end{pmatrix};\qquad (2)\quad \boldsymbol{A}=\begin{pmatrix}2&1&1\\1&2&1\\1&1&2\end{pmatrix}.$$

解 (1) 显然 $\boldsymbol{A}$ 是对称的, 顺序主子式

$$D_1=1>0,\quad D_2=\begin{vmatrix}1&-1\\-1&3\end{vmatrix}=2>0,\quad D_3=\begin{vmatrix}1&-1&2\\-1&3&0\\2&0&7\end{vmatrix}=2>0,$$

故 $\boldsymbol{A}$ 对称正定. 从而由定理 4.5, 当 $0<\omega<2$ 时, SOR 迭代法是收敛的. 由推论 4.1, 高斯–赛德尔迭代法也是收敛的. 又

$$2\boldsymbol{D}-\boldsymbol{A}=\begin{pmatrix}1&1&-2\\1&3&0\\-2&0&7\end{pmatrix}$$

也显然是对称的, 且其顺序主子式的值与 $\boldsymbol{A}$ 的相同, 故 $2\boldsymbol{D}-\boldsymbol{A}$ 也是对称正定的, 从而由定理 4.6 知, 雅可比迭代法也是收敛的.

(2) 容易验证 $\boldsymbol{A}$ 是对称正定的, 故高斯–赛德尔迭代法和 SOR 迭代法当 $0<\omega<2$ 时都是收敛的. 但 $\det(2\boldsymbol{D}-\boldsymbol{A})=0$, 故 $2\boldsymbol{D}-\boldsymbol{A}$ 不正定, 故由定理 4.6 知, 雅可比迭代法是发散的.

例 4.5 *判断用雅可比迭代法和高斯–赛德尔迭代法解下列方程组的收敛性:*

$$(1)\quad \begin{pmatrix}7&-2&-3\\-1&6&-2\\-1&-1&4\end{pmatrix}\begin{pmatrix}x_1\\x_2\\x_3\end{pmatrix}=\begin{pmatrix}2.8\\3.5\\6.2\end{pmatrix};$$

(2) $\begin{pmatrix} 4 & -2 & -1 \\ -2 & 4 & 3 \\ -1 & -3 & 3 \end{pmatrix}\begin{pmatrix} x_1 \\ x_2 \\ x_3 \end{pmatrix} = \begin{pmatrix} 1 \\ 5 \\ 0 \end{pmatrix}$.

解 (1) 由于该方程组的系数矩阵严格对角占优, 故由定理 4.4 知, 雅可比迭代法和高斯–赛德尔迭代法均收敛.

(2) 由于该方程组的系数矩阵既不是严格对角占优矩阵, 也不是对称正定矩阵, 故无法由定理 4.4、定理 4.5 或定理 4.6 判断其收敛性. 对于雅可比迭代法, 其迭代矩阵为

$$\boldsymbol{B}_J = \boldsymbol{D}^{-1}(\boldsymbol{D} - \boldsymbol{A}) = \begin{pmatrix} 0 & 1/2 & 1/4 \\ 1/2 & 0 & -3/4 \\ 1/3 & 1 & 0 \end{pmatrix},$$

其特征方程为

$$\det(\lambda \boldsymbol{I} - \boldsymbol{B}_J) = \lambda^3 + \frac{5}{12}\lambda = 0.$$

三个特征根为 $\lambda_1 = 0$, $\lambda_{2,3} = \pm\sqrt{\dfrac{5}{12}}\,\mathrm{i}$, 从而 $\rho(\boldsymbol{B}_J) < 1$, 即雅可比迭代法收敛.

对于高斯–赛德尔迭代法, 其迭代矩阵为

$$\boldsymbol{B}_S = (\boldsymbol{D} - \boldsymbol{L})^{-1}\boldsymbol{U} = \begin{pmatrix} 4 & 0 & 0 \\ -2 & 4 & 0 \\ -1 & -3 & 3 \end{pmatrix}^{-1}\begin{pmatrix} 0 & 2 & 1 \\ 0 & 0 & -3 \\ 0 & 0 & 0 \end{pmatrix},$$

计算, 得

$$\boldsymbol{B}_S = \begin{pmatrix} 1/4 & 0 & 0 \\ 1/8 & 1/4 & 0 \\ 5/24 & 1/4 & 1/3 \end{pmatrix}\begin{pmatrix} 0 & 2 & 1 \\ 0 & 0 & -3 \\ 0 & 0 & 0 \end{pmatrix} = \begin{pmatrix} 0 & 1/2 & 1/4 \\ 0 & 1/4 & -5/8 \\ 0 & 5/12 & -13/24 \end{pmatrix}.$$

从而

$$\|\boldsymbol{B}_S\|_\infty = \max\left\{\frac{3}{4}, \frac{7}{8}, \frac{23}{24}\right\} = \frac{23}{24} < 1,$$

故高斯–赛德尔迭代法收敛.

例 4.6 考虑方程组

$$\begin{cases} x_1 + ax_2 + ax_3 = 2, \\ ax_1 + x_2 + ax_3 = 3, \\ ax_1 + ax_2 + x_3 = 1. \end{cases}$$

(1) 当 a 取何值时, 雅可比迭代法是收敛的?

(2) 当 a 取何值时, 高斯–赛德尔迭代法是收敛的?

解 (1) 容易发现, 只要 $-0.5 < a < 0.5$, 方程组的系数矩阵 $\boldsymbol{A}$ 是严格对角占优的, 故此时雅可比迭代法收敛.

(2) 由 $\boldsymbol{A}$ 的各阶顺序主子式

$$D_1 = 1 > 0, \quad D_2 = 1 - a^2 > 0, \quad D_3 = 2a^3 - 3a^2 + 1 = (a-1)^2(2a+1) > 0,$$

解得 $-0.5 < a < 1$. 此时矩阵 $\boldsymbol{A}$ 是对称正定的, 故高斯–赛德尔迭代法收敛.

4.3 现代变分迭代法*

本节介绍两类最基本的现代变分迭代法: 一类是解对称正定线性方程组的最速下降法和共轭梯度法; 另一类解不对称线性方程组的广义极小残量法.

4.3.1 最速下降法及其 MATLAB 程序

首先, 介绍一下与式 (4.1) 等价的变分问题. 任取 $\boldsymbol{x} \in \mathbf{R}^n$, 对于式 (4.1) 中给定的 $\boldsymbol{A}$ 和 $\boldsymbol{b}$, 定义二次泛函 (即 n 元二次实函数) $\varphi : \mathbf{R}^n \to \mathbf{R}$ 为

$$\begin{aligned} \varphi(\boldsymbol{x}) &= \frac{1}{2}(\boldsymbol{x}, \boldsymbol{A}\boldsymbol{x}) - (\boldsymbol{b}, \boldsymbol{x}) \\ &= \frac{1}{2}\sum_{i=1}^{n}\sum_{j=1}^{n} a_{ij}x_i x_j - \sum_{j=1}^{n} b_j x_j, \end{aligned} \tag{4.22}$$

式中: $(\boldsymbol{x}, \boldsymbol{y}) = \sum\limits_{j=1}^{n} x_j y_j$. 下面证明式 (4.1) 的解与式 (4.22) 的极小点是等价的.

定理 4.7 设矩阵 $\boldsymbol{A}$ 对称正定, 则 $\boldsymbol{x}^*$ 是式 (4.1) 的解当且仅当 $\boldsymbol{x}^*$ 是式 (4.22) 的极小点, 即

$$\varphi(\boldsymbol{x}^*) = \min_{x \in \mathbf{R}^n} \varphi(\boldsymbol{x}).$$

证 必要性. 由 $\boldsymbol{A}$ 的对称正定性, 对任意的 $\boldsymbol{x}, \boldsymbol{y} \in \mathbf{R}^n$ 和 $\alpha \in \mathbf{R}$, 有

$$\begin{aligned} \varphi(\boldsymbol{x} + \alpha\boldsymbol{y}) &= \frac{1}{2}(\boldsymbol{x} + \alpha\boldsymbol{y}, \boldsymbol{A}(\boldsymbol{x} + \alpha\boldsymbol{y})) - (\boldsymbol{b}, \boldsymbol{x} + \alpha\boldsymbol{y}) \\ &= \frac{1}{2}\big[(\boldsymbol{x}, \boldsymbol{A}\boldsymbol{x}) + 2\alpha(\boldsymbol{A}\boldsymbol{x}, \boldsymbol{y}) + \alpha^2(\boldsymbol{y}, \boldsymbol{A}\boldsymbol{y})\big] - (\boldsymbol{b}, \boldsymbol{x}) - \alpha(\boldsymbol{b}, \boldsymbol{y}) \\ &= \varphi(\boldsymbol{x}) + \alpha(\boldsymbol{A}\boldsymbol{x} - \boldsymbol{b}, \boldsymbol{y}) + \frac{1}{2}\alpha^2(\boldsymbol{y}, \boldsymbol{A}\boldsymbol{y}). \end{aligned} \tag{4.23}$$

若 $\boldsymbol{x}^*$ 是式 (4.1) 的解, 则有 $\boldsymbol{A}\boldsymbol{x}^* - \boldsymbol{b} = 0$, 在上式中取 $\boldsymbol{x} = \boldsymbol{x}^*$, 得

$$\varphi(\boldsymbol{x}^* + \alpha\boldsymbol{y}) = \varphi(\boldsymbol{x}^*) + \frac{1}{2}\alpha^2(\boldsymbol{y}, \boldsymbol{A}\boldsymbol{y}) \geqslant \varphi(\boldsymbol{x}^*).$$

由 α 和 $\boldsymbol{y}$ 的任意性, 二次泛函 $\varphi(\boldsymbol{x})$ 在 $\boldsymbol{x}^*$ 处达到极小值.

充分性. 设泛函 $\varphi(\boldsymbol{x}^* + \alpha\boldsymbol{y})$ 在 $\boldsymbol{x}^*$ 处达到极小值, 则必有

$$\left.\frac{\mathrm{d}\varphi(\boldsymbol{x}^* + \alpha\boldsymbol{y})}{\mathrm{d}\alpha}\right|_{\alpha=0} = 0, \quad \forall \boldsymbol{y} \in \mathbf{R}^n.$$

由式 (4.23) 可将上式等价为

$$(\boldsymbol{A}\boldsymbol{x}^* - \boldsymbol{b}, \boldsymbol{y}) = 0, \quad \forall \boldsymbol{y} \in \mathbf{R}^n,$$

故由 $\boldsymbol{y}$ 的任意性, 必有 $\boldsymbol{A}\boldsymbol{x}^* - \boldsymbol{b} = 0$, 即 $\boldsymbol{x}^*$ 是式 (4.1) 的解.

定理 4.7 启发我们, 可通过求泛函 $\varphi(\boldsymbol{x})$ 的极小点来获得式 (4.1) 的解. 为此, 可从任一 $\boldsymbol{x}^{(k)}$ 出发, 沿着泛函 $\varphi(\boldsymbol{x})$ 在 $\boldsymbol{x}^{(k)}$ 处下降最快的方向搜索下一个近似点 $\boldsymbol{x}^{(k+1)}$, 使得 $\varphi(\boldsymbol{x}^{(k+1)})$ 在该方向上达到极小值.

由多元微积分知识, $\varphi(\boldsymbol{x})$ 在 $\boldsymbol{x}^{(k)}$ 处下降最快的方向是在该点的负梯度方向, 经过简单计算, 得

$$-\nabla\varphi(\boldsymbol{x})|_{\boldsymbol{x}=\boldsymbol{x}^{(k)}} = \boldsymbol{b} - \boldsymbol{A}\boldsymbol{x}^{(k)} := \boldsymbol{r}^{(k)},$$

此处, $\boldsymbol{r}^{(k)}$ 也称为近似点 $\boldsymbol{x}^{(k)}$ 对应的残量. 取 $\boldsymbol{x}^{(k+1)} = \boldsymbol{x}^{(k)} + \alpha\boldsymbol{r}^{(k)}$, 确定 α 的值使 $\varphi(\boldsymbol{x}^{(k+1)})$ 取得极小值. 由式 (4.23), 令

$$\frac{\mathrm{d}\varphi(\boldsymbol{x}^{(k)} + \alpha\boldsymbol{r}^{(k)})}{\mathrm{d}\alpha} = 0,$$

得

$$-(\boldsymbol{r}^{(k)}, \boldsymbol{r}^{(k)}) + \alpha(\boldsymbol{A}\boldsymbol{r}^{(k)}, \boldsymbol{r}^{(k)}) = 0.$$

从上式求出 α 并记为 α_k:

$$\alpha_k = \frac{(\boldsymbol{r}^{(k)}, \boldsymbol{r}^{(k)})}{(\boldsymbol{A}\boldsymbol{r}^{(k)}, \boldsymbol{r}^{(k)})}. \tag{4.24}$$

综合上述推导过程, 可得最速下降法的算法描述.

算法 4.4 (最速下降法)

(1) 给定初始点 $\boldsymbol{x}^{(0)} \in \mathbf{R}^n$, 容许误差 $\epsilon \geqslant 0$, 置 $k := 0$.

(2) 计算 $\boldsymbol{r}^{(k)} = \boldsymbol{b} - \boldsymbol{A}\boldsymbol{x}^{(k)}$, 若 $\|\boldsymbol{r}^{(k)}\| \leqslant \epsilon$, 停算, 输出 $\boldsymbol{x}^{(k)}$ 作为近似解.

(3) 按式 (4.24) 计算步长因子 α_k, 置 $\boldsymbol{x}^{(k+1)} = \boldsymbol{x}^{(k)} + \alpha_k\boldsymbol{r}^{(k)}$, $k := k+1$, 转步骤 (2).

为了研究最速下降法的收敛性, 首先给出一个引理.

引理 4.2 设 $\boldsymbol{A}$ 是对称正定矩阵, 其特征值为 $\lambda_1 \geqslant \lambda_2 \geqslant \cdots \geqslant \lambda_n > 0$. $P(t)$ 是一个关于 t 的 m 次多项式, 则有

$$\|P(\boldsymbol{A})\boldsymbol{x}\|_A \leqslant \max_{1\leqslant i\leqslant n} |P(\lambda_i)| \|\boldsymbol{x}\|_A, \tag{4.25}$$

式中: $\|\boldsymbol{x}\|_A = \sqrt{(\boldsymbol{x}, \boldsymbol{A}\boldsymbol{x})}$. 可以证明 $\|\boldsymbol{x}\|_A$ 是一种范数, 称为 $\boldsymbol{A}$ 范数.

证 设 $\boldsymbol{z}_1, \boldsymbol{z}_2, \cdots, \boldsymbol{z}_n$ 是对应于 $\lambda_1, \lambda_2, \cdots, \lambda_n$ 的特征向量, 且它们构成 $\mathbf{R}^n$ 的一组标准正交基. 于是对于任意的 $\boldsymbol{x} \in \mathbf{R}^n$ 有 $\boldsymbol{x} = \sum\limits_{i=1}^{n} l_i \boldsymbol{z}_i$. 从而

$$\begin{aligned}
\|P(\boldsymbol{A})\boldsymbol{x}\|_A^2 &= (P(\boldsymbol{A})\boldsymbol{x}, \boldsymbol{A}P(\boldsymbol{A})\boldsymbol{x}) \\
&= \left(\sum_{i=1}^{n} l_i P(\lambda_i)\boldsymbol{z}_i, \sum_{i=1}^{n} l_i \lambda_i P(\lambda_i)\boldsymbol{z}_i\right) \\
&= \sum_{i=1}^{n} \lambda_i l_i^2 P^2(\lambda_i) \leqslant \max_{1 \leqslant i \leqslant 1} P^2(\lambda_i) \cdot \sum_{i=1}^{n} \lambda_i l_i^2 \\
&= \max_{1 \leqslant i \leqslant 1} P^2(\lambda_i)(\boldsymbol{x}, \boldsymbol{A}\boldsymbol{x}) = \max_{1 \leqslant i \leqslant 1} P^2(\lambda_i)\|\boldsymbol{x}\|_A^2.
\end{aligned}$$

对上式两边开平方即得引理的结论.

下面给出最速下降法的收敛性定理.

定理 4.8 设 $\boldsymbol{A}$ 是对称正定矩阵, λ_1 和 λ_n 分别是其最大和最小特征值. $\{\boldsymbol{x}^{(k)}\}$ 是由最速下降法产生的向量序列, 则有

$$\|\boldsymbol{x}^{(k)} - \boldsymbol{x}^*\|_A \leqslant \left(\frac{\lambda_1 - \lambda_n}{\lambda_1 + \lambda_n}\right)^k \|\boldsymbol{x}^{(0)} - \boldsymbol{x}^*\|_A, \tag{4.26}$$

式中: $\boldsymbol{x}^*$ 为 $\boldsymbol{A}\boldsymbol{x} = \boldsymbol{b}$ 的精确解; $\boldsymbol{x}^{(0)}$ 是算法的初始点.

证 注意到 $\boldsymbol{x}^* = \boldsymbol{A}^{-1}\boldsymbol{b}$ 是式 (4.1) 的解, 故有

$$\varphi(\boldsymbol{x}^*) = -\frac{1}{2}(\boldsymbol{x}^*, \boldsymbol{b}) = -\frac{1}{2}(\boldsymbol{x}^*, \boldsymbol{A}\boldsymbol{x}^*).$$

且对任意的 $\boldsymbol{x} \in \mathbf{R}^n$ 有

$$\begin{aligned}
\varphi(\boldsymbol{x}) - \varphi(\boldsymbol{x}^*) &= \frac{1}{2}(\boldsymbol{x}, \boldsymbol{A}\boldsymbol{x}) - (\boldsymbol{x}, \boldsymbol{b}) + \frac{1}{2}(\boldsymbol{x}^*, \boldsymbol{A}\boldsymbol{x}^*) \\
&= \frac{1}{2}(\boldsymbol{x}, \boldsymbol{A}\boldsymbol{x}) - (\boldsymbol{x}, \boldsymbol{A}\boldsymbol{x}^*) + \frac{1}{2}(\boldsymbol{x}^*, \boldsymbol{A}\boldsymbol{x}^*) \\
&= \frac{1}{2}(\boldsymbol{x} - \boldsymbol{x}^*, \boldsymbol{A}(\boldsymbol{x} - \boldsymbol{x}^*)) = \frac{1}{2}\|\boldsymbol{x} - \boldsymbol{x}^*\|_A^2.
\end{aligned} \tag{4.27}$$

由最速下降法的算法构造, 对任意的 $\alpha \in \mathbf{R}$, 有

$$\varphi(\boldsymbol{x}^{(k)}) \leqslant \varphi(\boldsymbol{x}^{(k-1)} + \alpha \boldsymbol{r}^{(k-1)}).$$

因此,

$$\varphi(\boldsymbol{x}^{(k)}) - \varphi(\boldsymbol{x}^*) \leqslant \varphi(\boldsymbol{x}^{(k-1)} + \alpha \boldsymbol{r}^{(k-1)}) - \varphi(\boldsymbol{x}^*).$$

利用式 (4.27) 及引理 4.2, 有

$$\|\boldsymbol{x}^{(k)} - \boldsymbol{x}^*\|_A \leqslant \|(\boldsymbol{x}^{(k-1)} + \alpha \boldsymbol{r}^{(k-1)}) - \boldsymbol{x}^*\|_A$$

$$
\begin{aligned}
&= \|(\boldsymbol{I}-\alpha\boldsymbol{A})(\boldsymbol{x}^{(k-1)}-\boldsymbol{x}^*)\|_A \\
&\leqslant \max_{1\leqslant i\leqslant n}|1-\alpha\lambda_i|\|\boldsymbol{x}^{(k-1)}-\boldsymbol{x}^*\|_A.
\end{aligned}
$$

特别地, 取 $\alpha=2/(\lambda_1+\lambda_n)$ 时, 有

$$
\max_{1\leqslant i\leqslant n}|1-\alpha\lambda_i|=\frac{\lambda_1-\lambda_n}{\lambda_1+\lambda_n}.
$$

由此, 得

$$
\|\boldsymbol{x}^{(k)}-\boldsymbol{x}^*\|_A\leqslant\left(\frac{\lambda_1-\lambda_n}{\lambda_1+\lambda_n}\right)\|\boldsymbol{x}^{(k-1)}-\boldsymbol{x}^*\|_A\leqslant\cdots\leqslant\left(\frac{\lambda_1-\lambda_n}{\lambda_1+\lambda_n}\right)^k\|\boldsymbol{x}^{(0)}-\boldsymbol{x}^*\|_A.
$$

证毕.

注 4.1 上述定理说明, 最速下降法在理论上一定是收敛的. 但当 $\lambda_1/\lambda_n\gg 1$ 时, 由于收敛因子 $(\lambda_1-\lambda_n)/(\lambda_1+\lambda_n)\approx 1$, 收敛可能会是很缓慢的. 另一方面, 虽然理论上 $\boldsymbol{r}^{(k)}$ 是 $\varphi(\boldsymbol{x})$ 在 $\boldsymbol{x}^{(k)}$ 处的最速下降方向, 但当 $\|\boldsymbol{r}^{(k)}\|\ll 1$ 时, 由于计算中不可避免的舍入误差, 实际计算出的 $\boldsymbol{r}^{(k)}$ 与理论上的最速下降方向之间有很大的差别, 使得计算过程中出现严重的数值不稳定性. 所以最速下降法在现代科学与工程计算中不再具有实用价值, 但其基本思想却是建立其它许多新算法的出发点.

下面给出最速下降法的 MATLAB 程序:

- 最速下降法 MATLAB 程序

```
%程序4.4--mgrad.m
function [x,iter]=mgrad(A,b,x,ep,N)
%用途: 用最速下降法法解线性方程组Ax=b
%格式: [x,iter]=mgrad(A,b,x,ep,N)  其中A为系数矩阵, b为右端向
%量, x为初始向量(默认零向量), ep为精度(默认1e-6),N为最大迭代次
%数(默认1000次), 返回参数x,iter分别为近似解向量和迭代次数
if nargin<5, N=1000; end
if nargin<4, ep=1e-6; end
if nargin<3, x=zeros(size(b)); end
for iter=1:N
   r=b-A*x;
   if norm(r)<ep, break; end
   a=r'*r/(r'*A*r);
   x=x+a*r;
end
```

例 4.7 用最速下降法程序 4.4 (mgrad.m) 解线性方程组

$$\begin{pmatrix} 0.76 & -0.01 & -0.14 & -0.16 \\ -0.01 & 0.88 & -0.03 & 0.05 \\ -0.14 & -0.03 & 1.01 & -0.12 \\ -0.16 & 0.05 & -0.12 & 0.72 \end{pmatrix} \begin{pmatrix} \boldsymbol{x}_1 \\ \boldsymbol{x}_2 \\ \boldsymbol{x}_3 \\ \boldsymbol{x}_4 \end{pmatrix} = \begin{pmatrix} 0.68 \\ 1.18 \\ 0.12 \\ 0.74 \end{pmatrix},$$

取初始点 $\boldsymbol{x}^{(0)} = (0,0,0,0)^{\mathrm{T}}$, 精度要求 $\varepsilon = 10^{-6}$.

解 在 MATLAB 命令窗口执行程序 mgard.m:

```
>>A=[0.76 -0.01 -0.14 -0.16; -0.01 0.88 -0.03 0.05;
     -0.14 -0.03 1.01 -0.12; -0.16 0.05 -0.12 0.72];
>> b=[0.68 1.18 0.12 0.74]';
>> [x,iter]=mgrad(A,b)
```

得计算结果:

```
x =
    1.2762
    1.2981
    0.4890
    1.3027
iter =
     15
```

4.3.2 共轭梯度法及其 MATLAB 程序

本节叙述当代用来求解大型线性方程组最有效的方法之一的共轭梯度法, 这里的系数矩阵是对称正定的大型稀疏矩阵, 它的理论基础仍然是定理 4.7 给出的变分原理.

与最速下降法使用负梯度方向作为搜索方向不同, 共轭梯度法的基本思想是寻找一组所谓的共轭梯度方向: $\boldsymbol{p}^{(0)}, \boldsymbol{p}^{(1)}, \cdots, \boldsymbol{p}^{(k)}$, 使得进行 k 次一维搜索后, 求得近似解 $\boldsymbol{x}^{(k)}$.

对于一维极小化问题 $\min\limits_{\alpha>0} \varphi(\boldsymbol{x}^{(k)} + \alpha \boldsymbol{p}^{(k)})$, 令

$$\frac{\mathrm{d}}{\mathrm{d}\alpha}\varphi(\boldsymbol{x}^{(k)} + \alpha \boldsymbol{p}^{(k)}) = 0,$$

得

$$\alpha = \alpha_k = \frac{(\boldsymbol{r}^{(k)}, \boldsymbol{p}^{(k)})}{(\boldsymbol{A}\boldsymbol{p}^{(k)}, \boldsymbol{p}^{(k)})}.$$

从而下一个近似解和对应的残量分别为

$$\boldsymbol{x}^{(k+1)} = \boldsymbol{x}^{(k)} + \alpha_k \boldsymbol{p}^{(k)},$$

$$r^{(k+1)} = b - Ax^{(k+1)} = r^{(k)} - \alpha_k A p^{(k)}.$$

为了讨论方便, 可设 $x^{(0)} = 0$, 则有

$$x^{(k+1)} = \alpha_0 p^{(0)} + \alpha_1 p^{(1)} + \cdots + \alpha_k p^{(k)},$$

从而, $x^{(k+1)} \in \mathrm{span}\{p^{(0)}, p^{(1)}, \cdots, p^{(k)}\}$, 其中 $\mathrm{span}\{p^{(0)}, p^{(1)}, \cdots, p^{(k)}\}$ 是指由 $p^{(0)}, p^{(1)}, \cdots, p^{(k)}$ 张成的子空间.

记 $x = y + \alpha p^{(k)}$, 其中 $y \in \mathrm{span}\{p^{(0)}, p^{(1)}, \cdots, p^{(k-1)}\}$. 现在来讨论 $p^{(0)}, p^{(1)}, \cdots, p^{(k)}$ 取什么方向使得二次泛函 $\varphi(x^{(k)} + \alpha p^{(k)})$ 下降最快.

初始方向可以取为 $p^{(0)} = r^{(0)}$. 当 $k \geqslant 1$ 时, 不仅希望满足

$$\varphi(x^{(k+1)}) = \min_{\alpha \geqslant 0} \varphi(x^{(k)} + \alpha p^{(k)}),$$

而且希望 $p^{(k)}$ 的选取满足

$$\varphi(x^{(k+1)}) = \min_{x \in \mathrm{span}\{p^{(0)}, p^{(1)}, \cdots, p^{(k)}\}} \varphi(x).$$

注意到 $x = y + \alpha p^{(k)}$ 及

$$\begin{aligned} \varphi(x) &= \varphi(y + \alpha p^{(k)}) \\ &= \varphi(y) + \alpha(Ay, p^{(k)}) - \alpha(b, p^{(k)}) + \frac{\alpha^2}{2}(Ap^{(k)}, p^{(k)}). \end{aligned} \tag{4.28}$$

上式中的交叉项 $(Ay, p^{(k)})$ 使得极小化 $\varphi(x)$ 变得复杂化了. 为了把上述问题分离为分别对 α 和对 y 求极小, 可令

$$(Ay, p^{(k)}) = 0, \quad \forall y \in \mathrm{span}\{p^{(0)}, p^{(1)}, \cdots, p^{(k-1)}\},$$

即

$$(Ap^{(i)}, p^{(k)}) = 0, \quad i = 1, 2, \cdots, k-1, \tag{4.29}$$

并且对于每个 $k = 1, 2, \cdots, n$, 都选择 $p^{(k)}$ 满足这一条件. 式 (4.29) 通常称为 A–共轭性条件. 下面给出它的定义.

定义 4.1 设 A 是 n 阶对称正定矩阵. 若 $\mathbf{R}^n$ 中的向量组 $p^{(0)}, p^{(1)}, \cdots, p^{(l)}$ 满足

$$(Ap^{(i)}, p^{(j)}) = 0, \quad i \neq j,$$

则称它是 $\mathbf{R}^n$ 中的一个 A–共轭向量组, 或称这些向量是 A–共轭的.

显然, 由上述定义, 当 $A = I$ 时, A–共轭向量组退化为一般的正交向量组.

若向量组 $p^{(0)}, p^{(1)}, \cdots, p^{(l)}$ $(l < n)$ 是 A–共轭的, 则由式 (4.28) 可知

$$\min_{x \in \mathrm{span}\{p^{(0)}, p^{(1)}, \cdots, p^{(k)}\}} \varphi(x) = \min_{\alpha, y} \varphi(y + \alpha p^{(k)})$$

$$= \min_{\boldsymbol{y}} \varphi(\boldsymbol{y}) + \min_{\alpha} \left[\frac{\alpha^2}{2} (\boldsymbol{A}\boldsymbol{p}^{(k)}, \boldsymbol{p}^{(k)}) - \alpha(\boldsymbol{b}, \boldsymbol{p}^{(k)}) \right].$$

上式右端等式第 1 项中的向量 $\boldsymbol{y}$ 是在子空间 $\mathrm{span}\{\boldsymbol{p}^{(0)}, \boldsymbol{p}^{(1)}, \cdots, \boldsymbol{p}^{(k-1)}\}$ 中选取的. 而由上面等式右边第 2 项, 得

$$\alpha_k = \frac{(\boldsymbol{r}^{(k)}, \boldsymbol{p}^{(k)})}{(\boldsymbol{A}\boldsymbol{p}^{(k)}, \boldsymbol{p}^{(k)})}.$$

现在讨论 $\boldsymbol{p}^{(k)}$ 的选取. 为了简单, 不妨取 $\boldsymbol{p}^{(k)} = \boldsymbol{r}^{(k)} + \beta_{k-1}\boldsymbol{p}^{(k-1)}$, 利用 $(\boldsymbol{p}^{(k)}, \boldsymbol{A}\boldsymbol{p}^{(k-1)}) = 0$, 可以求出

$$\beta_{k-1} = -\frac{(\boldsymbol{r}^{(k)}, \boldsymbol{A}\boldsymbol{p}^{(k-1)})}{(\boldsymbol{p}^{(k-1)}, \boldsymbol{A}\boldsymbol{p}^{(k-1)})}.$$

综合上述推导过程, 可得共轭梯度法的算法描述.

算法 4.5 (共轭梯度法)

(1) 给定初始点 $\boldsymbol{x}^{(0)} \in \mathbf{R}^n$, 容许误差 $\epsilon \geqslant 0$, 计算 $\boldsymbol{r}^{(0)} = \boldsymbol{b} - \boldsymbol{A}\boldsymbol{x}^{(0)}$, $\boldsymbol{p}^{(0)} := \boldsymbol{r}^{(0)}$, 置 $k := 0$.

(2) 计算步长因子

$$\alpha_k = \frac{(\boldsymbol{r}^{(k)}, \boldsymbol{p}^{(k)})}{(\boldsymbol{A}\boldsymbol{p}^{(k)}, \boldsymbol{p}^{(k)})},$$

置 $\boldsymbol{x}^{(k+1)} = \boldsymbol{x}^{(k)} + \alpha_k \boldsymbol{p}^{(k)}$, $\boldsymbol{r}^{(k+1)} = \boldsymbol{r}^{(k)} - \alpha_k \boldsymbol{A}\boldsymbol{p}^{(k)}$.

(3) 若 $\|\boldsymbol{r}^{(k+1)}\| \leqslant \epsilon$, 停算, 输出 $\boldsymbol{x}^{(k+1)}$ 作为近似解.

(4) 计算

$$\beta_k = -\frac{(\boldsymbol{r}^{(k+1)}, \boldsymbol{A}\boldsymbol{p}^{(k)})}{(\boldsymbol{p}^{(k)}, \boldsymbol{A}\boldsymbol{p}^{(k)})},$$

置 $\boldsymbol{p}^{(k+1)} = \boldsymbol{r}^{(k+1)} + \beta_k \boldsymbol{p}^{(k)}$, $k := k+1$, 转步骤 (2).

对于共轭梯度法中的 $\boldsymbol{r}^{(i)}$ 和 $\boldsymbol{p}^{(j)}$, 有下列性质, 其证明可参见文献 [3].

定理 4.9 对于共轭梯度法中的 $\boldsymbol{r}^{(i)}$ 和 $\boldsymbol{p}^{(j)}$, 有下列性质:

(1) $(\boldsymbol{p}^{(i)}, \boldsymbol{r}^{(j)}) = 0$, $0 \leqslant i < j \leqslant k$;

(2) $(\boldsymbol{r}^{(i)}, \boldsymbol{r}^{(j)}) = 0$, $0 \leqslant i, j \leqslant k$, $i \neq j$;

(3) $(\boldsymbol{p}^{(i)}, \boldsymbol{A}\boldsymbol{p}^{(j)}) = 0$, $0 \leqslant i, j \leqslant k$, $i \neq j$.

利用定理 4.9 的结论, 可以将 α_k, β_k 的表达式进一步化成

$$\alpha_k = \frac{(\boldsymbol{r}^{(k)}, \boldsymbol{r}^{(k)})}{(\boldsymbol{A}\boldsymbol{p}^{(k)}, \boldsymbol{p}^{(k)})}, \quad \beta_k = \frac{(\boldsymbol{r}^{(k+1)}, \boldsymbol{r}^{(k+1)})}{(\boldsymbol{r}^{(k)}, \boldsymbol{r}^{(k)})}.$$

下面不加证明地给出共轭梯度法的误差估计和收敛性定理.

定理 4.10 设 $\boldsymbol{A}$ 是对称正定矩阵，λ_1 和 λ_n 分别是其最大和最小特征值. $\{\boldsymbol{x}^{(k)}\}$ 是由共轭梯度法产生的向量序列，则

$$\|\boldsymbol{x}^{(k)}-\boldsymbol{x}^*\|_A \leqslant 2\left(\frac{\sqrt{\lambda_1}-\sqrt{\lambda_n}}{\sqrt{\lambda_1}+\sqrt{\lambda_n}}\right)^k \|\boldsymbol{x}^{(0)}-\boldsymbol{x}^*\|_A, \tag{4.30}$$

式中: $\boldsymbol{x}^*$ 为 $\boldsymbol{A}\boldsymbol{x}=\boldsymbol{b}$ 的精确解; $\boldsymbol{x}^{(0)}$ 为算法的初始点.

注 4.2 由式 (4.30) 即可得到共轭梯度法的收敛性. 比较式 (4.26) 和式 (4.30), 由于

$$\begin{aligned}\left(\frac{\lambda_1-\lambda_n}{\lambda_1+\lambda_n}\right)^k &= \left(\frac{\sqrt{\lambda_1}-\sqrt{\lambda_n}}{\sqrt{\lambda_1}+\sqrt{\lambda_n}}\right)^k \left(\frac{(\sqrt{\lambda_1}+\sqrt{\lambda_n})^2}{\lambda_1+\lambda_n}\right)^k \\ &= 2\left(\frac{\sqrt{\lambda_1}-\sqrt{\lambda_n}}{\sqrt{\lambda_1}+\sqrt{\lambda_n}}\right)^k \cdot \frac{1}{2}\left(1+\frac{2\sqrt{\lambda_1\lambda_n}}{\lambda_1+\lambda_n}\right)^k,\end{aligned}$$

注意到

$$\lim_{k\to\infty}\left(1+\frac{2\sqrt{\lambda_1\lambda_n}}{\lambda_1+\lambda_n}\right)^k = +\infty,$$

故共轭梯度法比最速下降法在收敛速度方面要快得多.

注 4.3 因矩阵 $\boldsymbol{A}$ 是对称正定的, 故其条件数为 $\kappa=\lambda_1/\lambda_n$. 于是式 (4.30) 也可写成

$$\|\boldsymbol{x}^{(k)}-\boldsymbol{x}^*\|_A \leqslant 2\left(\frac{\sqrt{\kappa}-1}{\sqrt{\kappa}+1}\right)^k \|\boldsymbol{x}^{(0)}-\boldsymbol{x}^*\|_A. \tag{4.31}$$

由上式可以看出, 当 $\boldsymbol{A}$ 的条件数很大时, 共轭梯度法的收敛速度可能很慢. 条件数较小时, 收敛速度才会很快.

此外, 如果没有舍入误差影响的话, 在理论上可以证明共轭梯度法至多迭代 n 步即可得到精确解 $\boldsymbol{x}^*$. 但是由于计算过程中不可避免地存在舍入误差, 所以实际上是将共轭梯度法作为一种迭代法来使用的.

下面给出共轭梯度法的 MATLAB 程序:

- 共轭梯度法 MATLAB 程序

```
%程序4.5--mcg.m
function [x,iter]=mcg(A,b,x,ep,N)
%用途: 用共轭梯度法解线性方程组Ax=b
%格式: [x,iter]=mcg(A,b,x,ep,N)  其中 A为系数矩阵, b为右端
%向量, x为初始向量(默认零向量), ep为精度(默认1e-6),N为最大迭
%代次数(默认500次), 返回参数x,iter分别为近似解向量和迭代次数
if nargin<5, N=500; end
```

```
if nargin<4, ep=1e-6; end
if nargin<3, x=zeros(size(b)); end
r=b-A*x;
for iter=1:N
   rr=r'*r;
   if iter==1
       p=r;
   else
       beta=rr/rr1;
       p=r+beta*p;
   end
   q=A*p;
   alpha=rr/(p'*q);
   x=x+alpha*p;
   r=r-alpha*q;
   rr1=rr;
   if (norm(r)<ep), break; end
end
```

例 4.8 用共轭梯度法程序 4.5 (mcg.m) 解线性方程组

$$\begin{pmatrix} 0.76 & -0.01 & -0.14 & -0.16 \\ -0.01 & 0.88 & -0.03 & 0.05 \\ -0.14 & -0.03 & 1.01 & -0.12 \\ -0.16 & 0.05 & -0.12 & 0.72 \end{pmatrix} \begin{pmatrix} x_1 \\ x_2 \\ x_3 \\ x_4 \end{pmatrix} = \begin{pmatrix} 0.68 \\ 1.18 \\ 0.12 \\ 0.74 \end{pmatrix},$$

取初始点 $\boldsymbol{x}^{(0)} = (0,0,0,0)^{\mathrm{T}}$, 精度要求 $\varepsilon = 10^{-6}$.

解 在 MATLAB 命令窗口执行程序 mgard.m:

```
>>A=[0.76 -0.01 -0.14 -0.16; -0.01 0.88 -0.03 0.05;
     -0.14 -0.03 1.01 -0.12; -0.16 0.05 -0.12 0.72];
>> b=[0.68 1.18 0.12 0.74]';
>> [x,iter]=mcg(A,b)
```

得计算结果如下:

```
x =
    1.2762
    1.2981
```

```
        0.4890
        1.3027
    iter =
        4
```

4.3.3 广义极小残量法及其 MATLAB 程序

本小节介绍求解非对称线性方程组的广义极小残量法 (GMRES), 这一算法已成为当前求解大型稀疏非对称线性方程组最有效的算法之一.

设所求解的线性方程组为

$$\boldsymbol{A}\boldsymbol{x}=\boldsymbol{b}. \tag{4.32}$$

取 $\boldsymbol{x}^{(0)}$ 为任一 n 维实向量, 令 $\boldsymbol{x}=\boldsymbol{x}^{(0)}+\boldsymbol{z}$, 则上述方程等价于

$$\boldsymbol{A}\boldsymbol{z}=\boldsymbol{r}^{(0)}, \tag{4.33}$$

其中 $\boldsymbol{r}^{(0)}=\boldsymbol{b}-\boldsymbol{A}\boldsymbol{x}^{(0)}$. 下面讨论式 (4.33) 的求解问题.

从 $\boldsymbol{r}^{(0)}$ 开始, 构造一组相互正交且范数为 1 的向量 $\boldsymbol{v}^{(1)},\boldsymbol{v}^{(2)},\cdots,\boldsymbol{v}^{(m)}$ 如下:

首先, 取 $\boldsymbol{v}^{(1)}=\boldsymbol{r}^{(0)}/\beta$, 其中 $\beta=\|\boldsymbol{r}^{(0)}\|_2$, 显然有 $\|\boldsymbol{v}^{(1)}\|_2=1$.

其次, 令 $\boldsymbol{u}=\boldsymbol{A}\boldsymbol{v}^{(1)}$. 为了构造 $\boldsymbol{v}^{(2)}$ 与 $\boldsymbol{v}^{(1)}$ 正交, 令 $h_{11}=(\boldsymbol{u},\boldsymbol{v}^{(1)})$ 且 $\tilde{\boldsymbol{u}}=\boldsymbol{u}-h_{11}\boldsymbol{v}^{(1)}$. 则

$$(\tilde{\boldsymbol{u}},\boldsymbol{v}^{(1)})=(\boldsymbol{u}-h_{11}\boldsymbol{v}^{(1)},\boldsymbol{v}^{(1)})=(\boldsymbol{u},\boldsymbol{v}^{(1)})-h_{11}(\boldsymbol{v}^{(1)},\boldsymbol{v}^{(1)})=0.$$

于是, 只需令 $h_{21}=\|\tilde{\boldsymbol{u}}\|_2$, $\boldsymbol{v}^{(2)}=\tilde{\boldsymbol{u}}/h_{21}$, 即有 $(\boldsymbol{v}^{(2)},\boldsymbol{v}^{(1)})=0$ 且 $\|\boldsymbol{v}^{(2)}\|_2=1$.

类似地, 计算 $\boldsymbol{v}^{(3)}$ 的过程如下:

(1) 计算 $\boldsymbol{u}=\boldsymbol{A}\boldsymbol{v}^{(2)}$, $h_{12}=(\boldsymbol{u},\boldsymbol{v}^{(1)})$, $h_{22}=(\boldsymbol{u},\boldsymbol{v}^{(2)})$;

(2) 计算 $\tilde{\boldsymbol{u}}=\boldsymbol{u}-h_{12}\boldsymbol{v}^{(1)}-h_{22}\boldsymbol{v}^{(2)}$;

(3) 计算 $h_{32}=\|\tilde{\boldsymbol{u}}\|_2$, $\boldsymbol{v}^{(3)}=\tilde{\boldsymbol{u}}/h_{32}$.

继续这一过程, 经过 m 步, 即可得到矩阵 $\boldsymbol{V}_m=[\boldsymbol{v}^{(1)},\boldsymbol{v}^{(2)},\cdots,\boldsymbol{v}^{(m)}]$. 从这一过程可以发现:

$$\begin{aligned}
\boldsymbol{A}\boldsymbol{v}^{(1)} &= h_{11}\boldsymbol{v}^{(1)}+h_{21}\boldsymbol{v}^{(2)},\\
\boldsymbol{A}\boldsymbol{v}^{(2)} &= h_{12}\boldsymbol{v}^{(1)}+h_{22}\boldsymbol{v}^{(2)}+h_{32}\boldsymbol{v}^{(3)},\\
&\ \ \vdots\\
\boldsymbol{A}\boldsymbol{v}^{(m)} &= h_{1m}\boldsymbol{v}^{(1)}+h_{2m}\boldsymbol{v}^{(2)}+h_{3m}\boldsymbol{v}^{(3)}+\cdots+h_{mm}\boldsymbol{v}^{(m-1)}+h_{m+1,m}\boldsymbol{v}^{(m)}.
\end{aligned}$$

写成矩阵形式, 即

$$\boldsymbol{A}\boldsymbol{V}_m=\boldsymbol{V}_m\boldsymbol{H}_m+h_{m+1,m}\boldsymbol{v}^{(m+1)}\boldsymbol{e}_m^{\mathrm{T}}, \tag{4.34}$$

其中

$$\boldsymbol{H}_m = \begin{pmatrix} h_{11} & h_{12} & \cdots & h_{1m} \\ h_{21} & h_{22} & \cdots & h_{2m} \\ & \ddots & \ddots & \vdots \\ & & h_{m,m-1} & h_{m,m} \end{pmatrix} \in \mathbf{R}^{m\times m} \tag{4.35}$$

是上 Hessenberg 矩阵. 或者写成

$$\boldsymbol{A}\boldsymbol{V}_m = \boldsymbol{V}_{m+1}\widetilde{\boldsymbol{H}}_m, \tag{4.36}$$

其中

$$\widetilde{\boldsymbol{H}}_m = \begin{pmatrix} h_{11} & h_{12} & \cdots & h_{1m} \\ h_{21} & h_{22} & \cdots & h_{2m} \\ & \ddots & \ddots & \vdots \\ & & h_{m,m-1} & h_{m,m} \\ & & & h_{m+1,m} \end{pmatrix} \in \mathbf{R}^{(m+1)\times m}. \tag{4.37}$$

假设存在一个 $\boldsymbol{y} \in \mathbf{R}^n$ 满足 $\boldsymbol{z} = \boldsymbol{V}_m\boldsymbol{y}$, 注意到 $\boldsymbol{r}^{(0)} = \beta\boldsymbol{v}^{(1)}$, 则

$$\begin{aligned} \|\boldsymbol{r}^{(0)} - \boldsymbol{A}\boldsymbol{z}\|_2 &= \|\boldsymbol{r}^{(0)} - \boldsymbol{A}\boldsymbol{V}_m\boldsymbol{y}\|_2 \\ &= \|\beta\boldsymbol{v}^{(1)} - \boldsymbol{V}_{m+1}\widetilde{\boldsymbol{H}}_m\boldsymbol{y}\|_2 \\ &= \|\boldsymbol{V}_{m+1}(\beta\boldsymbol{e}_1 - \widetilde{\boldsymbol{H}}_m\boldsymbol{y})\|_2, \end{aligned}$$

其中, $\boldsymbol{e}_1 = (1,0,\cdots,0)^{\mathrm{T}} \in \mathbf{R}^{m+1}$. 由于 $\boldsymbol{V}_{m+1}^{\mathrm{T}}\boldsymbol{V}_{m+1} = \boldsymbol{I}$, 于是有

$$\|\boldsymbol{V}_{m+1}(\beta\boldsymbol{e}_1 - \widetilde{\boldsymbol{H}}_m\boldsymbol{y})\|_2 = \|\beta\boldsymbol{e}_1 - \widetilde{\boldsymbol{H}}_m\boldsymbol{y}\|_2,$$

因此, 极小化 $\|\boldsymbol{r}^{(0)} - \boldsymbol{A}\boldsymbol{z}\|_2$ 就相当于极小化 $\|\beta\boldsymbol{e}_1 - \widetilde{\boldsymbol{H}}_m\boldsymbol{y}\|_2$, 而后者通过 QR 分解很容易求解.

下面将广义极小残量法的算法步骤详述如下.

算法 4.6 (广义极小残量法)

(1) 选定初值 $\boldsymbol{x}^{(0)}$, 计算 $\boldsymbol{r}^{(0)} = \boldsymbol{b} - \boldsymbol{A}\boldsymbol{x}^{(0)}$, $\beta = \|\boldsymbol{r}^{(0)}\|_2$ 和 $\boldsymbol{v}^{(1)} = \boldsymbol{r}^{(0)}/\beta$.

(2) 对 $j = 1,2,\cdots,k$ 直到收敛, 计算步骤 (3).

(3) 计算 $\boldsymbol{u}^{(j)} = \boldsymbol{A}\boldsymbol{v}^{(j)}$.

对 $i = 1,2,\cdots,j$, 计算:

$h_{ij} = (\boldsymbol{u}^{(j)}, \boldsymbol{v}^{(i)})$, $\boldsymbol{u}^{(j)} = \boldsymbol{u}^{(j)} - h_{ij}\boldsymbol{v}^{(i)}$, $h_{j+1,j} = \|\boldsymbol{u}^{(j)}\|_2$.

若 $h_{j+1,j}$ 足够小, 停算; 否则, $\boldsymbol{v}^{(j+1)} = \boldsymbol{u}^{(j)}/h_{j+1,j}$.

(4) 求解最小二乘问题 $\min\limits_{\boldsymbol{y}\in\mathbf{R}^k} \|\beta\boldsymbol{e}_1 - \widetilde{\boldsymbol{H}}_k\boldsymbol{y}\|_2$, 得到解 $\boldsymbol{y}_k$.

(5) 计算解为 $\boldsymbol{x}_k = \boldsymbol{x}^{(0)} + \boldsymbol{V}_k\boldsymbol{y}_k$.

在理论上, 若 $\boldsymbol{r}^{(0)}, \boldsymbol{A}\boldsymbol{r}^{(0)}, \cdots, \boldsymbol{A}^{m-1}\boldsymbol{r}^{(0)}$ 线性无关, 则当 $m=n$ 时, 在无舍入误差的前提下, 广义极小残量法给出式 (4.32) 的精确解.

另一方面, 注意到当 m 很大时, 需要保存 $\{\boldsymbol{v}^{(i)}\}_{i=m}^{l}$. 对于大规模问题, 这对存储空间的要求比较高, 而且计算量也随之大大增加. 因此, 在实际计算中, 往往采用重开始广义极小残量法, 其好处是可以节省计算量和存储空间, 但在理论上尚不能保证算法的收敛性.

下面不加证明地给出广义极小残量法的收敛性定理.

定理 4.11 *假设 $\boldsymbol{A}$ 是可对角化的, 即 $\boldsymbol{A}=\boldsymbol{X}\mathrm{diag}(\lambda_1, \cdots, \lambda_n)\boldsymbol{X}^{\mathrm{T}}$, 且 $\boldsymbol{A}$ 的全部特征值都落在不包含原点的椭圆 $E(c,a,d)$ 内部, c,a,d 分别代表椭圆的中心、焦距和长半轴. 则*

$$\|\boldsymbol{r}^{(m)}\|_2 \leqslant \mathrm{cond}_2(\boldsymbol{X})\frac{T_m(a/d)}{T_m(c/d)}\|\boldsymbol{r}^{(0)}\|_2,$$

式中: $T_m(\cdot)$ 是 m 阶切比雪夫不等式.

下面给出广义极小残量法的 MATLAB 程序:

- *广义极小残量法 MATLAB 程序*

```
%程序4.6--mgmres.m
function [x,iter]=mgmres(A,b,x,ep,N)
%用途: 用广义极小残量法解线性方程组Ax=b
%格式: [x,iter]=mgmres(A,b,x,ep,N)  其中 A为系数矩阵, b为右端
%向量, x为初始向量(默认零向量), ep为精度(默认1e-6),N为最大迭
%代次数(默认500次), 返回参数x,iter分别为近似解向量和迭代次数
if nargin<5, N=500; end
if nargin<4, ep=1e-6; end
if nargin<3, x=zeros(size(b)); end
n=length(b);
V(1:n,1:n+1)=zeros(n,n+1);
H(1:n+1,1:n)=zeros(n+1,n);
cs(1:n)=zeros(n,1);
sn(1:n)=zeros(n,1);
e1=zeros(n,1); e1(1)=1.0;
for iter=1:N
  r=b-A*x;
  if(norm(r)<ep), break; end
  beta=norm(b); V(:,1)=r/beta;
  s=beta*e1;
  for(i=1:n)
```

```
        u=A*V(:,i);
        for(k=1:i)
            H(k,i)=u'*V(:,k);
            u=u-H(k,i)*V(:,k);
        end
        H(i+1,i)=norm(u);
        V(:,i+1)=u/H(i+1,i);
        for(k=1:i-1)
            temp=cs(k)*H(k,i)+sn(k)*H(k+1,i);
            H(k+1,i)=-sn(k)*H(k,i)+cs(k)*H(k+1,i);
            H(k,i)=temp;
        end
        cs(i)=H(i,i)/sqrt(H(i,i)^2+H(i+1,i)^2);
        sn(i)=H(i+1,i)/sqrt(H(i,i)^2+H(i+1,i)^2);
        temp=cs(i)*s(i); s(i+1)=-sn(i)*s(i); s(i)=temp;
        H(i,i)=cs(i)*H(i,i)+sn(i)*H(i+1,i);
        H(i+1,i)=0;
        if (abs(s(i+1))<ep)
            y=H(1:i,1:i)\s(1:i);
            x=x+V(:,1:i)*y;
            break;
        end
    end
end
```

例 4.9 用广义极小残量法程序 4.6 (mgmres.m) 解线性方程组

$$\begin{pmatrix} 0.76 & -0.01 & -0.14 & -0.16 \\ -0.01 & 0.88 & -0.03 & 0.05 \\ -0.14 & -0.03 & 1.01 & -0.12 \\ -0.16 & 0.05 & -0.12 & 0.72 \end{pmatrix}\begin{pmatrix} x_1 \\ x_2 \\ x_3 \\ x_4 \end{pmatrix}=\begin{pmatrix} 0.68 \\ 1.18 \\ 0.12 \\ 0.74 \end{pmatrix},$$

取初始点 $\boldsymbol{x}^{(0)}=(0,0,0,0)^{\mathrm{T}}$, 精度要求 $\varepsilon=10^{-6}$.

解 在 MATLAB 命令窗口执行程序 mgmres.m:

```
>>A=[0.76 -0.01 -0.14 -0.16; -0.01 0.88 -0.03 0.05;
     -0.14 -0.03 1.01 -0.12; -0.16 0.05 -0.12 0.72];
>> b=[0.68 1.18 0.12 0.74]';
>> [x,iter]=mgmres(A,b)
```

得计算结果:

```
x =
     1.2762
     1.2981
     0.4890
     1.3027
iter =
      2
```

4.3.4 预处理技术及预处理共轭梯度法

由于计算机存在浮点运算的误差 (即舍入误差), 故前述的共轭梯度法和广义极小残量法计算得到的向量会逐渐失去正交性, 因而不大可能在 n 步之内得到原方程组的精确解. 此外, 遇到求解大规模的线性方程组, 即使能够在 n 步收敛的话, 这个收敛速度也是不令人满意的. 这就有必要对这两类算法采取加速技术. 计算实践已表明, 预处理技术能有效地改善收敛性质并加快收敛速度.

所谓预处理, 是指对原方程组进行显式或隐式的修正, 使得修正后的方程组能够得以更容易更有效的求解. 更明确地说, 就是花比较小的代价去寻找或构造一个预处理矩阵 $\boldsymbol{M}$, 然后用迭代法求解如下的同解线性方程组

$$\boldsymbol{M}^{-1}\boldsymbol{A}\boldsymbol{x} = \boldsymbol{M}^{-1}\boldsymbol{b}, \tag{4.38}$$

或

$$\boldsymbol{A}\boldsymbol{M}^{-1}\boldsymbol{y} = \boldsymbol{b}, \quad \boldsymbol{x} = \boldsymbol{M}^{-1}\boldsymbol{y}, \tag{4.39}$$

相应得到的算法分别称为左预处理迭代法或右预处理迭代法.

如果 $\boldsymbol{M}^{-1}\boldsymbol{A}$ 的条件数很小, 又可以用共轭梯度法求解它, 那么由共轭梯度法收敛性定理 4.10 后的注 4.3 可知, 其收敛速度会有大大改观. 但遗憾的是, 即使 $\boldsymbol{M}$ 和 $\boldsymbol{A}$ 都是对称的, 也未必能保证 $\boldsymbol{M}^{-1}\boldsymbol{A}$ 是对称的, 因此一般来说不能直接对式 (4.38) 使用共轭梯度法. 为了给出求解式 (4.38) 的算法, 下面不加证明地引入下列理论结果.

引理 4.3 设 $\boldsymbol{M}$ 和 $\boldsymbol{A}$ 都是 n 对称正定矩阵, 则

(1) $(\boldsymbol{x},\boldsymbol{y})_M = (\boldsymbol{M}\boldsymbol{x},\boldsymbol{y}) = (\boldsymbol{x},\boldsymbol{M}\boldsymbol{y})$ 定义了一种内积, 称为 $\boldsymbol{M}$–内积, 其中 $(\cdot,\cdot)$ 是欧几里得内积.

(2) $(\boldsymbol{M}^{-1}\boldsymbol{A}\boldsymbol{x},\boldsymbol{y})_M = (\boldsymbol{A}\boldsymbol{x},\boldsymbol{y}) = (\boldsymbol{x},\boldsymbol{A}\boldsymbol{y}) = (\boldsymbol{M}\boldsymbol{x},\boldsymbol{M}^{-1}\boldsymbol{A}\boldsymbol{y}) = (\boldsymbol{x},\boldsymbol{M}^{-1}\boldsymbol{A}\boldsymbol{y})_M$.

(3) $(\boldsymbol{M}^{-1}\boldsymbol{A}\boldsymbol{x},\boldsymbol{x})_M \geqslant 0$ 且仅当 $\boldsymbol{x}=\boldsymbol{0}$ 时等号成立.

根据上述引理, 可以平行于定理 4.7 给出如下结果.

定理 4.12 设矩阵 $\boldsymbol{A}, \boldsymbol{M} \in \mathbf{R}^{n\times n}$ 都是对称正定矩阵, $\boldsymbol{b} \in \mathbf{R}^n$, 则

$$\boldsymbol{M}^{-1}\boldsymbol{A}\boldsymbol{x}^* = \boldsymbol{M}^{-1}\boldsymbol{b} \iff \tilde{\varphi}(\boldsymbol{x}^*) = \min_{\boldsymbol{x}\in\mathbf{R}^n} \tilde{\varphi}(\boldsymbol{x}),$$

其中

$$\tilde{\varphi}(\boldsymbol{x})=\frac{1}{2}(\boldsymbol{M}^{-1}\boldsymbol{A}\boldsymbol{x},\boldsymbol{x})_M-(\boldsymbol{M}^{-1}\boldsymbol{b},\boldsymbol{x})_M.$$

至此, 可以在 $\boldsymbol{M}$–内积下讨论解式 (4.38) 的共轭梯度法. 于是可以把算法 4.5 改写成下面的预处理共轭梯度法.

算法 4.7 (预处理共轭梯度法)

(1) 给定初始点 $\boldsymbol{x}^{(0)}\in\mathbf{R}^n$, 容许误差 $\epsilon\geqslant 0$, 计算 $\boldsymbol{r}^{(0)}=\boldsymbol{M}^{-1}(\boldsymbol{b}-\boldsymbol{A}\boldsymbol{x}^{(0)})$, $\boldsymbol{p}^{(0)}:=\boldsymbol{r}^{(0)}$, 置 $k:=0$.

(2) 计算步长因子

$$\alpha_k=\frac{(\boldsymbol{r}^{(k)},\boldsymbol{r}^{(k)})}{(\boldsymbol{M}^{-1}\boldsymbol{A}\boldsymbol{p}^{(k)},\boldsymbol{p}^{(k)})},$$

置 $\boldsymbol{x}^{(k+1)}=\boldsymbol{x}^{(k)}+\alpha_k\boldsymbol{p}^{(k)}$, $\boldsymbol{r}^{(k+1)}=\boldsymbol{r}^{(k)}-\alpha_k\boldsymbol{M}^{-1}\boldsymbol{A}\boldsymbol{p}^{(k)}$.

(3) 若 $\|\boldsymbol{r}^{(k+1)}\|\leqslant\epsilon$, 停算, 输出 $\boldsymbol{x}^{(k+1)}$ 作为近似解.

(4) 计算

$$\beta_k=\frac{(\boldsymbol{r}^{(k+1)},\boldsymbol{r}^{(k+1)})}{(\boldsymbol{r}^{(k)},\boldsymbol{r}^{(k)})},$$

置 $\boldsymbol{p}^{(k+1)}=\boldsymbol{r}^{(k+1)}+\beta_k\boldsymbol{p}^{(k)}$, $k:=k+1$ 转步骤 (2).

一般认为, 如果经过预处理后的系数矩阵 $\boldsymbol{M}^{-1}\boldsymbol{A}$ 的特征值更加聚集的话, 不管是用共轭梯度法还是广义极小残量法, 都会得到更好的收敛性结果.

习题 4

4.1 设 $\boldsymbol{A}\in\mathbf{R}^{n\times n}$ 对称正定, 其最小特征值和最大特征值分别为 λ_1, λ_n, 证明迭代法

$$\boldsymbol{x}^{(k+1)}=\boldsymbol{x}^{(k)}+\theta(\boldsymbol{b}-\boldsymbol{A}\boldsymbol{x}^{(k)})$$

收敛的充分必要条件是 $0<\theta<2/\lambda_n$.

4.2 设有线性方程组

$$\begin{cases}\boldsymbol{x}_1+0.4\boldsymbol{x}_2+0.4\boldsymbol{x}_3=1,\\ 0.4\boldsymbol{x}_1+\boldsymbol{x}_2+0.8\boldsymbol{x}_3=2,\\ 0.4\boldsymbol{x}_1+0.8\boldsymbol{x}_2+\boldsymbol{x}_3=3,\end{cases}$$

试考察此方程组的雅可比迭代法的收敛性.

4.3 设有线性方程组

$$\begin{cases}\boldsymbol{x}_1+2\boldsymbol{x}_2-2\boldsymbol{x}_3=1,\\ \boldsymbol{x}_1+\boldsymbol{x}_2+\boldsymbol{x}_3=1,\\ 2\boldsymbol{x}_1+2\boldsymbol{x}_2+\boldsymbol{x}_3=1,\end{cases}$$

试考察此方程组的高斯–赛德尔迭代法的收敛性.

4.4 设有线性方程组 $\boldsymbol{Ax}=\boldsymbol{b}$, 其中系数矩阵

$$\boldsymbol{A}=\begin{pmatrix}1 & 2 & -2\\ 1 & 1 & 1\\ 2 & 2 & 1\end{pmatrix},$$

证明雅可比迭代法收敛, 而高斯–赛德尔迭代法发散.

4.5 设有线性方程组 $\boldsymbol{Ax}=\boldsymbol{b}$, 其中系数矩阵

$$\boldsymbol{A}=\begin{pmatrix}2 & -1 & 1\\ 1 & 1 & 1\\ 1 & 1 & -2\end{pmatrix},$$

证明高斯–赛德尔迭代法收敛, 而雅可比迭代法发散.

4.6 设系数矩阵

$$\boldsymbol{A}=\begin{pmatrix}a & 1 & 3\\ 1 & a & 2\\ 3 & 2 & a\end{pmatrix},$$

问: (1) 当 a 取何值时, 雅可比迭代法收敛?

(2) 当 a 取何值时, 高斯–赛德尔迭代法收敛?

4.7 用高斯–赛德尔迭代法求解线性方程组

$$\begin{cases}x_1+ax_2=-2,\\ 2ax_1+x_2=1,\end{cases}$$

问当 a 取何值时, 迭代格式是收敛的.

4.8 分别写出解线性方程组

$$\begin{cases}x_1-5x_2+x_3=14,\\ x_1+x_2-4x_3=-13,\\ -8x_1+x_2+x_3=-7\end{cases}$$

收敛的雅可比迭代格式与高斯–赛德尔迭代格式.

4.9 设 $\boldsymbol{x}=\boldsymbol{Jx}+\boldsymbol{f}$, 其中

$$\boldsymbol{J}=\begin{pmatrix}0.9 & 0\\ 0.3 & 0.8\end{pmatrix},\quad \boldsymbol{f}=\begin{pmatrix}1\\ 2\end{pmatrix}.$$

证明: 虽然 $\|\boldsymbol{J}\|>1$, 但迭代法 $\boldsymbol{x}^{(k+1)}=\boldsymbol{Jx}^{(k)}+\boldsymbol{f}$ 收敛.

4.10 证明给定线性方程组雅可比迭代发散, 而高斯-塞德尔迭代收敛:

$$\begin{pmatrix}1 & \frac{1}{2} & \frac{1}{2}\\ \frac{1}{2} & 1 & \frac{1}{2}\\ \frac{1}{2} & \frac{1}{2} & 1\end{pmatrix}\begin{pmatrix}x_1\\ x_2\\ x_3\end{pmatrix}=\begin{pmatrix}1\\ 2\\ 3\end{pmatrix}.$$

4.11 证明给定线性方程组雅可比迭代收敛, 而高斯-塞德尔迭代发散:

$$\begin{pmatrix}1 & 0 & 1\\ -1 & 1 & 0\\ 1 & 2 & -3\end{pmatrix}\begin{pmatrix}x_1\\ x_2\\ x_3\end{pmatrix}=\begin{pmatrix}b_1\\ b_2\\ b_3\end{pmatrix}.$$

4.12 已知线性方程组

$$\begin{cases} 11x_1 - 5x_2 - 33x_3 = 1, \\ -22x_1 + 11x_2 + x_3 = 0, \\ x_1 - 4x_2 + 2x_3 = 1. \end{cases}$$

用两种不同的方法判别其迭代的收敛性.

实验题

4.1 利用算法 4.1 (雅可比迭代法), 编制 MATLAB 程序, 求下列线性方程组的近似解, 取初值 $\boldsymbol{x}^{(0)} = (0,0,0,0)^{\mathrm{T}}$.

(1) $$\begin{pmatrix} 14 & 4 & 4 & 4 \\ 4 & 14 & 4 & 4 \\ 4 & 4 & 14 & 4 \\ 4 & 4 & 4 & 14 \end{pmatrix} \begin{pmatrix} x_1 \\ x_2 \\ x_3 \\ x_4 \end{pmatrix} = \begin{pmatrix} -4 \\ 16 \\ 36 \\ 56 \end{pmatrix};$$

(2) $$\begin{pmatrix} 10.9 & 1.2 & 4.1 & 0.9 \\ 1.2 & 11.2 & 1.5 & 4.5 \\ 4.1 & 1.5 & 9.8 & 1.3 \\ 0.9 & 4.5 & 1.3 & 14.3 \end{pmatrix} \begin{pmatrix} x_1 \\ x_2 \\ x_3 \\ x_4 \end{pmatrix} = \begin{pmatrix} -7.0 \\ 5.3 \\ 10.3 \\ 24.6 \end{pmatrix}.$$

4.2 利用算法 4.2 (高斯–赛德尔迭代法), 编制 MATLAB 程序, 求下列线性方程组的近似解, 取初值 $\boldsymbol{x}^{(0)} = (0,0,0,0)^{\mathrm{T}}$.

(1) $$\begin{pmatrix} 6 & -2 & -1 & -1 \\ -2 & 12 & -1 & -1 \\ -1 & -1 & 6 & -2 \\ -1 & -1 & -1 & 12 \end{pmatrix} \begin{pmatrix} x_1 \\ x_2 \\ x_3 \\ x_4 \end{pmatrix} = \begin{pmatrix} -16 \\ 6 \\ 8 \\ 54 \end{pmatrix};$$

(2) $$\begin{pmatrix} 0.78 & -0.02 & -0.12 & -0.14 \\ -0.02 & 0.86 & -0.04 & -0.06 \\ -0.12 & -0.04 & 0.72 & -0.08 \\ -0.14 & -0.06 & -0.08 & 0.74 \end{pmatrix} \begin{pmatrix} x_1 \\ x_2 \\ x_3 \\ x_4 \end{pmatrix} = \begin{pmatrix} 0.76 \\ 0.08 \\ 1.12 \\ 0.68 \end{pmatrix}.$$

4.3 利用算法 4.3 (SOR 法), 编制 MATLAB 程序, 求下列线性方程组的近似解, 取初值 $\boldsymbol{x}^{(0)} = (0,0,0,0)^{\mathrm{T}}$, 松弛因子分别为 $\omega = 1.3$, $\omega = 1.1$.

(1) $$\begin{pmatrix} -4 & 1 & 1 & 1 \\ 1 & -4 & 1 & 1 \\ 1 & 1 & -4 & 1 \\ 1 & 1 & 1 & -4 \end{pmatrix} \begin{pmatrix} x_1 \\ x_2 \\ x_3 \\ x_4 \end{pmatrix} = \begin{pmatrix} 1 \\ 1 \\ 1 \\ 1 \end{pmatrix};$$

(2) $$\begin{pmatrix} 1 & 0 & -0.25 & -0.25 \\ 0 & 1 & -0.25 & -0.25 \\ -0.25 & -0.25 & 1 & 0 \\ -0.25 & -0.25 & 0 & 1 \end{pmatrix}\begin{pmatrix} x_1 \\ x_2 \\ x_3 \\ x_4 \end{pmatrix}=\begin{pmatrix} 0.5 \\ 0.5 \\ 0.5 \\ 0.5 \end{pmatrix}.$$

4.4 利用算法 4.5 (共轭梯度法), 编制 MATLAB 程序, 求线性方程组

$$\begin{pmatrix} 4 & -1 & 0 & -1 & 0 & 0 \\ -1 & 4 & -1 & 0 & -1 & 0 \\ 0 & -1 & 4 & 0 & 0 & -1 \\ -1 & 0 & 0 & 4 & -1 & 0 \\ 0 & -1 & 0 & -1 & 4 & -1 \\ 0 & 0 & -1 & 0 & -1 & 4 \end{pmatrix}\begin{pmatrix} x_1 \\ x_2 \\ x_3 \\ x_4 \\ x_5 \\ x_6 \end{pmatrix}=\begin{pmatrix} 2 \\ 1 \\ 2 \\ 2 \\ 1 \\ 2 \end{pmatrix}$$

的近似解, 取初值 $\boldsymbol{x}^{(0)}=(0,0,\cdots,0)^{\mathrm{T}}$, 使得最终迭代误差 $\boldsymbol{r}^{(k)}=\boldsymbol{b}-\boldsymbol{A}\boldsymbol{x}^{(k)}$ 达到 $\dfrac{\|\boldsymbol{r}^{(k)}\|_2}{\|\boldsymbol{r}^{(0)}\|_2}<10^{-6}$.

第 5 章　插值法与最小二乘拟合

已知函数 $y=f(x)$ 的一批数据 $(x_1,y_1),(x_2,y_2),\cdots,(x_n,y_n)$, 而函数的表达式未知, 要从某类函数 (如多项式函数、样条函数等) 中求得一个函数 $\varphi(x)$ 作为 $f(x)$ 的近似, 这类数值计算问题称为数据建模. 有时尽管 $y=f(x)$ 有表达式, 但比较复杂, 我们也利用该方法建立一个近似模型.

数据建模有两大类方法: 一类是插值方法, 要求所求函数 $\varphi(x)$ 严格遵从数据 (x_1,y_1), $(x_2,y_2),\cdots,(x_n,y_n)$; 另一类是拟合方法, 允许函数 $\varphi(x)$ 在数据点上有误差, 但要求达到某种误差指标最小化. 其中, 以误差向量的 2 范数为误差指标的数据拟合称为最小二乘拟合. 一般而言, 插值方法比较适合数据准确或数据量较小的情形, 而拟合方法则比较适合数据有误差或数据量较大的情形.

5.1　插值法的基本理论

在所有的插值法中, 最简单且应用最广泛的当属多项式插值. 因此, 本章主要讨论多项式插值, 首先介绍插值多项式及其相关概念.

5.1.1　插值多项式的概念

在众多的函数中, 多项式最简单、最容易计算. 因此, 已知函数 $y=f(x)$ 在 $n+1$ 个互不相同的点处的函数值 $y_i=f(x_i),\ i=0,1,\cdots,n$, 为求 $y=f(x)$ 的近似式, 首先考虑的自然应当是选取 n 次多项式

$$P_n(x)=a_0+a_1x+\cdots+a_nx^n, \tag{5.1}$$

使 $P_n(x)$ 满足条件

$$P_n(x_i)=y_i,\ \ i=0,1,\cdots,n. \tag{5.2}$$

函数 $f(x)$ 称为被插函数, $P_n(x)$ 称为插值多项式, 式 (5.2) 称为插值条件, $x_0,x_1,\cdots,x_n$ 称为插值节点. 这种求函数近似式的方法称为插值法.

满足插值条件式 (5.2) 的插值多项式 $P_n(x)$ 是唯一存在的. 事实上, 式 (5.2) 可看成未知数是 $a_0,a_1,\cdots,a_n$ 的线性方程组

$$\begin{cases} a_0+x_0a_1+\cdots+x_0^na_n=y_0, \\ a_0+x_1a_1+\cdots+x_1^na_n=y_1, \\ \qquad\qquad\vdots \\ a_0+x_na_1+\cdots+x_n^na_n=y_n. \end{cases} \tag{5.3}$$

因系数行列式为范德蒙行列式

$$D=\begin{vmatrix} 1 & x_0 & \cdots & x_0^n \\ 1 & x_1 & \cdots & x_1^n \\ \vdots & \vdots & \ddots & \vdots \\ 1 & x_n & \cdots & x_n^n \end{vmatrix}=\prod_{0\leqslant i<j\leqslant n}(x_j-x_i)\neq 0,$$

知式 (5.3) 必有唯一解.

5.1.2 插值基函数

所要求的插值多项式 $P_n(x)$ 是线性空间 $\mathcal{P}_n(x)$ (次数小于等于 n 的代数多项式的全体) 中的一个点. 根据线性空间的有关理论, 全体次数小于等于 n 的多项式构成的 $n+1$ 维线性空间的基底是不唯一的, 即一个 n 次多项式 $P_n(x)$ 可以写成多种形式. 所谓基函数法, 就是从线性空间的不同基底出发, 构造满足插值条件的插值多项式的方法.

用基函数法求插值多项式一般分为两个步骤: (1) 定义 $n+1$ 个线性无关的特殊多项式, 它们在插值法理论中称为插值基函数, 用 $\varphi_0(x),\varphi_1(x),\cdots,\varphi_n(x)$ 表示; (2) 利用插值条件, 确定插值基函数的线性组合表示的 n 次插值多项式

$$P_n(x)=a_0\varphi_0(x)+a_1\varphi_1(x)+\cdots+a_n\varphi_n(x) \tag{5.4}$$

的系数 $a_0,a_1,\cdots,a_n$.

5.1.3 插值多项式的截断误差

可以证明, 如果被插函数 $y=f(x)$ 在包含插值节点 $x_0,x_1,\cdots,x_n$ 的区间 $[a,b]$ 上存在 $n+1$ 阶导数, 则在区间 $[a,b]$ 任意点 x 处, 被插函数 $f(x)$ 与插值多项式 $P_n(x)$ 的截断误差为 (利用泰勒公式):

$$R_n(x)=f(x)-P_n(x)=\frac{f^{(n+1)}(\xi)}{(n+1)!}\omega(x), \tag{5.5}$$

其中 $\omega(x)=(x-x_0)(x-x_1)\cdots(x-x_n)=\prod\limits_{j=0}^{n}(x-x_j)$, ξ 介于 x 与节点 $x_0,x_1,\cdots,x_n$ 之间.

事实上, 当 x 为节点时, 式 (5.5) 两边皆为零, 等式显然成立. 下面假定 x 不是节点. 作辅助函数

$$\varphi(t)=R_n(t)-\frac{R_n(x)}{\omega(x)}\omega(t).$$

不难发现

$$\varphi(x)=R_n(x)-\frac{R_n(x)}{\omega(x)}\omega(x)=0,$$

$$\varphi(x_i)=f(x_i)-P_n(x_i)-\frac{R_n(x)}{\omega(x)}\omega(x_i)=0,\quad i=0,1,\cdots,n,$$

即 $\varphi(t)$ 存在 $n+2$ 个零点 $x,x_0,x_1,\cdots,x_n$. 由微分学的罗尔中值定理知 $\varphi'(t)$ 存在 $n+1$ 个零点. 同样, 对 $\varphi'(t)$ 使用罗尔定理, 知 $\varphi''(t)$ 存在 n 个零点. 依此递推最后得 $\varphi^{(n+1)}(t)$ 存在 1 个零点, 记为 ξ (介于 x 与 $x_0,x_1,\cdots,x_n$ 之间). 直接计算, 得

$$\varphi^{(n+1)}(t)\quad=\quad R_n^{(n+1)}(t)-\frac{R_n(x)}{\omega(x)}\omega^{(n+1)}(t)$$

$$= \quad f^{(n+1)}(t) - \frac{R_n(x)}{\omega(x)}(n+1)!,$$

从而由 $\varphi^{(n+1)}(\xi)=0$ 立刻得到式 (5.5).

例 5.1 已知 $\omega(x)=\prod\limits_{i=0}^{n}(x-x_i)$, 求证

$$\omega'(x_k)=\prod_{i=0,i\neq k}^{n}(x_k-x_i),\quad k=1,2,\cdots,n.$$

证 因为

$$\omega(x)=\prod_{i=0}^{n}(x-x_i)=(x-x_k)\prod_{i=0,i\neq k}^{n}(x-x_i),\quad k=1,2,\cdots,n.$$

求导数得

$$\omega'(x)=\prod_{i=0,i\neq k}^{n}(x-x_i)+(x-x_k)\frac{\mathrm{d}}{\mathrm{d}x}\Big[\prod_{i=0,i\neq k}^{n}(x-x_i)\Big].$$

由此即得

$$\omega'(x_k)=\prod_{i=0,i\neq k}^{n}(x_k-x_i),\quad k=1,2,\cdots,n.$$

5.2 拉格朗日插值法

5.2.1 拉格朗日插值基函数

前面已经讨论过, 满足插值条件式 (5.2) 的插值多项式 (5.1) 是唯一存在的, 它的系数可以通过求解式 (5.3) 得到. 但由于求解线性方程组的计算量较大, 且当 n 较大时, 式 (5.3) 是一个病态方程组, 求解不可靠. 可以通过"基函数法"得到拉格朗日插值多项式, 从而不必解线性方程组, 避免了范德蒙矩阵的病态现象.

定义 5.1 若存在一个次数为 n 的多项式 $l_i(x)$ 满足

$$l_i(x_j)=\begin{cases}1, & j=i,\\ 0, & j\neq i,\end{cases}\tag{5.6}$$

则称 $l_i(x)$ 为节点 $x_j\,(j=0,1,\cdots,n)$ 上的拉格朗日基函数, i 为某个固定的非负整数.

根据定义 5.1 不难求出 l_i 的表达式. 事实上, 因 $x_0,x_1,\cdots,x_{i-1},x_{i+1},\cdots,x_n$ 是 $l_i(x)$ 的 n 个零点, 故可设

$$l_i(x)=A_i(x-x_0)(x-x_1)\cdots(x-x_{i-1})(x-x_{i+1})\cdots(x-x_n),$$

式中: A_i 是待定系数. 再由条件 $l_i(x_i)=1$ 可确定 A_i. 于是

$$\begin{aligned} l_i(x) &= \frac{(x-x_0)(x-x_1)\cdots(x-x_{i-1})(x-x_{i+1})\cdots(x-x_n)}{(x_i-x_0)(x_i-x_1)\cdots(x_i-x_{i-1})(x_i-x_{i+1})\cdots(x_i-x_n)} \\ &= \prod_{j=0,j\neq i}^{n}\frac{x-x_j}{x_i-x_j}. \end{aligned} \tag{5.7}$$

取 $i=0,1,\cdots,n$, 即得到 $n+1$ 个拉格朗日基函数.

5.2.2 拉格朗日插值及其 MATLAB 程序

设已知 $x_0,x_1,\cdots,x_n$ 及 $y_i=f(x_i)\,(i=0,1,\cdots,n)$, $L_n(x)$ 为不超过 n 次的多项式, 利用拉格朗日基函数式 (5.7), 令

$$L_n(x)=\sum_{i=0}^{n}l_i(x)y_i=\sum_{i=0}^{n}\left(\prod_{j=0,j\neq i}^{n}\frac{x-x_j}{x_i-x_j}\right)y_i, \tag{5.8}$$

则不难验证, 这样构造出的 $L_n(x)$ 满足插值条件, 即

$$L_n(x_i)=\sum_{j=0}^{n}l_j(x_i)y_j=y_i\,(i=0,1,\cdots,n).$$

由插值多项式的存在唯一性, 式 (5.8) 即为 n 阶拉格朗日插值公式.

当 $n=1$ 时, 拉格朗日插值多项式 (5.8) 为 $L_1(x)=l_0(x)y_0+l_1(x)y_1$, 即

$$L_1(x)=\frac{x-x_1}{x_0-x_1}y_0+\frac{x-x_0}{x_1-x_0}y_1. \tag{5.9}$$

用 $L_1(x)$ 近似代替 $f(x)$ 称为线性插值, 式 (5.9) 称为线性插值多项式或一次插值多项式.

当 $n=2$ 时, 拉格朗日插值多项式 (5.8) 为 $L_2(x)=l_0(x)y_0+l_1(x)y_1+l_2(x)y_2$, 即

$$L_2(x)=\frac{(x-x_1)(x-x_2)}{(x_0-x_1)(x_0-x_2)}y_0+\frac{(x-x_0)(x-x_2)}{(x_1-x_0)(x_1-x_2)}y_1+\frac{(x-x_0)(x-x_1)}{(x_2-x_0)(x_2-x_1)}y_2. \tag{5.10}$$

用 $L_2(x)$ 近似代替 $f(x)$ 称为二次插值或抛物线插值, 式 (5.10) 称为二次插值多项式.

下面讨论拉格朗日插值的误差. 由式 (5.5) 的推导, 有定理 5.1.

定理 5.1 设 $f(x)$ 在包含插值节点 $x_0,x_1,\cdots,x_n$ 的区间 $[a,b]$ 上 $n+1$ 次连续可微, $L_n(x)$ 是相应的 n 次拉格朗日插值多项式, 则对任意的 $x\in[a,b]$, 存在与 x 有关的 $\xi\in(a,b)$, 使得

$$R_n(x)=\frac{f^{(n+1)}(\xi)}{(n+1)!}\omega(x), \tag{5.11}$$

其中

$$\omega(x)=(x-x_0)(x-x_1)\cdots(x-x_n)=\prod_{j=0}^{n}(x-x_j). \tag{5.12}$$

式 (5.11) 中的 $f^{(n+1)}(\xi)$ 难以确定, 但其在 $[a,b]$ 的上界往往可以估计. 记

$$M_{n+1}=\max_{a\leqslant\xi\leqslant b}|f^{(n+1)}(\xi)|,$$

则

$$|R_n(x)|\leqslant\frac{M_{n+1}}{(n+1)!}|\omega(x)|. \tag{5.13}$$

例 5.2 已知函数表 $\sin\dfrac{\pi}{6}=0.5000$, $\sin\dfrac{\pi}{4}=0.7071$, $\sin\dfrac{\pi}{3}=0.8660$, 分别由线性插值和抛物插值求 $\sin\dfrac{2\pi}{9}$ 的近似值, 并估计其精度.

解 (1) 线性插值只需要两个节点, 根据余项公式选取前两个节点.

$$\begin{aligned}\sin\frac{2\pi}{9}&\approx L_1\left(\frac{2\pi}{9}\right)=\frac{\frac{2\pi}{9}-\frac{\pi}{4}}{\frac{\pi}{6}-\frac{\pi}{4}}\times0.5000+\frac{\frac{2\pi}{9}-\frac{\pi}{6}}{\frac{\pi}{4}-\frac{\pi}{6}}\times0.7071\\&=\frac{1}{3}\times0.5000+\frac{2}{3}\times0.7071=0.6381.\end{aligned}$$

截断误差为

$$\left|R_1\left(\frac{2\pi}{9}\right)\right|=\left|\frac{(\sin x)''}{2!}\left(\frac{2\pi}{9}-\frac{\pi}{6}\right)\left(\frac{2\pi}{9}-\frac{\pi}{4}\right)\right|\leqslant\frac{1}{2}\times\frac{\pi}{18}\times\frac{\pi}{36}=7.615\times10^{-3},$$

得 $\varepsilon=7.615\times10^{-3}<0.5\times10^{-1}$, 因此计算结果至少有 1 位有效数字.

(2) 由式 (5.10), 得

$$\begin{aligned}\sin\frac{2\pi}{9}&\approx L_2\left(\frac{2\pi}{9}\right)=\frac{(\frac{2\pi}{9}-\frac{\pi}{4})(\frac{2\pi}{9}-\frac{\pi}{3})}{(\frac{\pi}{6}-\frac{\pi}{4})(\frac{\pi}{6}-\frac{\pi}{3})}\times0.5000\\&\quad+\frac{(\frac{2\pi}{9}-\frac{\pi}{6})(\frac{2\pi}{9}-\frac{\pi}{3})}{(\frac{\pi}{4}-\frac{\pi}{6})(\frac{\pi}{4}-\frac{\pi}{3})}\times0.7071\\&\quad+\frac{(\frac{2\pi}{9}-\frac{\pi}{6})(\frac{2\pi}{9}-\frac{\pi}{4})}{(\frac{\pi}{3}-\frac{\pi}{6})(\frac{\pi}{3}-\frac{\pi}{4})}\times0.8660\\&=\frac{2}{9}\times0.5+\frac{8}{9}\times0.7071-\frac{1}{9}\times0.866=0.6434.\end{aligned}$$

截断误差为

$$\begin{aligned}\left|R_2\left(\frac{2\pi}{9}\right)\right|&=\left|\frac{(\sin x)'''}{3!}\left(\frac{2\pi}{9}-\frac{\pi}{6}\right)\left(\frac{2\pi}{9}-\frac{\pi}{4}\right)\left(\frac{2\pi}{9}-\frac{\pi}{3}\right)\right|\\&\leqslant\frac{1}{6}\times\frac{\pi}{18}\times\frac{\pi}{36}\times\frac{\pi}{36}=8.861\times10^{-4},\end{aligned}$$

得 $\varepsilon=8.861\times10^{-4}<0.5\times10^{-2}$, 因此计算结果至少有 2 位有效数字.

现在考虑拉格朗日插值公式的 MATLAB 实现. 根据式 (5.8), 编写下列程序, 可对于给定的数据求得插值点的插值结果. 注意, 该程序并不能输出插值多项式的表达式.

• 拉格朗日插值 MATLAB 程序

```
%程序5.1--mlagr.m
function yp=mlagr(x,y,xp)
%用途：拉格朗日插值法求解
%格式：yp=malagr(x,y,xp)，x是节点向量，y是节点对应的函
%数值向量，xp是插值点(可以是多个)，yp返回插值结果
n=length(x); m=length(xp);
yp=zeros(1,m);  c1=ones(n-1,1); c2=ones(1,m);
for i=1:n
   xb=x([1:i-1,i+1:n]);
   yp=yp+y(i)*prod((c1*xp-xb'*c2)./(x(i)-xb'*c2));
end
```

例 5.3 用上面的程序 mlagr.m 求解例 5.2.

解 在 MATLAB 命令窗口执行下列命令：

```
>> x=pi*[1/6 1/4];
>> y=[0.5 0.7071]; xx=2*pi/9;
>> yy1=mlagr(x,y,xx)
yy1 =
     0.6381
>> x=pi*[1/6 1/4 1/3];
>> y=[0.5 0.7071 0.8660]; xx=2*pi/9;
>> yy2=mlagr(x,y,xx)
yy2 =
     0.6434
```

5.3 牛顿插值法

由于拉格朗日插值公式计算缺少递推关系, 每次新增加节点需要重新计算, 高次插值无法利用低次插值的结果. 通过引进差商的概念, 可以给出一种在增加节点时可对拉格朗日插值多项式进行递推计算的方法. 该方法称为牛顿插值法.

5.3.1 差商及其性质

首先给出差商的定义.

定义 5.2 设已知 $x_0, x_1, \cdots, x_n$, 称

$$f[x_0, x_k] = \frac{f(x_k) - f(x_0)}{x_k - x_0}, \quad k = 1, 2, \cdots, n,$$

为 $f(x)$ 关于节点 x_0, x_k 的一阶差商. 称

$$f[x_0,x_1,x_k]=\frac{f[x_0,x_k]-f[x_0,x_1]}{x_k-x_1},\quad k=2,\cdots,n,$$

为 $f(x)$ 关于节点 x_0, x_1, x_k 的二阶差商. 一般地, 若定义了 $k-1$ 阶差商, 则称

$$f[x_0,x_1,\cdots,x_k]=\frac{f[x_0,\cdots,x_{k-2},x_k]-f[x_0,\cdots,x_{k-2},x_{k-1}]}{x_k-x_{k-1}},\quad 2\leqslant k\leqslant n$$

为 $f(x)$ 关于节点 $x_0,x_1,\cdots,x_k$ 的 k 阶差商.

例 5.4 设已知 $f(0)=1$, $f(-1)=5$, $f(2)=-1$, 分别求 $f[0,-1,2]$ 和 $f[-1,2,0]$.

解 因

$$f[0,-1]=\frac{f(-1)-f(0)}{-1-0}=-4,\ f[0,2]=\frac{f(2)-f(0)}{2-0}=-1,$$

故

$$f[0,-1,2]=\frac{f[0,2]-f[0,-1]}{2-(-1)}=\frac{(-1)-(-4)}{3}=1.$$

又

$$f[-1,2]=\frac{f(2)-f(-1)}{2-(-1)}=-2,\quad f[-1,0]=\frac{f(0)-f(-1)}{0-(-1)}=-4,$$

所以

$$f[-1,2,0]=\frac{f[-1,0]-f[-1,2]}{0-2}=\frac{(-4)-(-2)}{-2}=1.$$

由本例可知, $f[0,-1,2]=f[-1,2,0]$, 这不是偶然的. 事实上, 差商具有下列三条基本性质:

(1) 差商可以表示为节点函数值的线性组合. 用数学归纳法可以证明

$$f[x_0,x_1,\cdots,x_k]=\sum_{i=0}^{k}\frac{f(x_i)}{\omega'(x_i)},\quad \omega'(x_i)=\prod_{j=0,j\neq i}^{k}(x_i-x_j).$$

(2) 差商关于所含节点是对称的, 即差商与节点的排列次序无关.

(3) 设 $f(x)$ 在含有节点 $x_0,x_1,\cdots,x_n$ 的区间 $[a,b]$ 上具有 n 阶导数, 则至少存在一点 $\xi\in(a,b)$, 使得

$$f[x_0,x_1,\cdots,x_n]=\frac{f^{(n)}(\xi)}{n!}.$$

上述性质 (3) 解释了差商与导数之间的关系, 5.3.2 节将给出它的证明.

5.3.2 牛顿插值公式

设已知 $x_0, x_1, \cdots, x_n$ 及 $y_i = f(x_i)\,(i = 0, 1, \cdots, n)$, 由差商的定义, 当 $x \neq x_i\,(i = 0, 1, \cdots, n)$ 时, 由

$$f[x_0, x] = \frac{f(x) - f(x_0)}{x - x_0} \Rightarrow f(x) = f(x_0) + f[x_0, x](x - x_0),$$

$$\begin{aligned} f[x_0, x_1, x] &= \frac{f[x_0, x] - f[x_0, x_1]}{x - x_1} \\ &\Rightarrow f[x_0, x] = f[x_0, x_1] + f[x_0, x_1, x](x - x_1), \end{aligned}$$

从而

$$f(x) = f(x_0) + f[x_0, x_1](x - x_0) + f[x_0, x_1, x](x - x_0)(x - x_1).$$

依此类推, 得

$$\begin{aligned} f(x) &= f(x_0) + f[x_0, x_1](x - x_0) + f[x_0, x_1, x_2](x - x_0)(x - x_1) \\ &\quad + \cdots + f[x_0, x_1, \cdots, x_n](x - x_0)(x - x_1)\cdots(x - x_{n-1}) \\ &\quad + f[x_0, x_1, \cdots, x_n, x](x - x_0)\cdots(x - x_{n-1})(x - x_n) \\ &= N_n(x) + R_n(x), \end{aligned}$$

其中

$$\begin{aligned} N_n(x) &= f(x_0) + f[x_0, x_1](x - x_0) + f[x_0, x_1, x_2](x - x_0)(x - x_1) \\ &\quad + \cdots + f[x_0, x_1, \cdots, x_n](x - x_0)(x - x_1)\cdots(x - x_{n-1}) \end{aligned} \tag{5.14}$$

及

$$R_n(x) = f[x_0, x_1, \cdots, x_n, x]\omega(x), \quad \omega(x) = \prod_{j=0}^{n}(x - x_j). \tag{5.15}$$

由于 $N_n(x)$ 为不超过 n 次的多项式, 且满足

$$N_n(x_i) = f(x_i) - R_n(x_i) = f(x_i) = y_i, \quad i = 0, 1, \cdots, n,$$

故由插值多项式的唯一性知, $N_n(x) = L_n(x)$ 恰为 $f(x)$ 关于节点 $x_0, x_1, \cdots, x_n$ 的拉格朗日插值多项式. 再由

$$R_n(x) = f(x) - N_n(x) = f(x) - L_n(x) = \frac{f^{(n+1)}(\xi)}{(n+1)!}\omega(x),$$

结合式 (5.15), 得

$$f[x_0, x_1, \cdots, x_n, x] = \frac{f^{(n+1)}(\xi)}{(n+1)!}, \quad \xi \text{ 介于 } x_0, \cdots, x_n \text{ 及 } x \text{ 之间}.$$

从而有

$$f[x_0,x_1,\cdots,x_n]=\frac{f^{(n)}(\xi)}{n!},\ \xi \text{ 介于 } x_0,\cdots,x_n \text{ 之间}. \tag{5.16}$$

由式 (5.14) 给出的 $N_n(x)$ 称为 $f(x)$ 关于节点 $x_0,x_1,\cdots,x_n$ 的牛顿插值多项式. 这种方法在增加节点时可方便地进行递推计算.

例 5.5 用牛顿插值求解例 5.2. 若进一步利用 $\sin\frac{\pi}{2}=1$ 应如何计算?

解 $f(x)$ 关于节点 $\frac{\pi}{6}$, $\frac{\pi}{4}$, $\frac{\pi}{3}$ 的各阶差商计算结果如下:

x_k	$f(x_k)$	$f[x_0,x_k]$	$f[x_0,x_1,x_k]$
$\pi/6$	0.5000		
$\pi/4$	0.7071	0.7911	
$\pi/3$	0.8660	0.6990	−0.3518

从而由式 (5.14), 得

线性插值:

$$\sin\frac{2\pi}{9}\approx N_1\Big(\frac{2\pi}{9}\Big)=0.5000+0.7911\times\Big(\frac{2\pi}{9}-\frac{\pi}{6}\Big)=0.6381.$$

抛物插值:

$$\begin{aligned}\sin\frac{2\pi}{9}\approx N_2\Big(\frac{2\pi}{9}\Big)&=N_1\Big(\frac{2\pi}{9}\Big)-0.3518\times\Big(\frac{2\pi}{9}-\frac{\pi}{6}\Big)\times\Big(\frac{2\pi}{9}-\frac{\pi}{4}\Big)\\&=0.6381+0.3518\times\frac{\pi}{18}\times\frac{\pi}{36}=0.6434.\end{aligned}$$

进一步利用 $\sin\frac{\pi}{2}$ 得三阶差商如下

x_k	$f(x_k)$	$f[x_0,x_k]$	$f[x_0,x_1,x_k]$	$f[x_0,x_1,x_2,x_k]$
$\pi/6$	0.5000			
$\pi/4$	0.7071	0.7911		
$\pi/3$	0.8660	0.6990	−0.3518	
$\pi/2$	1.0000	0.4775	−0.3993	−0.09072

得

$$\begin{aligned}&\sin\frac{2\pi}{9}\approx N_3\Big(\frac{2\pi}{9}\Big)\\&=N_2\Big(\frac{2\pi}{9}\Big)-0.09072\times\Big(\frac{2\pi}{9}-\frac{\pi}{6}\Big)\times\Big(\frac{2\pi}{9}-\frac{\pi}{4}\Big)\times\Big(\frac{2\pi}{9}-\frac{\pi}{3}\Big)\\&=0.6434-0.09072\times\frac{\pi}{18}\times\frac{\pi}{36}.\times\frac{\pi}{9}=0.6429.\end{aligned}$$

对照例 5.2 的运算过程可见, 使用牛顿插值各阶插值之间有递推关系, 当增加节点时计算要方便得多.

5.3.3 牛顿插值法的 MATLAB 程序

根据式 (5.14), 可编制下列程序:

- 牛顿插值 MATLAB 程序

```
%程序5.2--mnewp.m
function yy=mnewp(x,y,xx)
%用途: 拉格朗日插值法求解
%格式: yy=mnewp(x,y,xx), x是节点向量, y是节点对应的函
%数值向量, xx是插值点(可以是多个), yy返回插值结果
n=length(x);
syms t; yy=y(1);
y1=0; lx=1;
for i=1:n-1
   for j=i+1:n
      y1(j)=(y(j-1)-y(j))/(x(j-i)-x(j));  %计算差商
   end
   c(i)=y1(i+1); lx=lx*(t-x(i));
   yy=yy+c(i)*lx;          %计算牛顿插值多项式的值
   y=y1;
end
if nargin==3
   yy=subs(yy,'t',xx);
else
   yy=collect(yy);
   yy=vpa(yy,6);
end
```

例 5.6 利用程序 5.2 (mnewp.m) 求解例 5.5.

解 在 MATLAB 命令窗口执行下列命令:

```
>> x=pi*[1/6 1/4 1/3 1/2];
>> y=[0.5 0.7071 0.8660 1];
>> xx=2*pi/9;
>> yy=mnewp(x,y,xx)
```

得到结果:

```
yy=
   0.6429
```

5.4 厄尔米特插值及分段插值

5.4.1 两点三次厄尔米特插值

拉格朗日插值仅考虑节点的函数值约束, 而一些插值问题还需要在某些节点具有插值函数与被插值函数的导数值的一致性. 具有节点的导数值约束的插值称为 Hermite 插值. 下面采取与拉格朗日插值完全平行的过程讨论一种特殊的三次厄尔米特插值多项式的构造及其余项, 它与样条插值有密切联系.

已知 x_0, x_1, $y_0 = f(x_0)$, $y_1 = f(x_1)$ 及 $y_0' = f'(x_0)$, $y_1' = f'(x_1)$, 求不超过三次的多项式 $H_3(x)$ 使满足

$$H_3(x_0) = y_0,\ \ H_3(x_1) = y_1,\ \ H_3'(x_0) = y_0',\ \ H_3'(x_1) = y_1'. \tag{5.17}$$

首先, 当 $x_0 \neq x_1$, 不难证明, $H_3(x)$ 存在唯一.

其次, 用基函数法导出 $H_3(x)$ 的计算公式. 记 $h = x_1 - x_0$, 引入变量代换

$$\bar{x} = \frac{x - x_0}{h},$$

并令 $\bar{f}(\bar{x}) = f(x)$, 则 $\bar{f}(0) = y_0$, $\bar{f}(1) = y_1$ 及 $\bar{f}'(0) = y_0'$, $\bar{f}'(1) = y_1'$. 参照 n 阶拉格朗日插值多项式的“基函数法”, 令

$$H_3(x) = \alpha_0(\bar{x})y_0 + \alpha_1(\bar{x})y_1 + h\beta_0(\bar{x})y_0' + h\beta_1(\bar{x})y_1', \tag{5.18}$$

式中: $\alpha_0(\bar{x})$, $\alpha_1(\bar{x})$, $\beta_0(\bar{x})$, $\beta_1(\bar{x})$ 均为三次多项式, 且满足

$$\begin{array}{llll}
\alpha_0(0) = 1, & \alpha_1(0) = 0, & \beta_0(0) = 0, & \beta_1(0) = 0,\\
\alpha_0(1) = 0, & \alpha_1(1) = 1, & \beta_0(1) = 0, & \beta_1(1) = 0,\\
\alpha_0'(0) = 0, & \alpha_1'(0) = 0, & \beta_0'(0) = 1, & \beta_1'(0) = 0,\\
\alpha_0'(1) = 0, & \alpha_1'(1) = 0, & \beta_0'(1) = 0, & \beta_1'(1) = 1.
\end{array}$$

由 $\alpha_0(\bar{x})$ 的第 2 个和第 4 个约束条件, 可设 $\alpha_0(\bar{x}) = (a\bar{x} + b)(\bar{x} - 1)^2$, 再利用第 1 个和第 3 个约束条件可得 $a = 2$, $b = 1$. 这样, $\alpha_0(\bar{x}) = (2\bar{x} + 1)(\bar{x} - 1)^2$. 类似可求出 $\alpha_1(\bar{x})$, $\beta_0(\bar{x})$, $\beta_1(\bar{x})$ 的表达式. 有

$$\begin{aligned}
&\alpha_0(\bar{x}) = 2\bar{x}^3 - 3\bar{x}^2 + 1, \quad \alpha_1(\bar{x}) = -2\bar{x}^3 + 3\bar{x}^2,\\
&\beta_0(\bar{x}) = \bar{x}^3 - 2\bar{x}^2 + \bar{x}, \qquad \beta_1(\bar{x}) = \bar{x}^3 - \bar{x}^2.
\end{aligned} \tag{5.19}$$

故所求的三次厄尔米特插值多项式 $H_3(x)$ 为

$$\begin{aligned}
H_3(x) \ = \ & \alpha_0\Big(\frac{x - x_0}{h}\Big)y_0 \ + \ \alpha_1\Big(\frac{x - x_0}{h}\Big)y_1\\
+ \ & h\beta_0\Big(\frac{x - x_0}{h}\Big)y_0' \ + \ h\beta_1\Big(\frac{x - x_0}{h}\Big)y_1'.
\end{aligned} \tag{5.20}$$

最后, 导出 $H_3(x)$ 的余项 $R_3(x) = f(x) - H_3(x)$. 构造辅助函数

$$\varphi(t) = R_3(t) - \frac{R_3(x)}{\pi(x)}\pi(t), \quad \pi(t) = (t - x_0)^2(t - x_1)^2.$$

类似于拉格朗日插值余项的推导过程, 并注意到 $\varphi'(x_0) = \varphi'(x_1) = 0$, 可导出

$$R_3(x) = f(x) - H_3(x) = \frac{f^{(4)}(\xi)}{4!}(x - x_0)^2(x - x_1)^2, \tag{5.21}$$

其中, x_0, x_1, $x \in [a, b]$, $f(x)$ 在 $[a, b]$ 上有四阶连续导数, ξ 介于 x 及 x_0, x_1 之间.

例 5.7 设 $f(x) = \ln x$, 给定 $f(1) = 0$, $f(2) = 0.69315$, $f'(1) = 1$, $f'(2) = 0.5$. 用三次厄尔米特插值多项式 $H_3(x)$ 来计算 $f(1.5)$ 的近似值.

解 这里 $x_0 = 1$, $x_1 = 2$, $h = x_1 - x_0 = 1$. 则由式 (5.19) 和式 (5.20), 得

$$\begin{aligned} H_3(1.5) &= \alpha_0\Big(\frac{1.5-1}{1}\Big) \times 0 + \alpha_1\Big(\frac{1.5-1}{1}\Big) \times 0.69315 \\ &\quad + 1 \times \beta_0\Big(\frac{1.5-1}{1}\Big) \times 1 + 1 \times \beta_1\Big(\frac{1.5-1}{1}\Big) \times 0.5 \\ &= 0.69315 \times \alpha_1(0.5) + \beta_0(0.5) + 0.5 \times \beta_1(0.5). \end{aligned}$$

注意到

$$\begin{aligned} &\alpha_1(0.5) = -2 \times 0.5^3 + 3 \times 0.5^2 = 0.5, \\ &\beta_0(0.5) = 0.5^3 - 2 \times 0.5^2 + 0.5 = 0.125, \\ &\beta_1(0.5) = 0.5^3 - 0.5^2 = -0.125, \end{aligned}$$

故

$$f(1.5) \approx H_3(1.5) = 0.69315 \times 0.5 + 0.125 - 0.5 \times 0.125 = 0.409075.$$

5.4.2 高阶插值的 Runge 现象

从拉格朗日插值余项公式的分母部分可以发现, 节点数的增加对提高插值精度是有利的, 但这只是问题的一个方面. 以下讨论的著名例子揭示了问题的另一方面, 即并非插值节点越多精度越高.

例 5.8 设

$$f(x) = \frac{1}{1 + x^2},$$

分别讨论将区间 $[-5, 5]$ 5 等分和 10 等分后, 拉格朗日插值的效果.

解 根据拉格朗日插值法通用程序 mlagr.m, 编写下面的 MATLAB 程序:

```
%程序5.3--mrunge.m
function mrunge( )
%高阶插值的Runge现象
xx=-5:0.05:5; y=1./(1+xx.^2);
x1=-5:2:5;  y1=1./(1+x1.^2);
x2=-5:1:5;  y2=1./(1+x2.^2);
yy1=mlagr(x1,y1,xx);
yy2=mlagr(x2,y2,xx);
plot(xx,yy1,'k-.');  hold on
plot(xx,yy2,'k-.'); plot(xx,y,'k');
legend('10次多项式插值','5次多项式插值','被插函数的图形');
axis([-5 5 -0.5 2])
```

在 MATLAB 命令窗口键入"mrunge", 得到 $L_5(x)$ 和 $L_{10}(x)$ 的图像, 如图 5.1 所示.

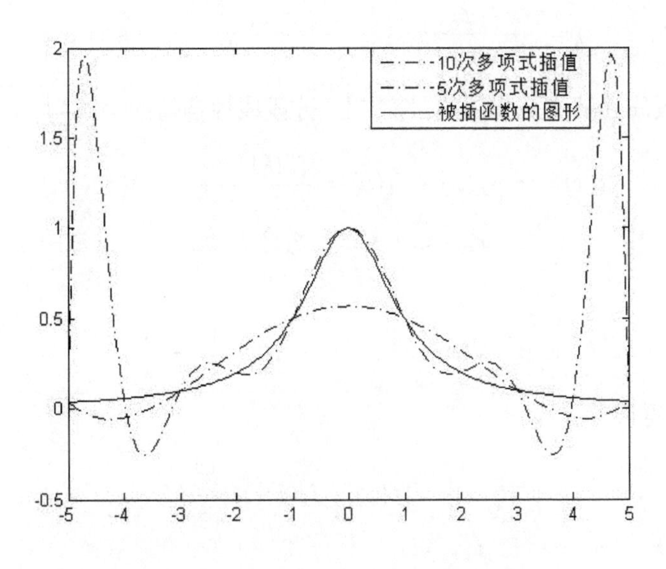

图 5.1 高阶插值的 Runge 现象

分析插值结果可以发现, 在 $[-5,-4]\cap[4,5]$ 部分, $L_{10}(x)$ 比 $L_5(x)$ 效果更差, 这种高阶插值的振荡现象称为 Runge 现象. 从式 (5.5) 不难找出 Runge 现象发生的原因. 事实上, 由于

$$f(x)=\frac{1}{1+x^2}=\frac{1}{2i}\Big(\frac{1}{x-i}-\frac{1}{x+i}\Big),$$

得

$$f^{(n+1)}(x)=\frac{(-1)^{n+1}}{2i}(n+1)!\Big[\frac{1}{(x-i)^{n+2}}-\frac{1}{(x+i)^{n+2}}\Big].$$

从而

$$
\begin{aligned}
f(x)-L_n(x) &= \frac{(-1)^{n+1}}{2i}\Big[\frac{1}{(\xi-i)^{n+2}}-\frac{1}{(\xi+i)^{n+2}}\Big]\omega(x)\\
&= \frac{(-1)^{n+1}\omega(x)}{(\xi^2+1)^{n/2+1}}\sin(n+2)\theta\,,
\end{aligned}
$$

式中: $\theta=\arctan\frac{1}{\xi}$. 当 $n\to\infty$ 时, 无法保证余项的收敛性.

5.4.3 分段线性插值及其 MATLAB 程序

避免高阶插值 Runge 现象的基本方法是使用分段函数进行分段插值. 本节和 5.4.4 节分别介绍分段线性插值 $I_1(x)$ 和分段三次厄尔米特插值 $I_3(x)$.

设已知 $x_0<x_1<\cdots<x_n$ 及 $y_i=f(x_i)\,(i=0,1,\cdots,n)$, $I_1(x)$ 为区间 $[x_{i-1},x_i]$ 上不超过 1 次的多项式, 且满足 $I_1(x_{i-1})=y_{i-1}$, $I_1(x_i)=y_i\,(i=0,1,\cdots,n)$. 由线性插值公式, 得

$$
I_1(x)=\frac{x-x_i}{x_{i-1}-x_i}y_{i-1}+\frac{x-x_{i-1}}{x_i-x_{i-1}}y_i,\quad x_{i-1}\leqslant x\leqslant x_i. \tag{5.22}
$$

可以证明, 分段线性插值是收敛的. 事实上, 分段线性插值的余项为

$$
\begin{aligned}
R_1(x) &= f(x)-I_1(x)=\frac{f''(\xi)}{2}(x-x_{i-1})(x-x_i),\\
&\quad x_{i-1}\leqslant x\leqslant x_i,\ \ \xi \text{ 介于 } x_{i-1} \text{ 与 } x_i \text{ 之间}.
\end{aligned} \tag{5.23}
$$

由于

$$
\max_{x_{i-1}\leqslant x\leqslant x_i}|(x-x_{i-1})(x-x_i)|=\frac{(x_i-x_{i-1})^2}{4},
$$

故由式 (5.23) 得误差上界

$$
|R_1(x)|=|f(x)-I_1(x)|\leqslant\frac{h^2}{8}M_2,. \tag{5.24}
$$

其中

$$
h=\max_{1\leqslant i\leqslant n}(x_i-x_{i-1}),\quad M_2=\max_{x_0\leqslant x\leqslant x_n}|f''(x)|.
$$

由式 (5.24) 立知, 当 $h\to 0$ 时, $I_1(x)\to f(x)$.

根据式 (5.22), 可编制下列程序:

- 分段线性插值 MATLAB 程序

```
%程序5.4--mpiece1.m
function yy=mpiece1(x,y,xx)
%用途: 分段线性插值
```

```
%格式: yy=mpiece1(x,y,xy), x是节点向量, y是节点对应的函
%数值向量, xx是插值点(可以是多个), yy返回插值结果
n=length(x);
for j=1:length(xx)
for i=2:n
if xx(j)<x(i)
yy(j)=y(i-1)*(xx(j)-x(i))/(x(i-1)-x(i))+y(i)*(xx(j)-x(i-1))/(x(i)-x(i-1));
break;
end
end
end
```

例 5.9 利用程序 5.4 (mpiece1.m) 求解例 5.5.

解 在 MATLAB 命令窗口执行下列命令:

```
>> x=pi*[1/6 1/4 1/3 1/2];
>> y=[0.5 0.7071 0.8660 1];
>> xx=2*pi/9;
>> yy=mpiece1(x,y,xx)
```

得到结果:

```
yy=
    0.6381
```

分段线性插值简单, 易于应用. 同时由式 (5.24) 可知, 可通过选取适当的步长 h 控制精度. 但它不具有光滑性, 使用厄尔米特插值原理可得到具有光滑性的分段插值.

5.4.4 分段三次厄尔米特插值

设已知 $x_0 < x_1 < \cdots < x_n$, $y_i = f(x_i)$ 及 $y_i' = f'(x_i)\,(i = 0, 1, \cdots, n)$. $I_3(x)$ 为区间 $[x_{i-1}, x_i]$ 上不超过三次的多项式, 且满足

$$\begin{cases} I_3(x_{i-1}) = y_{i-1}, \quad I_3(x_i) = y_i, \\ I_3'(x_{i-1}) = y_{i-1}', \quad I_3'(x_i) = y_i', \end{cases} \quad i = 1, \cdots, n.$$

由式 (5.20), 得

$$\begin{aligned} I_3(x) \;=\;& \alpha_0\left(\frac{x - x_{i-1}}{h_i}\right) y_i + \alpha_1\left(\frac{x - x_{i-1}}{h_i}\right) y_{i-1} \\ &+ h_i\beta_0\left(\frac{x - x_{i-1}}{h_i}\right) y_{i-1}' + \beta_1\left(\frac{x - x_{i-1}}{h_i}\right) y_i', \\ & x_{i-1} \leqslant x \leqslant x_i,\; i = 1, \cdots, n, \end{aligned} \tag{5.25}$$

式中: $h_i = x_i - x_{i-1}$; 基函数 $\alpha_0(x)$, $\alpha_1(x)$, $\beta_0(x)$, $\beta_1(x)$ 的表达式见式 (5.19).

再来看看分段三次厄尔米特插值的截断误差. 由式 (5.21), 得

$$\begin{aligned} R_3(x) &= f(x) - I_3(x) = \frac{f^{(4)}(\xi)}{4!}(x - x_{i-1})^2(x - x_i)^2, \\ & x_{i-1} \leqslant x \leqslant x_i,\ i = 1, \cdots, n. \end{aligned} \tag{5.26}$$

由此得误差估计式

$$|R_3(x)| = |f(x) - I_3(x)| \leqslant \frac{h^2}{384} M_4, \tag{5.27}$$

其中

$$h = \max_{1 \leqslant i \leqslant n} (x_i - x_{i-1}), \quad M_4 = \max_{x_0 \leqslant x \leqslant x_n} |f^{(4)}(x)|.$$

由式 (5.27) 立知, 当 $h \to 0$ 时, $I_3(x) \to f(x)$, 即分段三次厄尔米特插值是收敛的.

分段三次厄尔米特插值多项式显然有一阶连续导数, 但在实际应用中一般不知道, 可以利用这一自由度得到光滑性更好的、在实际工程计算中应用最广泛的三次样条插值.

5.5 三次样条插值法

样条 (spline) 在英语中是指富有弹性的细长木条. 样条曲线是指工程师在制图时, 用压铁将样条固定在样点上, 其他地方让它自由弯曲, 然后画下的长条曲线. 样条函数的数学实质是由一些按照某种光滑性条件分段拼接起来的多项式组成的函数. 最常用的样条函数是三次样条: 将一些三次多项式拼接在一起使得所得到的样条函数处处二次连续可导.

5.5.1 三次样条插值函数

设已知 $x_0 < x_1 < \cdots < x_n$ 及 $y_i = f(x_i)\,(i = 0, 1, \cdots, n)$, 插值函数 $S(x)$ 在每个小区间 $[x_{i-1}, x_i]$ 上是不超过三次的多项式且具有二阶连续导数, 则称 $S(x)$ 为三次样条插值函数. 具体地说, 三次样条插值函数是满足下列条件的分段三次多项式.

(1) 插值条件:

$$S(x_i) = y_i\ (i = 0, 1, \cdots, n);$$

(2) 连接条件:

$$\begin{aligned} &S(x_i - 0) = S(x_i + 0), \quad S'(x_i - 0) = S'(x_i + 0), \\ &S''(x_i - 0) = S''(x_i + 0), \quad (i = 1, \cdots, n-1). \end{aligned}$$

下面分析三次样条插值的存在性. 这里, $S(x)$ 是 n 个不超过三次的多项式, 共含 $4n$ 个待定参数. 插值条件给出了 $n+1$ 个约束, 连接条件给出了 $3(n-1)$ 个约束. 故插

值条件和连接条件一共给出了 $4n-2$ 个约束. 与待定参数相比还少 2 个约束, 为此可按实际需要, 人为地添加 2 个边界条件. 常用的边界条件有下列 4 类.

(1) **一阶导数**: $S'(x_0)=y'_0$, $S'(x_n)=y'_n$;

(2) **二阶导数**: $S''(x_0)=y''_0$, $S''(x_n)=y''_n$;

(3) **周期样条**: $S'(x_0)=S'(x_n)$, $S''(x_0)=S''(x_n)$, 前提条件是 $S(x_0)=S(x_n)$, 当被插函数是周期函数或封闭曲线时, 宜用周期条件;

(4) **非扭结**: 第 1 段和第 2 段多项式三次项系数相同, 最后一段和倒数第二段多项式三次项系数相同.

下面利用分段三次厄尔米特插值给出三次样条插值的一种算法.

设 $S'(x_i)=m_i\,(i=0,1,\cdots,n)$, 由分段三次厄尔米特插值式 (5.25), 得

$$\begin{aligned} S(x) &= \alpha_0\left(\frac{x-x_{i-1}}{h_i}\right)y_{i-1}+\alpha_1\left(\frac{x-x_{i-1}}{h_i}\right)y_i \\ &\quad + h_i\beta_0\left(\frac{x-x_{i-1}}{h_i}\right)m_{i-1}+h_i\beta_1\left(\frac{x-x_{i-1}}{h_i}\right)m_i, \\ &\quad x_{i-1}\leqslant x\leqslant x_i,\ i=1,\cdots,n, \end{aligned} \tag{5.28}$$

式中: $h_i=x_i-x_{i-1}$; 基函数 $\alpha_0(x)$, $\alpha_1(x)$, $\beta_0(x)$, $\beta_1(x)$ 的表达式由式 (5.19) 定义.

由分段三次厄尔米特插值的性质在写出 $S(x)$ 的表达式的过程中实际上已使插值条件和连接条件的连续性和一阶光滑性得到满足, 故余下的只需要根据 $n-1$ 个二阶光滑性约束条件 $S''(x_i-0)=S''(x_i+0)$ 和 2 个边界条件来求 $n+1$ 个待定参数 $m_0,m_1,\cdots,m_n$. 直接计算, 得

$$\begin{aligned} &\alpha''_0(x)=12x-6,\quad \alpha''_1(x)=-12x+6, \\ &\beta''_0(x)=6x-4,\quad\ \ \beta''_1(x)=6x-2. \end{aligned}$$

由此不难求得

$$\begin{aligned} &\alpha''_0(1)=6,\quad \alpha''_1(1)=-6,\quad \beta''_0(1)=2,\quad \beta''_1(1)=4, \\ &\alpha''_0(0)=-6,\quad \alpha''_1(0)=6,\quad \beta''_0(0)=-4,\quad \beta''_1(0)=-2. \end{aligned}$$

利用 $[x_{i-1},x_i]$ 上 $S(x)$ 的表达式求得

$$\begin{aligned} S''(x) &= \frac{y_{i-1}}{h_i^2}\alpha''_0\left(\frac{x-x_{i-1}}{h_i}\right)+\frac{y_i}{h_i^2}\alpha''_1\left(\frac{x-x_{i-1}}{h_i}\right) \\ &\quad +\frac{m_{i-1}}{h_i}\beta''_0\left(\frac{x-x_{i-1}}{h_i}\right)+\frac{m_i}{h_i}\beta''_1\left(\frac{x-x_{i-1}}{h_i}\right), \end{aligned}$$

故

$$S''(x_i-0) = \frac{y_{i-1}}{h_i^2}\alpha''_0(1)+\frac{y_i}{h_i^2}\alpha''_1(1)+\frac{m_{i-1}}{h_i}\beta''_0(1)+\frac{m_i}{h_i}\beta''_1(1)$$

$$= \frac{2}{h_i}m_{i-1} + \frac{4}{h_i}m_i - \frac{6}{h_i^2}(y_i - y_{i-1}). \tag{5.29}$$

同样, 利用 $[x_i, x_{i+1}]$ 上 $S(x)$ 的表达式求得

$$\begin{aligned} S''(x) &= \frac{y_i}{h_{i+1}^2}\alpha_0''(\frac{x-x_i}{h_{i+1}}) + \frac{y_{i+1}}{h_{i+1}^2}\alpha_1''(\frac{x-x_i}{h_{i+1}}) \\ &\quad + \frac{m_i}{h_{i+1}}\beta_0''(\frac{x-x_i}{h_{i+1}}) + \frac{m_{i+1}}{h_{i+1}}\beta_1''(\frac{x-x_i}{h_{i+1}}), \end{aligned}$$

故

$$\begin{aligned} S''(x_i+0) &= \frac{y_i}{h_{i+1}^2}\alpha_0''(0) + \frac{y_{i+1}}{h_{i+1}^2}\alpha_1''(0) + \frac{m_i}{h_{i+1}}\beta_0''(0) + \frac{m_{i+1}}{h_{i+1}}\beta_1''(0) \\ &= -\frac{4}{h_{i+1}}m_i - \frac{2}{h_{i+1}}m_{i+1} + \frac{6}{h_{i+1}^2}(y_{i+1} - y_i). \end{aligned} \tag{5.30}$$

由 $S''(x_i - 0) = S''(x_i + 0)$ 得

$$\frac{2}{h_i}m_{i-1} + \frac{4}{h_i}m_i - \frac{6}{h_i^2}(y_i - y_{i-1}) = -\frac{4}{h_{i+1}}m_i - \frac{2}{h_{i+1}}m_{i+1} + \frac{6}{h_{i+1}^2}(y_{i+1} - y_i),$$

即

$$\frac{h_{i+1}}{h_i + h_{i+1}}m_{i-1} + 2m_i + \frac{h_i}{h_i + h_{i+1}}m_{i+1} = \frac{3h_{i+1}}{h_i + h_{i+1}}\frac{y_i - y_{i-1}}{h_i} + \frac{3h_i}{h_i + h_{i+1}}\frac{y_{i+1} - y_i}{h_{i+1}}.$$

令

$$\lambda_i = \frac{h_{i+1}}{h_i + h_{i+1}}, \quad \mu_i = 1 - \lambda_i, \quad \theta_i = 3\lambda_i\frac{y_i - y_{i-1}}{h_i} + 3\mu_i\frac{y_{i+1} - y_i}{h_{i+1}}, \tag{5.31}$$

则有

$$\lambda_i m_{i-1} + 2m_i + \mu_i m_{i+1} = \theta_i, \quad i = 1, 2, \cdots, n-1. \tag{5.32}$$

(1) 如果是第 1 类（一阶导数）边界条件, 则 $m_0 = y_0'$, $m_n = y_n'$, 于是式 (5.32) 可写成

$$\begin{pmatrix} 2 & \mu_1 & & & \\ \lambda_2 & 2 & \mu_2 & & \\ & \ddots & \ddots & \ddots & \\ & & \lambda_{n-2} & 2 & \mu_{n-2} \\ & & & \lambda_{n-1} & 2 \end{pmatrix} \begin{pmatrix} m_1 \\ m_2 \\ \vdots \\ m_{n-2} \\ m_{n-1} \end{pmatrix} = \begin{pmatrix} \theta_1 - \lambda_1 y_0' \\ \theta_2 \\ \vdots \\ \theta_{n-2} \\ \theta_{n-1} - \mu_{n-1}y_n' \end{pmatrix}. \tag{5.33}$$

(2) 如果是第 2 类（二阶导数）边界条件, 在式 (5.30) 中取 $i = 0$, 在式 (5.29) 中取 $i = n$, 得

$$\begin{cases} -\dfrac{4}{h_1}m_0 - \dfrac{2}{h_1}m_1 + \dfrac{6}{h_1^2}(y_1 - y_0) = y_0'', \\ \dfrac{2}{h_n}m_{n-1} + \dfrac{4}{h_n}m_n - \dfrac{6}{h_n^2}(y_n - y_{n-1}) = y_n''. \end{cases}$$

整理, 得

$$\begin{cases} 2m_0 + m_1 = 3\dfrac{y_1 - y_0}{h_1} - \dfrac{h_1}{2}y_0'', \\ m_{n-1} + 2m_n = 3\dfrac{y_n - y_{n-1}}{h_n} + \dfrac{h_n}{2}y_n''. \end{cases}$$

令

$$\mu_0 = 1,\ \ \lambda_n = 1,\ \ \theta_0 = 3\frac{y_1 - y_0}{h_1},\ \ \theta_n = 3\frac{y_n - y_{n-1}}{h_n}, \tag{5.34}$$

这样, 结合式 (5.31) 和式 (5.32), 得

$$\begin{pmatrix} 2 & \mu_0 & & & \\ \lambda_1 & 2 & \mu_1 & & \\ & \ddots & \ddots & \ddots & \\ & & \lambda_{n-1} & 2 & \mu_{n-1} \\ & & & \lambda_n & 2 \end{pmatrix} \begin{pmatrix} m_0 \\ m_1 \\ \vdots \\ m_{n-1} \\ m_n \end{pmatrix} = \begin{pmatrix} \theta_0 - h_1 y_0''/2 \\ \theta_1 \\ \vdots \\ \theta_{n-1} \\ \theta_n + h_n y_n''/2 \end{pmatrix}. \tag{5.35}$$

式 (5.33) 和式 (5.35) 都是三对角线性方程组, 可以用追赶法进行数值求解. 其他边界条件也可以转化为线性方程组来求解.

例 5.10 设 $f(x)$ 是定义在区间 $[0,3]$ 上的函数, 且有下列数据表

x	0	1	2	3
$f(x)$	0	0.5	2	1.5
$f'(x)$	0.2			-1

试求区间 $[0,3]$ 上满足上述条件的三次样条函数.

解 已知 $x_0 = 0,\ x_1 = 1,\ x_2 = 3,\ x_3 = 3,\ y_0 = 0,\ y_1 = 0.5,\ y_2 = 2.0,\ y_3 = 1.5,\ m_0 = y_0' = 0.2,\ m_3 = y_3' = -1$. 可知 $h_1 = h_2 = h_3 = 1$. 由式 (5.31) 计算 $\lambda_i, \mu_i, \theta_i\ (i = 1,2)$, 得

$$\lambda_1 = \lambda_2 = 0.5,\ \ \mu_1 = \mu_2 = 0.5,\ \ \theta_1 = 3.0,\ \theta_2 = 1.5.$$

于是式 (5.33) 为

$$\begin{pmatrix} 2 & 0.5 \\ 0.5 & 2 \end{pmatrix} \begin{pmatrix} m_1 \\ m_2 \end{pmatrix} = \begin{pmatrix} 3.0 - 0.5 \times 0.2 \\ 1.5 - 0.5 \times (-1) \end{pmatrix} = \begin{pmatrix} 2.9 \\ 2.0 \end{pmatrix}. \tag{5.36}$$

解得 $m_1 = 1.28,\ m_2 = 0.68$. 于是可以逐段写出样条函数:

(1) 当 $x_0 \leqslant x \leqslant x_1$ 时, 有

$$\begin{aligned} S(x) &= \alpha_0(x)y_0 + \alpha_1(x)y_1 + \beta_0(x)m_0 + \beta_1(x)m_1 \\ &= 0.5\alpha_1(x) + 0.2\beta_0(x) + 1.28\beta_1(x) \\ &= 0.5(-2x^3 + 3x^2) + 0.2(x^3 - 2x^2 + x) + 1.28(x^3 - x^2) \end{aligned}$$

$$= \quad 0.48x^3 - 0.18x^2 + 0.2x.$$

(2) 当 $x_1 \leqslant x \leqslant x_2$ 时, 有

$$\begin{aligned}
S(x) &= \alpha_0(x-1)y_1 + \alpha_1(x-1)y_2 + \beta_0(x-1)m_1 + \beta_1(x-1)m_2 \\
&= 0.5\alpha_0(x-1) + 2\alpha_1(x-1) + 1.28\beta_0(x-1) + 0.68\beta_1(x-1) \\
&= 0.5[2(x-1)^3 - 3(x-1)^2 + 1] + 2[-2(x-1)^3 + 3(x-1)^2] \\
&\quad + 1.28[(x-1)^3 - 2(x-1)^2 + (x-1)] + 0.68[(x-1)^3 - (x-1)^2)] \\
&= -1.04(x-1)^3 + 1.26(x-1)^2 + 1.28(x-1) + 0.5.
\end{aligned}$$

(3) 当 $x_2 \leqslant x \leqslant x_3$ 时, 有

$$\begin{aligned}
S(x) &= \alpha_0(x-2)y_2 + \alpha_1(x-2)y_3 + \beta_0(x-2)m_2 + \beta_1(x-2)m_3 \\
&= 2\alpha_0(x-2) + 1.5\alpha_1(x-2) + 0.68\beta_0(x-2) - \beta_1(x-2) \\
&= 2[2(x-2)^3 - 3(x-2)^2 + 1] + 1.5[-2(x-2)^3 + 3(x-2)^2] \\
&\quad + 0.68[(x-2)^3 - 2(x-2)^2 + (x-2)] - [(x-2)^3 - (x-2)^2] \\
&= 0.68(x-2)^3 - 1.86(x-2)^2 + 0.68(x-2) + 2.
\end{aligned}$$

故所求的样条函数为

$$S(x) = \begin{cases} 0.48x^3 - 0.18x^2 + 0.2x, & x \in [0,1], \\ -1.04(x-1)^3 + 1.26(x-1)^2 + 1.28(x-1) + 0.5, & x \in [1,2], \\ 0.68(x-2)^3 - 1.86(x-2)^2 + 0.68(x-2) + 2, & x \in [2,3]. \end{cases}$$

5.5.2 三次样条插值的 MATLAB 程序

本节给出具有一阶导数边界条件的三次样条插值的 MATLAB 程序. 分为 4 步:

(1) 由式 (5.31) 计算 λ_i, μ_i, θ_i 等辅助量;

(2) 用追赶法求解式 (5.33) 得 $m_1, \cdots, m_{n-1}$;

(3) 判断插值点所在区间;

(4) 用式 (5.28) 计算插值.

下列程序中包含了 5 个子函数, 其中 1 个是追赶法, 另外 4 个是基函数.

```
%程序5.5--mspline.m
function m=mspline(x,y,dy0,dyn,xx)
%用途: 三次样条插值（一阶导数边界条件）
%格式: m=maspline(x,y,dy0,dyn,xx),
%x,y分别为n个节点的横坐标所组成的向量及纵坐标所组成的向量,dy0,dyn为左
右两端
```

```
%点的一阶导数,如果xx缺省,则输出各节点的的一阶导数值,否则,m为xx的三次样
条插值
n=length(x)-1;  %计算小区间的个数
h=diff(x);  lambda=h(2:n)./(h(1:n-1)+h(2:n)); mu=1-lambda;
theta=3*(lambda.*diff(y(1:n))./h(1:n-1)+mu.*diff(y(2:n+1))./h(2:n));
theta(1)=theta(1)-lambda(1)*dy0;
theta(n-1)=theta(n-1)-lambda(n-1)*dyn;
%追赶法解三对角方程组
dy=machase(lambda,2*ones(1:n-1),mu,theta);
%若给出插值点，计算相应的插值
m=[dy0;dy;dyn];
if nargin>=5
    s=zeros(size(xx));
    for i=1:n
        if i==1
            kk=find(xx<=x(2));
        elseif i==n
            kk=find(xx>x(n));
        else
            kk=find(xx>x(i)&xx<=x(i+1));
        end
        xbar=(xx(kk)-x(i))/h(i);
        s(kk)=alpha0(xbar)*y(i)+alpha1(xbar)*y(i+1)+...
            +h(i)*beta0(xbar)*m(i)+h(i)*beta1(xbar)*m(i+1);
    end
    m=s;
end
%追赶法
function x=machase(a,b,c,d)
n=length(a);
for k=2:n
    b(k)=b(k)-a(k)/b(k-1)*c(k-1);
    d(k)=d(k)-a(k)/b(k-1)*d(k-1);
end
x(n)=d(n)/b(n);
for k=n-1:-1:1
    x(k)=(d(k)-c(k)*x(k+1))/b(k);
```

```
end
x=x(:);
%基函数
function y=alpha0(x)
y=2*x.^3-3*x.^2+1;
function y=alpha1(x)
y=-2*x.^3+3*x.^2;
function y=beta0(x)
y=x.^3-2*x.^2+x;
function y=beta1(x)
y=x.^3-x.^2;
```

例 5.11 利用程序 maspline.m, 求满足下列数据的三次样条插值:

x	-1	0	1	2
$f(x)$	-1	0	1	0
$f'(x)$	0			-1

其中, 插值点为 $-0.8, -0.3, 0.2, 0.7, 1.2, 1.7$.

解 在 MATLAB 命令窗口执行

```
>> x=[-1 0 1 2]; y=[-1 0 1 0];
>> xx=[-0.8 -0.3 0.2 0.7 1.2 1.7];
>> yy=mspline(x,y,0,-1,xx)
yy=
    -0.9451  -0.4414  0.3045  0.9002  0.9109  0.3546
```

5.6 曲线拟合的最小二乘法

5.6.1 最小二乘法

前面介绍的插值法, 要求插值函数和被插函数在节点处的函数值甚至导数值完全相同, 这实际上是假定了已知数据相当准确. 但在实际问题中, 数据由观测得到, 难免带有误差. 此时采用高阶插值多项式, 近似程度不一定很好, 有时还会出现 Runge 现象, 所以最好采用最小二乘法.

假定通过观测得到函数 $y=f(x)$ 的 m 个函数值:

$$y_i \approx f(x_i), \quad i=1,2,\cdots,m.$$

所谓最小二乘法就是求 $f(x)$ 的简单近似式 $\varphi(x)$, 使 $\varphi(x_i)$ 与 y_i 的差 (称为残差或偏差)

$$e_i=\varphi(x_i)-y_i, \; i=1,2,\cdots,m$$

的平方和最小, 即使

$$S=\sum_{i=1}^{m} e_i^2=\sum_{i=1}^{m}[\varphi(x_i)-y_i]^2 \tag{5.37}$$

最小. $\varphi(x)$ 称为 m 个数据 (x_i,y_i), $i=1,2,\cdots,m$, 的最小二乘拟合函数, $f(x)$ 称为被拟合函数. $y\approx\varphi(x)$ 近似反映了变量 x 与 y 之间的函数关系 $y=f(x)$, 称为经验公式或数学模型.

例 5.12 (线性拟合) 已知 $x_1,x_2,\cdots,x_n$ 及 $y_i=f(x_i)\,(i=1,2,\cdots,n)$, 由最小二乘法求 $f(x)$ 的拟合直线 $\varphi(x)=a+bx$.

解 记

$$S(a,b)=\sum_{i=1}^{n}[y_i-\varphi(x_i)]^2=\sum_{i=1}^{n}[y_i-(a+bx_i)]^2.$$

由取极值的必要条件

$$\frac{\partial S}{\partial a}=\frac{\partial S}{\partial b}=0,$$

得

$$\begin{cases} -2\sum\limits_{i=1}^{n}[y_i-(a+bx_i)]=0,\\ -2\sum\limits_{i=1}^{n}x_i[y_i-(a+bx_i)]=0, \end{cases}$$

即

$$\begin{cases} na+\left(\sum\limits_{i=1}^{n}x_i\right)b=\sum\limits_{i=1}^{n}y_i,\\ \left(\sum\limits_{i=1}^{n}x_i\right)a+\left(\sum\limits_{i=1}^{n}x_i^2\right)b=\sum\limits_{i=1}^{n}x_iy_i. \end{cases} \tag{5.38}$$

当 $n>1$ 时, 式 (5.38) 的系数行列式

$$D=\begin{vmatrix} n & \sum\limits_{i=1}^{n}x_i \\ \sum\limits_{i=1}^{n}x_i & \sum\limits_{i=1}^{n}x_i^2 \end{vmatrix}=n\sum_{i=1}^{n}x_i^2-\left(\sum_{i=1}^{n}x_i\right)^2=n\sum_{i=1}^{n}(x_i-\bar{x})^2\neq 0,$$

其中

$$\bar{x}=\frac{1}{n}\sum_{i=1}^{n}x_i.$$

从而式 (5.38) 有唯一解.

例 5.13 (线性化拟合) 已知 $x_1,x_2,\cdots,x_n$ 及 $y_i=f(x_i)\,(i=1,2,\cdots,n)$, 由最小二乘法求 $f(x)$ 的拟合曲线 $\varphi(x)=a\mathrm{e}^{bx}$.

解 这里若与例 5.12 一样, 记 $S(a,b)=\sum\limits_{i=1}^{n}[y_i-\varphi(x_i)]^2$, 则由取极值的必要条件 $S'_a(a,b)=S'_b(a,b)=0$ 得到一个非线性方程组, 难以求解. 为此, 考虑用对数将“曲线拉直”. 记

$$z_i=\ln y_i,\ i=1,\cdots,n;\ \psi(x)=\ln\varphi(x)=\bar{a}+bx\ (\bar{a}=\ln a),$$

则可用式 (5.38) 求得 $\bar{a}$ 及 b, 从而

$$\varphi(x)=\mathrm{e}^{\psi(x)}=a\mathrm{e}^{bx},\ a=\mathrm{e}^{\bar{a}}.$$

例 5.14 当线性方程组未知数的个数少于方程的个数时, 称为超定方程组. 用最小二乘法求下列超定方程组的数值解:

$$\begin{cases}4x_1+2x_2=2,\\3x_1-x_2=10,\\11x_1+3x_2=8.\end{cases}$$

解 由最小二乘原理, 即求 x_1,x_2 使下列函数

$$S(x_1,x_2)=(4x_1+2x_2-2)^2+(3x_1-x_2-10)^2+(11x_1+3x_2-8)^2$$

取极小值. 由

$$\frac{\partial S}{\partial x_1}=\frac{\partial S}{\partial x_2}=0\Rightarrow\begin{cases}73x_1+19x_2=63,\\19x_1+7x_2=9,\end{cases}\Rightarrow\begin{cases}x_1=1.8,\\x_2=-3.6.\end{cases}$$

这里, 所得 x_1,x_2 虽非方程组的解, 但却是最小二乘意义下的最佳近似解.

值得说明的是, 上述例子都只是通过取极值的必要条件求出了误差函数的稳定点, 并没有证明它们就是就是所求的最小值点. 下面我们建立最小二乘拟合的一般理论.

5.6.2 法方程组

首先给出函数线性无关的概念.

定义 5.3 设有函数列 $\varphi_0(x),\varphi_1(x),\cdots,\varphi_m(x)$, 如果

$$l_0\varphi_0(x_i)+l_1\varphi_1(x_i)+\cdots+l_m\varphi_m(x_i)=0,\quad i=1,2,\cdots,n \tag{5.39}$$

当且仅当 $l_0=l_1=\cdots=l_m=0$ 时成立, 则称函数 $\varphi_0(x),\varphi_1(x),\cdots,\varphi_m(x)$ 关于节点 $x_1,x_2,\cdots,x_n$ 是线性无关的.

线性无关函数 $\varphi_0,\varphi_1,\cdots,\varphi_m$ 的线性组合全体 Φ 称为由 $\varphi_0,\varphi_1,\cdots,\varphi_m$ 张成的函数空间, 记为

$$\Phi=\mathrm{span}\{\varphi_0,\varphi_1,\cdots,\varphi_m\}=\left\{\varphi(x)=\sum_{i=0}^{m}a_i\varphi_i\middle|a_0,a_1,\cdots,a_m\in\mathbf{R}\right\}.$$

并称 $\varphi_0, \varphi_1, \cdots, \varphi_m$ 为 Φ 的基函数.

最小二乘拟合用数学语言表述为：已知数据 x_i, $y_i = f(x_i)\,(i = 1, 2, \cdots, n)$ 和函数空间

$$\Phi = \mathrm{span}\{\varphi_0, \varphi_1, \cdots, \varphi_m\},$$

求一函数 φ^*, 使

$$\|f - \varphi^*\|_2 = \min_{\varphi \in \Phi} \|f - \varphi\|_2.$$

令

$$\varphi(x) = \sum_{j=0}^{m} a_j \varphi_j(x), \quad \varphi^*(x) = \sum_{j=0}^{m} a_j^* \varphi_j(x),$$

并记 $\varphi = (\varphi(x_1), \varphi(x_2), \cdots, \varphi(x_n))^{\mathrm{T}}$, $\varphi^* = (\varphi^*(x_1), \varphi^*(x_2), \cdots, \varphi^*(x_n))^{\mathrm{T}}$, $f = (y_1, y_2, \cdots, y_n)^{\mathrm{T}}$. 那么

$$S(a_0, a_1, \cdots, a_m) = \|f - \varphi\|_2^2 = \sum_{i=1}^{n} \left[y_i - \sum_{j=0}^{m} a_j \varphi_j(x_i) \right]^2, \tag{5.40}$$

于是, 问题等价于求 $a_0^*, a_1^*, \cdots, a_m^* \in \mathbf{R}$, 使

$$S(a_0^*, a_1^*, \cdots, a_m^*) = \min_{a_0, a_1, \cdots, a_m \in \mathbf{R}} S(a_0, a_1, \cdots, a_m). \tag{5.41}$$

根据函数极值的必要条件, 对 $a_0, a_1, \cdots, a_m$ 求偏导数并令其等于零：

$$\frac{\partial S}{\partial a_k} = 0, \quad k = 0, 1, \cdots, m,$$

得

$$-2 \sum_{i=1}^{n} \left[y_i - \sum_{j=0}^{m} a_j \varphi_j(x_i) \right] \varphi_k(x_i) = 0,$$

即

$$\sum_{j=0}^{m} \sum_{i=1}^{n} a_j \varphi_j(x_i) \varphi_k(x_i) = \sum_{i=1}^{n} y_i \varphi_k(x_i), \quad k = 0, 1, \cdots, m.$$

用内积表示为线性方程组

$$\sum_{j=0}^{m} (\varphi_j, \varphi_k) a_j = (f, \varphi_k), \quad k = 0, 1, \cdots, m, \tag{5.42}$$

其矩阵形式为

$$\begin{pmatrix} (\varphi_0, \varphi_0) & (\varphi_1, \varphi_0) & \cdots & (\varphi_m, \varphi_0) \\ (\varphi_0, \varphi_1) & (\varphi_1, \varphi_1) & \cdots & (\varphi_m, \varphi_1) \\ \vdots & \vdots & \ddots & \vdots \\ (\varphi_0, \varphi_m) & (\varphi_1, \varphi_m) & \cdots & (\varphi_m, \varphi_m) \end{pmatrix} \begin{pmatrix} a_0 \\ a_1 \\ \vdots \\ a_m \end{pmatrix} = \begin{pmatrix} (f, \varphi_0) \\ (f, \varphi_1) \\ \vdots \\ (f, \varphi_m). \end{pmatrix} \tag{5.43}$$

式 (5.43) 称为法方程组或正规方程组.

定理 5.2 如果函数 $\varphi_0(x), \varphi_1(x), \cdots, \varphi_m(x)$ 关于节点 $x_1, x_2, \cdots, x_n$ 线性无关, 则式 (5.43) 的解存在唯一, 且是式 (5.41) 的唯一最优解.

证 用 $\varphi_k(x_i)$ 乘以式 (5.39) 的两边并求和, 得

$$l_0(\varphi_0, \varphi_k) + l_1(\varphi_1, \varphi_k) + \cdots + l_m(\varphi_m, \varphi_k) = 0, \quad k = 0, 1, \cdots, m. \tag{5.44}$$

由于函数 $\varphi_0(x), \varphi_1(x), \cdots, \varphi_m(x)$ 关于节点 $x_1, x_2, \cdots, x_n$ 线性无关, 故式 (5.44) 只有零解, 那么必有

$$\begin{vmatrix} (\varphi_0, \varphi_0) & (\varphi_1, \varphi_0) & \cdots & (\varphi_m, \varphi_0) \\ (\varphi_0, \varphi_1) & (\varphi_1, \varphi_1) & \cdots & (\varphi_m, \varphi_1) \\ \vdots & \vdots & \ddots & \vdots \\ (\varphi_0, \varphi_m) & (\varphi_1, \varphi_m) & \cdots & (\varphi_m, \varphi_m) \end{vmatrix} \neq 0,$$

这样, 式 (5.43)的解存在唯一.

下面证明式 (5.41). 设 $a_0^*, a_1^*, \cdots, a_m^*$ 是法方程组的解:

$$\sum_{j=0}^{m} (\varphi_j, \varphi_k) a_j^* = (f, \varphi_k), \quad k = 0, 1, \cdots, m,$$

即

$$(\varphi^*, \varphi_k) = (f, \varphi_k), \quad k = 0, 1, \cdots, m,$$

或

$$(f - \varphi^*, \varphi_k) = 0, \quad k = 0, 1, \cdots, m,$$

根据内积的性质, 对任意的 $\varphi \in \Phi$, 有

$$(f - \varphi^*, \varphi) = 0.$$

于是, 对任意的 $a_0, a_1, \cdots, a_m$, 有

$$\begin{aligned} & S(a_0, a_1, \cdots, a_m) = \|f - \varphi\|_2^2 \\ & = (f - \varphi, f - \varphi) = (f - \varphi^* + \varphi^* - \varphi, f - \varphi^* + \varphi^* - \varphi) \\ & = (f - \varphi^*, f - \varphi^*) + 2(f - \varphi^*, \varphi^* - \varphi) + (\varphi^* - \varphi, \varphi^* - \varphi) \\ & = S(a_0^*, a_1^*, \cdots, a_m^*) + 2(f - \varphi^*, \varphi^* - \varphi) + \|\varphi^* - \varphi\|_2^2, \end{aligned}$$

由于 $\varphi^* - \varphi \in \Phi$, 因此, 上面最后一个等式的右边第 2 项为零, 而第 3 项非负, 故

$$S(a_0, a_1, \cdots, a_m) \geqslant S(a_0^*, a_1^*, \cdots, a_m^*),$$

即 $a_0^*, a_1^*, \cdots, a_m^*$ 是式 (5.41) 的唯一最优解.

例 5.15 已知 $\sin 0 = 0$, $\sin\frac{\pi}{6} = \frac{1}{2}$, $\sin\frac{\pi}{3} = \frac{\sqrt{3}}{2}$, $\sin\frac{\pi}{2} = 1$, 由最小二乘法求 $\sin x$ 的拟合曲线 $\varphi(x) = ax + bx^3$.

解 这里, $f(x) = \sin x$, $\varphi_0(x) = x$, $\varphi_1 = x^3$, 计算, 得

$$(\varphi_0, \varphi_0) = \sum_{i=1}^{4}[\varphi_0(x_i)]^2 = \sum_{i=1}^{4} x_i^2 = 3.8382,$$

$$(\varphi_0, \varphi_1) = (\varphi_1, \varphi_0) = \sum_{i=1}^{4} \varphi_0(x_i)\varphi_1(x_i) = \sum_{i=1}^{4} x_i^4 = 7.3658,$$

$$(\varphi_1, \varphi_1) = \sum_{i=1}^{4}[\varphi_1(x_i)]^2 = \sum_{i=1}^{4} x_i^6 = 16.3611,$$

$$(f, \varphi_0) = \sum_{i=1}^{4} x_i \sin x_i = 2.7395, \quad (f, \varphi_1) = \sum_{i=1}^{4} x_i^3 \sin x_i = 4.9421.$$

得法方程组

$$\begin{cases} 3.8382a + 7.3685b = 2.7395, \\ 7.3658a + 16.3611b = 4.9421, \end{cases}$$

解得 $a = 0.9856$, $b = -0.1417$. 从而对应已知数据的 $\sin x$ 的最小二乘拟合曲线为

$$\varphi(x) = 0.9856x - 0.1417x^3.$$

5.6.3 多项式拟合的 MATLAB 程序

下面给出多项式拟合的 MATLAB 程序, 程序是根据式 (5.43)编制的.

- 多项式拟合 MATLAB 程序

```
%程序5.6--mpfit.m
function p=mpfit(x,y,m)
%用途: 多项式拟合
%格式: p=mpfit(x,y,m)
%x,y为数据向量,m为拟合多项式次数,p返回多项式系数降幂排列
A=zeros(m+1,m+1);
for i=0:m
   for j=0:m
      A(i+1,j+1)=sum(x.^(i+j));
   end
   b(i+1)=sum(x.^i.*y);
end
```

```
a=A\b';
p=fliplr(a');  %按降幂排列
```

例 5.16 用上述程序求解例 5.15.

解 在 MATLAB 命令窗口执行

```
>> x=-2:2; y=[-1 -1 0 1 1];
>> p=mpfit(x,y,3)
```

得计算结果:

```
p =
   -0.1667    0    1.1667    0
```

从而所求的拟合曲线为

$$\varphi(x) = -0.1667x^3 + 1.1667x.$$

5.6.4 正交最小二乘拟合

最常见的拟合函数类是多项式, 其基函数一般取幂函数

$$\varphi_0(x) = 1,\ \varphi_1(x) = x,\ \cdots, \varphi_m(x) = x^m.$$

由于

$$(\varphi_j, \varphi_k) = \sum_{i=1}^{n} x_i^{j+k}, \quad (f, \varphi_k) = \sum_{i=1}^{n} x_i^k y_i,$$

这样, 法方程组为

$$\begin{pmatrix} n & \sum\limits_{i=1}^{n} x_i & \cdots & \sum\limits_{i=1}^{n} x_i^m \\ \sum\limits_{i=1}^{n} x_i & \sum\limits_{i=1}^{n} x_i^2 & \cdots & \sum\limits_{i=1}^{n} x_i^{m+1} \\ \vdots & \vdots & \ddots & \vdots \\ \sum\limits_{i=1}^{n} x_i^m & \sum\limits_{i=1}^{n} x_i^{m+1} & \cdots & \sum\limits_{i=1}^{n} x_i^{2m} \end{pmatrix} \begin{pmatrix} a_0 \\ a_1 \\ \vdots \\ a_m \end{pmatrix} = \begin{pmatrix} \sum\limits_{i=1}^{n} y_i \\ \sum\limits_{i=1}^{n} x_i y_i \\ \vdots \\ \sum\limits_{i=1}^{n} x_i^m y_i \end{pmatrix}. \tag{5.45}$$

但遗憾的是, 当 m 比较大时, 该方程组往往是病态的, 从而导致结果误差很大.

下面考虑所谓的正交最小二乘拟合. 首先给出正交多项式的概念.

定义 5.4 设节点 $x_1, x_2, \cdots, x_n$ 和多项式函数 $P(x)$ 和 $Q(x)$, 如果

$$(P, Q) = \sum_{i=1}^{n} P(x_i)Q(x_i) = 0,$$

则称 $P(x)$ 和 $Q(x)$ 关于节点 $x_1, x_2, \cdots, x_n$ 正交. 如果函数类 Φ 的基函数 $\psi_0, \psi_1, \cdots, \psi_m$ 两两正交, 则称为一组正交基.

设 $\psi_0,\psi_1,\cdots,\psi_m$ 为函数类 Φ 的一组正交基, 那么式 (5.43) 就成为简单的对角方程组, 其解可以有下式直接给出:

$$a_k=\frac{(f,\psi_k)}{(\psi_k,\psi_k)},\quad k=0,1,\cdots,m, \tag{5.46}$$

从而避免了求解病态方程组.

正交基可以由任意基 $\varphi_0,\varphi_1,\cdots,\varphi_m$ 通过施密特正交化方法得到:

$$\psi_0(x)=\varphi_0(x),$$

$$\psi_1(x)=\varphi_1(x)-\frac{(\varphi_1,\psi_0)}{(\psi_0,\psi_0)}\psi_0(x),$$

$$\psi_2(x)=\varphi_2(x)-\frac{(\varphi_2,\psi_0)}{(\psi_0,\psi_0)}\psi_0(x)-\frac{(\varphi_2,\psi_1)}{(\psi_1,\psi_1)}\psi_1(x),$$

$$\vdots$$

$$\psi_m(x)=\varphi_m(x)-\frac{(\varphi_m,\psi_0)}{(\psi_0,\psi_0)}\psi_0(x)-\frac{(\varphi_m,\psi_1)}{(\psi_1,\psi_1)}\psi_1(x)-\cdots-\frac{(\varphi_m,\psi_{m-1})}{(\psi_{m-1},\psi_{m-1})}\psi_{m-1}(x).$$

例 5.17 已知下列数据求拟合曲线 $\varphi(x)=a_0+a_1x+a_2x^2+a_3x^3$.

x	-2	-1	0	1	2
$f(x)$	-1	-1	0	1	1

解 取 $\varphi_0(x)=1$, $\varphi_1(x)=x$, $\varphi_2(x)=x^2$, $\varphi_3(x)=x^3$, 先进行施密特正交化:

$$\psi_0(x)=\varphi_0(x)=1,$$

$$\psi_1(x)=\varphi_1(x)-\frac{(\varphi_1,\psi_0)}{(\psi_0,\psi_0)}\psi_0(x)=x,$$

$$\psi_2(x)=\varphi_2(x)-\frac{(\varphi_2,\psi_0)}{(\psi_0,\psi_0)}\psi_0(x)-\frac{(\varphi_2,\psi_1)}{(\psi_1,\psi_1)}\psi_1(x)=x^2-2,$$

$$\psi_3(x)=\varphi_3(x)-\frac{(\varphi_3,\psi_0)}{(\psi_0,\psi_0)}\psi_0(x)-\frac{(\varphi_3,\psi_1)}{(\psi_1,\psi_1)}\psi_1(x)-\frac{(\varphi_3,\psi_2)}{(\psi_2,\psi_2)}\psi_2(x)=x^3-\frac{17}{5}x.$$

则 $\psi_0,\psi_1,\psi_2,\psi_3$ 两两正交. 计算得

$$(\psi_0,\psi_0)=5,\quad (\psi_1,\psi_1)=10,\quad (\psi_2,\psi_2)=14,\quad (\psi_3,\psi_3)=14.4,$$
$$(f,\psi_0)=0,\quad (f,\psi_1)=6,\quad (f,\psi_2)=0,\quad (f,\psi_3)=-2.4.$$

从而, 由式 (5.46), 得

$$a_0=0,\ \ a_1=\frac{6}{10}=\frac{3}{5},\ \ a_2=0,\ \ a_3=\frac{-2.4}{14.4}=-\frac{1}{6}.$$

故

$$\varphi(x)=\frac{3}{5}\psi_1(x)-\frac{1}{6}\psi_3(x)=\frac{3}{5}x-\frac{1}{6}\left(x^3-\frac{17}{5}x\right)=\frac{7}{6}x-\frac{1}{6}x^3.$$

5.7 插值和拟合的 MATLAB 解法*

5.7.1 数据插值的 MATLAB 函数

1. 一维数据插值

若已知的数据集是平面上的一组离散点集，即被插函数是一个单变量函数，此类插值问题通常称为一维数据插值. MATLAB 系统中提供了一个实现一维插值的函数 “interp1”，其调用格式如下:

```
y1=interp1(x,y,x1,'method')
```

其中: x 是节点向量; y 是节点对应的函数值向量; x1 是插值点 (可以是多个); y1 返回插值结果; 'method' 是指插值方法，其允许的取值如下:

- 'linear': 线性插值. 线性插值是该函数的默认参数，它是把与插值点靠近的两个数据点用直线连接，然后在该直线上选取对应于插值点的数据.
- 'nearest': 最近点插值. 根据已知插值点与已知数据点的远近程度进行插值，插值点优先选择较近的数据点进行插值.
- 'cubic': 三次多项式插值. 根据已知数据求出一个三次多项式，然后用该多项式进行插值.
- 'spline': 三次样条插值. MATLAB 中还有一个专门的三次样条函数 y1=spline(x,y,x1)，其功能与使用方法跟 y1=interp1(x,y,x1,'spline') 完全相同.

注意，x1 的取值范围不能超出 x 的给定范围，否则会出错.

例 5.18 下表中的数据是我国 0~6 个月婴儿的身长、体重参考标准，用三次样条插值分别求得婴儿出生后半个月到 5 个半月每隔一个月的身长、体重参数值.

	出生	1 月	2 月	3 月	4 月	5 月	6 月
身长	50.6	56.5	59.6	62.3	64.6	65.9	68.1
体重	3.27	4.97	5.95	6.73	7.32	7.70	8.22

在 MATLAB 命令窗口输入:

```
>> x=0:6;
>> y=[50.6 56.5 59.6 62.3 64.6 65.9 68.1; 3.27 4.97 5.95 6.73 7.32 ...
     7.70 8.22]';
>> x1=0.5:5.5;
>> y1=interp1(x,y,x1,'spline')
```

得计算结果:

```
y1 =
     54.0847     4.2505
     58.2153     5.5095
```

```
60.9541     6.3565
63.5682     7.0558
65.2981     7.5201
66.7269     7.9149
```

2. 二维数据插值

若已知的数据集是三维空间中的一组离散点集, 即被插函数是一个二元函数, 此类插值问题通常称为二维插值问题. 同样, MATLAB 系统中提供了一个实现二维插值的函数“interp2”, 其调用格式如下:

`z1=interp2(x,y,z,x1,y1,'method')`

其中: x, y 是两个向量, 分别描述两个参数的采样点; z 是与参数采样点对应的函数值向量; x1, y1 是插值点向量 (要求 x 为行向量, y 为列向量); z1 返回插值结果; 'method' 是指插值方法, 其取值跟一维插值函数相同. x, y, z 也可以是矩阵. 同样, x1, y1 也可以是矩阵, 其取值范围不能超出 x, y 的给定范围, 否则会出错.

例 5.19 测得平板表面 3×5 网格点处的温度分别为

$$\begin{matrix} 82 & 81 & 80 & 82 & 84 \\ 79 & 63 & 61 & 65 & 81 \\ 84 & 84 & 82 & 85 & 86 \end{matrix}$$

试作出平板表面的温度分布曲面 $z = f(x,y)$ 的图形.

在 MATLAB 命令窗口输入:

```
>> x=1:5; y=1:3;
>> z=[82 81 80 82 84;79 63 61 65 81;84 84 82 85 86];
>> xi=1:0.1:5; yi=1:0.1:3;
>> zi=interp2(x,y,z,xi',yi,'cubic');
>> mesh(xi,yi,zi)
```

得到可视化的插值结果如图 5.2 所示.

5.7.2 曲线拟合的 MATLAB 函数

MATLAB 系统提供了两个用于拟合的函数: polyfit 和 lsqcurvefit, 前者用于多项式拟合, 后者用于一般的曲线拟合.

1. 多项式拟合函数 polyfit

函数 polyfit 的调用方式是

`p=polyfit(x,y,n)` 或 `[p,s]=polyfit(x,y,n)`

其中: (x,y) 是已知数据向量; n 为多项式阶数; 输出参数 p 为拟合多项式的系数向量 (长度为 n+1); s 是结构参数, 供函数 polyval 调用以获得误差估计值. 函数 polyval 常常与 polyfit 联合使用, 其调用格式为

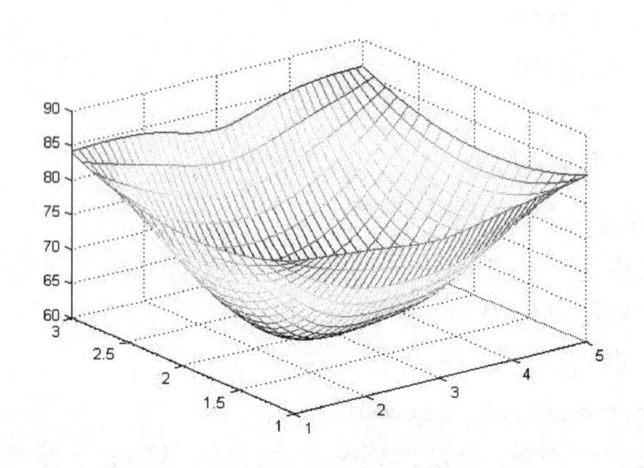

图 5.2 二维插值曲面

y=polyval(p,xi) 或 [y,deltay]=polyval(p,xi,s)
返回 xi 处的拟合函数值, deltay 是 50% 置信区间 y 的误差.

例 5.20 已知下列数据, 试求二次拟合多项式 $\varphi(x) = a_2x^2 + a_1x + a_0$, 然后求 $x = 0.05, 0.25, 0.45, 0.65, 0.85, 1.05$ 个点处的函数近似值.

x	0.0	0.1	0.2	0.3	0.4	0.5	0.6	0.7	0.8	0.9	1.0
y	−0.45	1.98	3.28	6.16	7.08	7.34	7.66	9.56	9.48	9.30	11.2

解 在 MATLAB 命令窗口输入如下命令:

```
>> x=0:0.1:1;
>> y=[-0.45 1.98 3.28 6.16 7.08 7.34 7.66 9.56 9.48 9.30 11.2];
>> p=polyfit(x,y,2)
p =
   -9.8147    20.1338    -0.0327
```

即所求的拟合多项式为 $\varphi(x) = -9.8147x^2 + 20.1338x - 0.0327$. 下面是利用 polyval 函数求各点的函数近似值.

```
>> xi=0.05:0.2:1.05;
>> yi=polyval(p,xi)
yi=
    0.9495  4.3874  7.0401  8.9076  9.9899 10.2871
```

根据计算结果, 可用 plot 函数画出拟合曲线图:

```
plot(x,y,':or',xi,yi,'-*')
```

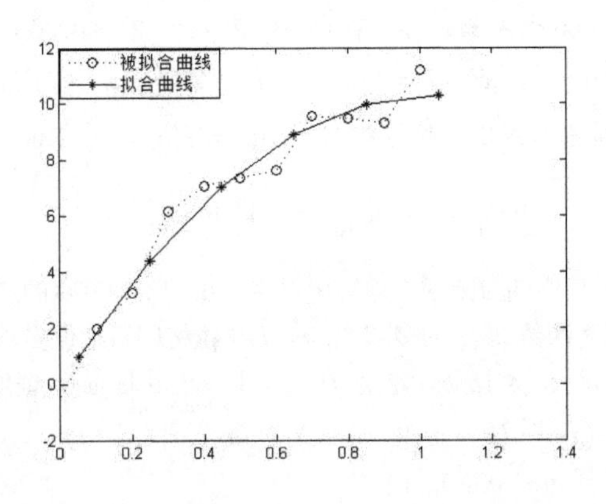

图 5.3 曲线拟合图

```
legend('被拟合曲线','拟合曲线');
```

画出的曲线拟合图如图 5.3 所示.

2. 一般的曲线拟合函数 lsqcurvefit

函数 lsqcurvefit 的调用格式为

```
p=lsqcurvefit('fun',x0,xdata,ydata)
```

其中: fun 表示函数 fun(x,xdata) 的 m 文件; x0 是初始点.

例 5.21 试用函数 $y = a + be^{-0.02kx}$ 拟合下表中的数据, 确定参数 a, b, k.

x	100	200	300	400	500	600	700	800	900	1000
y	4.54	4.99	5.35	5.65	5.90	6.10	6.26	6.39	6.50	6.59

解 在 MATLAB 命令窗口输入如下命令:

```
>> f=@(x,xdata)x(1)+x(2)*exp(-0.02*x(3)*xdata); %其中x(1)=a,x(2)=b,x(3)=k
>> xd=100:100:1000;
>> yd=[4.54 4.99 5.35 5.65 5.90 6.10 6.26 6.39 6.50 6.59];
>> x0=[0.2 0.1 0.1];
>> x=lsqcurvefit(f,x0,xd,yd)
x =
    6.9850 -2.9941  0.1012
```

习题 5

5.1 当 $x = -1, 1, 2$ 时, $f(x) = -3, 0, 4$, 求 $f(x)$ 的拉格朗日插值多项式.

5.2 利用函数 $y = \sqrt{x}$ 在 $x = 1, 4$ 的值, 计算 $\sqrt{2}$ 的近似值, 并估计误差.

5.3 已知函数 $f(x)=56x^3+24x^2+5$ 在点 2^0, 2^1, 2^3, 2^5 的函数值, 求其三次插值多项式.

5.4 证明: (1) $\sum\limits_{k=0}^{n} x_k^j l_k(x)=x^j$, $j=1,2,\cdots,n$; (2) $\sum\limits_{k=0}^{n}(x_k-x)^j l_k(x)=0$, $j=1,2,\cdots,n$.

5.5 设 $f(x)$ 在 $[a,\ b]$ 有连续的二阶导数, 且 $f(a)=f(b)=0$, 求证

$$\max_{a\leqslant x\leqslant b}|f(x)|\leqslant\frac{1}{8}(b-a)^2\max_{a\leqslant x\leqslant b}|f''(x)|.$$

5.6 设 $f(x)=x^4$, 用拉格朗日余项定理写出以 $-1,0,1,3$ 为节点的三次插值多项式.

5.7 利用余项定理证明次数 $\leqslant n$ 的多项式, 其 n 次拉格朗日插值多项式就是它自身.

5.8 设 $f(x)\in C^1[a,b]$, $x_0\in(a,b)$, 定义 $f[x_0,x_0]=\lim\limits_{x\to x_0}[x,x_0]$, 证明 $f[x_0,x_0]=f'(x_0)$.

5.9 若 $f(x)=\omega_{n+2}(x)=(x-x_0)(x-x_1)\cdots(x-x_{n+1})$, $x_i(i=0,1,\cdots,n+1)$ 互异, 求 $f[x_0,x_1,\cdots,x_p]$ 的值, 这里 $p\leqslant n+1$.

5.10 已知 $\sin(0.32)=0.314567$, $\sin(0.34)=0.333487$ 有 6 位有效数字.

(1) 用拉格朗日插值多项式求 $\sin(0.33)$ 的近似值;

(2) 证明在区间 $[0.32,0.34]$ 上用拉格朗日插值多项式计算 $\sin x$ 时至少有 4 位有效数字.

5.11 设 $f(x)$ 在 $[1,3]$ 上四阶可导, $P(x)$ 为满足 $P(1)=f(1)$, $P(2)=f(2)$, $P(3)=f(3)$ 及 $P'(2)=f'(2)$ 的不超过三次的多项式, 证明: 当 $x\in[1,3]$ 时, 存在 $\xi\in[1.3]$, 使得

$$f(x)-P(x)=\frac{f^{(4)}(\xi)}{4!}(x-1)(x-2)^2(x-3).$$

5.12 给定数据如下:

x_i	0.5	1.0	1.5	2.0
$f(x_i)$	0.75	1.25	2.50	5.50

(1) 作函数 $f(x)$ 的差商表;

(2) 用牛顿插值公式求三次插值多项式 $N_3(x)$.

5.13 已知连续函数 $f(x)$ 在 $x=-1,\ 0,\ 2,\ 3$ 的值分别是 $-4,-1,0,3$, 用牛顿插值求: (1) $f(1.5)$ 的近似值; (2) $f(x)=0.5$ 时, x 的近似值.

5.14 设有 $n+1$ 个多项式

$$\varphi_k(x)=\sum_{i=0}^{k}c_i^{(k)}x^i,\quad c_i^{(k)}\neq 0,\quad k=0,1,\cdots,n.$$

试证明 $\varphi_0(x),\varphi_1(x),\cdots,\varphi_n(x)$ 在任何区间 $[a,b]$ 上都线性无关.

5.15 设 $P(x)$ 是任意首项系数为 1 的 $n+1$次多项式, 试证明

$$P(x)=\sum_{k=0}^{n}P(x_k)l_k(x)=\omega(x),$$

式中: $l_k(x)\,(k=0,1,\cdots,n)$ 是拉格朗日插值基函数; $\omega(x)=(x-x_0)(x-x_1)\cdots(x-x_n)$.

5.16 求被插函数 $f(x)$ 在区间 $[1,5]$ 上的三次样条函数 $S(x)$, 其中 $f(1)=1$, $f(2)=3$, $f(4)=4$, $f(5)=2$, 取自然边界条件 $S''(1)=S''(5)=0$.

5.17 求被插函数 $f(x)$ 在区间 $[-1,2]$ 上的三次样条函数 $S(x)$, 其中 $f(-1)=-1$, $f(0)=0$, $f(1)=1$, $f(2)=0$, 取边界条件 $S'(-1)=0$, $S'(2)=1$.

5.18 求下列超定方程组的最小二乘解, 并求误差平方和.

(1) $\begin{cases} x_2 = 1, \\ x_1 + x_2 = 2.1, \\ 2x_1 + x_2 = 2.9, \\ 3x_1 + x_2 = 3.2; \end{cases}$ (2) $\begin{cases} 2x_1 + 4x_2 = 11, \\ 3x_1 - 5x_2 = 3, \\ x_1 + 2x_2 = 6, \\ 2x_1 + x_2 = 7. \end{cases}$

5.19 用最小二乘法求形如 $y = a + bx^2$ 的多项式, 使之与下列数据相拟合.

x	19	25	31	38	44
y	19.0	32.3	49.0	73.3	97.8

5.20 已知 $\cos\frac{\pi}{6} = \frac{\sqrt{3}}{2}$, $\cos\frac{\pi}{3} = \frac{1}{2}$, $\cos\frac{\pi}{2} = 0$, 由最小二乘法求 $\cos x$ 的拟合曲线, 并比较它们的拟合误差: (1) $\varphi_1(x) = a + bx^2$; (2) $\varphi_2(x) = a\mathrm{e}^{bx}$.

实验题

5.1 编制拉格朗日插值法 MATLAB 程序, 求 $\ln 0.53$ 的近似值. 已知 $f(x) = \ln x$ 的数值如下:

x	0.4	0.5	0.6	0.7
$\ln x$	−0.916291	−0.693147	−0.510826	−0.357765

5.2 编制牛顿插值法 MATLAB 程序, 求 $f(0.5)$ 的近似值. 已知的数值如下:

x_i	0.0	0.2	0.4	0.6	0.8
$f(x_i)$	0.1995	0.3965	0.5881	0.7721	0.9461

5.3 对于三次样条插值的三弯矩方法, 编制用于第一种和第二种边界条件的 MATLAB 程序. 设已知数据如下:

x_i	0.25	0.30	0.39	0.45	0.53
y_i	0.5000	0.5477	0.6245	0.6708	0.7280

第一种边界条件: $S'(0.25) = 1.000$, $S'(0.53) = 0.6868$; 第二种边界条件: $S''(0.25) = S''(0.53) = 0$. 分别用所编程序求解, 输出各插值节点的弯矩值 $\{m_i\}$ 和插值中点的样条函数值, 并作点列 $\{x_i, y_i\}$ 和样条函数 $y = S(x)$ 的图形.

5.4 编制以函数 $x^k\ (k = 0, 1, \cdots, m)$ 为基的多项式最小二乘拟合 MATLAB 程序, 并用于对下列数据作三次多项式最小二乘拟合:

x_i	−1.0	−0.5	0.0	0.5	1.0	1.5	2.0
y_i	−4.447	−0.452	0.551	0.048	−0.447	0.549	4.552

求拟合曲线 $\varphi(x) = a_0 + a_1 x + \cdots + a_n x^n$ 中的参数 $\{a_k\}$、平方误差 δ^2, 并作离散数据 $\{x_i, y_i\}$ 和拟合曲线 $y = \varphi(x)$ 的图形.

第 6 章　数值积分和数值微分

在数学分析中, 积分值是通过找原函数的办法得到的. 找一个函数的原函数并非一件容易的事情, 许多函数甚至不存在初等函数表示的原函数. 因此有必要研究积分的数值计算问题.

第 5 章指出, 如果所给函数 $f(x)$ 比较复杂, 可以构造插值多项式 $L_n(x)$ 作为 $f(x)$ 的近似表达式, 然后通过处理 $L_n(x)$ 得到 $f(x)$ 的近似结果. 本章根据这一观点讨论数值积分和数值微分.

6.1　几个常用的求积公式

6.1.1　插值型求积公式

定义 6.1 用拉格朗日插值多项式 $L_n(x)$ 替换积分

$$I^* = \int_a^b f(x)\mathrm{d}x$$

中的被积函数 $f(x)$, 然后计算

$$I = \int_a^b L_n(x)\mathrm{d}x \tag{6.1}$$

作为积分的近似值, 这样建立的求积公式称为插值型求积公式.

下面讨论插值型求积公式所具备的特征. 用拉格朗日插值多项式 $L_n(x)$ 的表达式

$$L_n(x) = \sum_{k=0}^{n} l_k(x) f(x_k)$$

代入式 (6.1), 得

$$I = \sum_{k=0}^{n} A_k f(x_k), \tag{6.2}$$

其中

$$\begin{aligned} A_k &= \int_a^b l_k(x)\mathrm{d}x = \int_a^b \prod_{\substack{j=0\\ j\neq k}}^{n} \frac{x-x_j}{x_k-x_j}\mathrm{d}x \qquad (6.3) \\ &= \int_a^b \frac{(x-x_0)\cdots(x-x_{k-1})(x-x_{k+1})\cdots(x-x_n)}{(x_k-x_0)\cdots(x_k-x_{k-1})(x_k-x_{k+1})\cdots(x_k-x_n)}\mathrm{d}x \end{aligned}$$

称为求积系数, 而 $x_k\,(k=0,1,\cdots,n)$ 则称为求积节点.

下面讨论求积系数 A_k 的计算. 为了方便, 取等距节点, 即把积分区间 $[a,b]$ 剖分成 n 等分. 令步长 $h=(b-a)/n$, 并记 $x_0=a,\ x_n=b$, 则 $n+1$ 个节点为

$$x_k = x_0 + kh, \quad k=0,1,\cdots,n.$$

作变换

$$t = \frac{x - x_0}{h},$$

代入式 (6.3), 得

$$\begin{aligned} A_k &= \int_a^b \frac{(x-x_0)\cdots(x-x_{k-1})(x-x_{k+1})\cdots(x-x_n)}{(x_k-x_0)\cdots(x_k-x_{k-1})(x_k-x_{k+1})\cdots(x_k-x_n)}\mathrm{d}x \\ &= \int_0^n \frac{h^n t(t-1)\cdots(t-k+1)(t-k-1)\cdots(t-n)}{(-1)^{n-k}h^n(n-k)!\,k!}h\mathrm{d}t \\ &= \frac{(-1)^{n-k}h}{(n-k)!\,k!}\int_0^n t(t-1)\cdots(t-k+1)(t-k-1)\cdots(t-n)\mathrm{d}t \\ &= (b-a)C_k^{(n)}, \end{aligned} \tag{6.4}$$

其中

$$C_k^{(n)} = \frac{(-1)^{n-k}}{n(n-k)!\,k!}\int_0^n t(t-1)\cdots(t-k+1)(t-k-1)\cdots(t-n)\mathrm{d}t \tag{6.5}$$

称为科茨系数, 这种等距节点的插值型求积公式通常称为牛顿–科茨公式.

显然, 式 (6.5) 中的科茨系数 $C_k^{(n)}$ 仅与区间节点数 n 和第 k 个节点有关, 而与积分区间无关. 因此可以事先计算出结果. 表 6.1 列出了从 $n=1$ 到 $n=8$ 的科茨系数.

表 6.1 科茨系数表

n	$C_k^{(n)}$								
1	$\frac{1}{2}$	$\frac{1}{2}$							
2	$\frac{1}{6}$	$\frac{4}{6}$	$\frac{1}{6}$						
3	$\frac{1}{8}$	$\frac{3}{8}$	$\frac{3}{8}$	$\frac{1}{8}$					
4	$\frac{7}{90}$	$\frac{32}{90}$	$\frac{12}{90}$	$\frac{32}{90}$	$\frac{7}{90}$				
5	$\frac{19}{288}$	$\frac{75}{288}$	$\frac{50}{288}$	$\frac{50}{288}$	$\frac{75}{288}$	$\frac{19}{288}$			
6	$\frac{41}{840}$	$\frac{216}{840}$	$\frac{27}{840}$	$\frac{272}{840}$	$\frac{27}{840}$	$\frac{216}{840}$	$\frac{41}{840}$		
7	$\frac{751}{17280}$	$\frac{3577}{17280}$	$\frac{1323}{17280}$	$\frac{2989}{17280}$	$\frac{2989}{17280}$	$\frac{1323}{17280}$	$\frac{3577}{17280}$	$\frac{751}{17280}$	
8	$\frac{989}{28350}$	$\frac{5888}{28350}$	$\frac{-928}{28350}$	$\frac{10496}{28350}$	$\frac{-4540}{28350}$	$\frac{10496}{28350}$	$\frac{-928}{28350}$	$\frac{5888}{28350}$	$\frac{989}{28350}$

可以看出, 科茨系数具有如下特点:

(1) $\sum\limits_{k=0}^{n} C_k^{(n)} = 1$;

(2) $C_k^{(n)}$ 对 k 具有对称性, 即 $C_k^{(n)} = C_{n-k}^{(n)}$;

(3) 当 $n \geqslant 8$ 时科茨系数有正有负, 此时相应的求积公式的稳定性得不到保证, 故在实际计算中不宜采用高阶的牛顿–科茨公式.

6.1.2 代数精度

一般来说, I 的值都不等于 I^* 的精确值, 它们的差称为式 (6.2) 的余项, 也叫做截断误差. 由插值余项公式知, 对于式 (6.3), 其余项为

$$R[f]=I^*-I=\int_a^b \frac{f^{(n+1)}(\xi)}{(n+1)!}\omega(x)\,\mathrm{d}x, \tag{6.6}$$

其中 ξ 与变量 x 有关, 且 $\omega(x)=(x-x_0)(x-x_1)\cdots(x-x_n)$.

除了上述插值型求积公式外, 还有其他许多种类型的求积公式. 为了判别各种求积公式的优劣, 需要一个标准. 通常用所谓的代数精度来表示一个求积公式的优劣程度. 下面给出代数精度的定义.

定义 6.2 如果某求积公式对于一个小于等于 m 次的多项式 $f(x)$ 是准确的, 即成立

$$\int_a^b f(x)\mathrm{d}x=\sum_{k=0}^{n}A_k f(x_k), \tag{6.7}$$

但对于某个 $m+1$ 次以上的多项式是不准确的, 则称该求积公式的代数精度为 m 次.

利用代数精度的概念, 可以得到下面的结论.

定理 6.1 式 (6.2) 是插值型求积公式的充要条件是: 它的代数精度至少为 n.

证 必要性. 若式 (6.2) 是插值型求积公式, 则式 (6.6) 成立. 故对于次数不超过 n 的多项式 $f(x)$, 其余项 $R[f]=0$, 即式 (6.7) 精确成立, 故此时式 (6.2) 的代数精度至少为 n.

充分性. 若式 (6.2) 的代数精度至少为 n, 则它对于插值基函数 $l_k(x)\,(k=0,1,\cdots,n)$ 是准确的, 即有

$$\int_a^b l_k(x)\mathrm{d}x=\sum_{j=0}^{n}A_j l_k(x_j),$$

由于 $l_k(x_j)=\delta_{kj}$, 上式右边实际上就等于 A_k, 即

$$A_k=\int_a^b l_k(x)\mathrm{d}x$$

成立, 从而 $A_k=C_k^{(n)}$, 故式 (6.2) 是插值型求积公式. □

例 6.1 证明下面的求积公式具有三次代数精度:

$$\int_0^1 f(x)\mathrm{d}x\approx\frac{1}{2}[f(0)+f(1)]-\frac{1}{12}[f'(1)-f'(0)]. \tag{6.8}$$

证 (1) 令 $f(x)=1$, 代入式 (6.8), 得

$$左边 = 1 = 右边.$$

(2) 令 $f(x)=x$, 代入式 (6.8), 得

$$左边 = \int_0^1 x\mathrm{d}x = \frac{1}{2} \ = \ 右边 = \frac{1}{2}(0+1) - \frac{1}{12}(1-1) = \frac{1}{2}.$$

(3) 令 $f(x)=x^2$, 代入式 (6.8), 得

$$左边 = \int_0^1 x^2\mathrm{d}x = \frac{1}{3} \ = \ 右边 = \frac{1}{2}(0+1) - \frac{1}{12}(2-0) = \frac{1}{2} - \frac{1}{6} = \frac{1}{3}.$$

(4) 令 $f(x)=x^3$, 代入式 (6.8), 得

$$左边 = \int_0^1 x^3\mathrm{d}x = \frac{1}{4} \ = \ 右边 = \frac{1}{2}(0+1) - \frac{1}{12}(3-0) = \frac{1}{2} - \frac{1}{4} = \frac{1}{4}.$$

(5) 令 $f(x)=x^4$, 代入式 (6.8), 得

$$左边 = \int_0^1 x^4\mathrm{d}x = \frac{1}{5} \ \neq \ 右边 = \frac{1}{2}(0+1) - \frac{1}{12}(4-0) = \frac{1}{2} - \frac{1}{3} = \frac{1}{6}.$$

上述表明, 式 (6.8) 对不超过三次的多项式是准确的, 而对三次以上的多项式是不准确的. 根据代数精度的定义, 式 (6.8) 具有三次代数精度.

6.1.3 几个常用的求积公式

本节介绍几个常用的求积公式.

1. 中点公式

对于函数 $f(x)$, 如果用它在 $x=(a+b)/2$ 处的函数值近似代替, 即得所谓的中点公式

$$M = (b-a)f\Big(\frac{a+b}{2}\Big). \tag{6.9}$$

中点公式的截断误差为

$$R_M[f] = \frac{1}{24}(b-a)^3 f''(\xi), \quad \xi \in (a,b). \tag{6.10}$$

可推导如下: 设 $f(x) \in C^2([a,b])$, 由泰勒公式

$$f(x) = f\Big(\frac{a+b}{2}\Big) + f'\Big(\frac{a+b}{2}\Big)\Big(x - \frac{a+b}{2}\Big) + \frac{1}{2}f''(\eta(x))\Big(x - \frac{a+b}{2}\Big)^2, \ \ \eta(x) \in (a,b).$$

对上式两边在 $[a,b]$ 上积分, 得

$$\int_a^b f(x)\mathrm{d}x \ = \ \int_a^b f\Big(\frac{a+b}{2}\Big)\mathrm{d}x + f'\Big(\frac{a+b}{2}\Big)\int_a^b \Big(x - \frac{a+b}{2}\Big)\mathrm{d}x$$

$$
\begin{aligned}
& + \frac{1}{2}\int_a^b f''(\eta(x))\Big(x-\frac{a+b}{2}\Big)^2 \mathrm{d}x \\
= \ & (b-a)f\Big(\frac{a+b}{2}\Big)+\frac{1}{2}f''(\xi)\int_a^b \Big(x-\frac{a+b}{2}\Big)^2 \mathrm{d}x \\
= \ & (b-a)f\Big(\frac{a+b}{2}\Big)+\frac{1}{24}(b-a)^3 f''(\xi), \quad \xi\in(a,b),
\end{aligned}
$$

上式中的第二个等式利用了积分中值定理和 $\int_a^b \Big(x-\frac{a+b}{2}\Big)\mathrm{d}x=0$. 于是, 有

$$
R_M[f]=\int_a^b f(x)\mathrm{d}x-(b-a)f\Big(\frac{a+b}{2}\Big)=\frac{1}{24}(b-a)^3 f''(\xi), \quad \xi\in(a,b).
$$

2. 梯形公式

取 $n=1$, 查科茨系数表得 $C_0^{(1)}=C_1^{(1)}=\frac{1}{2}$. 此时得到的牛顿–科茨公式称为梯形公式, 即

$$
T=\frac{b-a}{2}\big[f(a)+f(b)\big]. \tag{6.11}
$$

由插值型求积公式的误差公式 (6.6) 和积分中值定理立即可知, 式 (6.11) 的误差为

$$
\begin{aligned}
R_T[f] &= \int_a^b \frac{f''(\eta(x))}{2!}(x-a)(x-b)\mathrm{d}x \\
&= \frac{f''(\xi)}{2}\int_a^b (x-a)(x-b)\mathrm{d}x \\
&= -\frac{(b-a)^3}{12}f''(\xi), \quad a<\xi<b,
\end{aligned}
$$

即

$$
R_T[f]=-\frac{(b-a)^3}{12}f''(\xi), \quad a<\xi<b. \tag{6.12}
$$

3. 辛普森公式

利用科茨系数表, 取 $n=2$, 即 $x_0=a$, $x_1=(a+b)/2$, $x_2=b$, 查科茨系数表得 $C_0^{(2)}=C_2^{(2)}=\frac{1}{6}$, $C_1^{(2)}=\frac{4}{6}$, 此时得到的牛顿–科茨公式称为辛普森公式:

$$
S=\frac{b-a}{6}\big[f(a)+4f(c)+f(b)\big], \tag{6.13}
$$

式中: $c=(a+b)/2$ 为区间 $[a,b]$ 的中点. 辛普森公式通常也称为抛物形公式.

可以证明, 式 (6.13) 的误差为

$$
R_S[f]=-\frac{1}{90}\Big(\frac{b-a}{2}\Big)^5 f^{(4)}(\eta), \quad a<\eta<b. \tag{6.14}
$$

事实上, 假设 $f^{(4)}(x)$ 在 $[a,b]$ 上近似地取定值 C_4, 将 $f(x)$ 在 $[a,b]$ 的中点 $c=(a+b)/2$ 处泰勒展开

$$
f(x)=f(c)+f'(c)(x-c)+\frac{f''(c)}{2!}(x-c)^2+\frac{f^{(3)}(c)}{3!}(x-c)^3+\frac{C_4}{4!}(x-c)^4. \tag{6.15}
$$

然后将该展开式在 $[a,b]$ 上积分, 注意到函数 $x-c$ 和 $(x-c)^3$ 在 $[a,b]$ 上的积分为 0, 故右端第 2 项和第 4 项的积分值均为 0, 于是, 有

$$I^*=\int_a^b f(x)\mathrm{d}x \approx f(c)(b-a)+\frac{f''(c)}{3}\Big(\frac{b-a}{2}\Big)^3+\frac{C_4}{60}\Big(\frac{b-a}{2}\Big)^5. \tag{6.16}$$

另一方面, 在式 (6.15) 中分别令 $x=a$ 和 $x=b$, 得

$$f(a)=f(c)-f'(c)\frac{b-a}{2}+\frac{f''(c)}{2!}\Big(\frac{b-a}{2}\Big)^2-\frac{f^{(3)}(c)}{3!}\Big(\frac{b-a}{2}\Big)^3+\frac{C_4}{4!}\Big(\frac{b-a}{2}\Big)^4,$$

$$f(b)=f(c)+f'(c)\frac{b-a}{2}+\frac{f''(c)}{2!}\Big(\frac{b-a}{2}\Big)^2+\frac{f^{(3)}(c)}{3!}\Big(\frac{b-a}{2}\Big)^3+\frac{C_4}{4!}\Big(\frac{b-a}{2}\Big)^4.$$

代入式 (6.13), 得

$$S\approx f(c)(b-a)+\frac{f''(c)}{3}\Big(\frac{b-a}{2}\Big)^3+\frac{C_4}{36}\Big(\frac{b-a}{2}\Big)^5.$$

于是利用式 (6.16), 有

$$R_S[f]=I^*-S\approx-\frac{C_4}{90}\Big(\frac{b-a}{2}\Big)^5=-\frac{1}{90}\Big(\frac{b-a}{2}\Big)^5 f^{(4)}(\eta),\quad a<\eta<b.$$

由辛普森公式及中点公式和梯形公式的误差公式可知, 辛普森公式的代数精度为三次, 而其余两个公式的代数精度均为一次.

例 6.2 利用中点公式、梯形公式和辛普森公式分别计算积分 $I=\int_0^1 \frac{4}{1+x^2}\mathrm{d}x$ 的近似值.

解 由式 (6.9), 有

$$I\approx(1-0)\Big(\frac{4}{1+0.5^2}\Big)=3.2000.$$

由式 (6.11), 有

$$I\approx\frac{1-0}{2}\Big(\frac{4}{1+0^2}+\frac{4}{1+1^2}\Big)=3.0000.$$

由式 (6.13), 有

$$I\approx\frac{1-0}{6}\Big(\frac{4}{1+0^2}+4\times\frac{4}{1+0.5^2}+\frac{4}{1+1^2}\Big)=3.1333.$$

6.2 复化求积公式

从表 6.1 可以看到, 随着求积节点的增多 (n 的增大), 有可能导致求积系数出现负数 (当 $n\geqslant 8$ 时, 科茨系数出现了负数). 另一方面, 从求积公式的余项公式也可以看到, 被积函数所用的插值多项式次数越高, 对函数的光滑性要求也越高.

在实际应用往往不采用高阶的牛顿–科茨求积公式, 而是将积分区间划分成若干个相等的小区间, 在各小区间上采用低阶的求积公式 (中点公式、梯形公式或辛普森公式), 然后利用积分的区间可加性, 把各区间上的积分值加起来, 便得到新的求积公式, 这就是复化求积公式的基本思想.

6.2.1 复化中点公式及其 MATLAB 程序

1. 复化中点公式及其误差

将积分区间 $[a,b]$ 剖分为 n 等分，分点为 $x_k = a + kh(k = 0,1,\cdots,n)$, 并记 $x_{k+\frac{1}{2}} = \frac{1}{2}(x_k + x_{k+1})$, 其中 $h = (b-a)/n$. 在每个小区间 $[x_k, x_{k+1}]$ 上用中点公式, 则有

$$\begin{aligned}\int_a^b f(x)\mathrm{d}x &= \sum_{k=0}^{n-1}\int_{x_k}^{x_{k+1}} f(x)\mathrm{d}x \\ &= \sum_{k=0}^{n-1}\Big\{(x_{k+1}-x_k)f(x_{k+\frac{1}{2}}) + R_k[f]\Big\} \\ &= h\sum_{k=0}^{n-1} f(x_{k+\frac{1}{2}}) + \sum_{k=0}^{n-1} R_k[f].\end{aligned}$$

记

$$M_n = h\sum_{k=0}^{n-1} f(x_{k+\frac{1}{2}}). \tag{6.17}$$

式 (6.17) 称为复化中点公式, 下标 n 表示将积分区间 $[a,b]$ 的等分数.

下面我们来讨论复化中点公式的误差. 记

$$R[M_n] = \sum_{k=0}^{n-1} R_k[f]$$

为复化中点公式的余项, 则

$$R[M_n] = \sum_{k=0}^{n-1}\Big[\frac{(x_{k+1}-x_k)^3}{24} f''(\eta_k)\Big] = \frac{h^3}{24}\sum_{k=0}^{n-1} f''(\eta_k).$$

假设 $f(x)$ 二次连续可微, 则 $f''(x)$ 在 $[a,b]$ 上必存在最大值 M 和最小值 m, 即

$$m \leqslant f''(\eta_k) \leqslant M \Rightarrow nm \leqslant \sum_{k=0}^{n-1} f''(\eta_k) \leqslant nM$$

由此得

$$m \leqslant \frac{1}{n}\sum_{k=0}^{n-1} f''(\eta_k) \leqslant M.$$

于是由连续函数的介值定理, 必存在一点 $\xi \in [a,b]$, 使得

$$f''(\xi) = \frac{1}{n}\sum_{k=0}^{n-1} f''(\eta_k).$$

从而, 有

$$R[M_n] = \frac{h^3}{24} n f''(\xi) = \frac{b-a}{24} h^2 f''(\xi). \tag{6.18}$$

由复化中点公式的余项公式 (6.18) 可知, 在给定的精度要求下, 可以决定积分区间的等分数 n.

例 6.3 利用复化中点公式计算积分

$$I=\int_0^1 \frac{\sin x}{x}\mathrm{d}x,$$

使其误差界为 10^{-4}, 应将积分区间 $[0,1]$ 多少等分?

解 设

$$f(x)=\frac{\sin x}{x}=\int_0^1 \cos(tx)\mathrm{d}t.$$

则

$$f^{(k)}(x)=\int_0^1 \frac{\mathrm{d}^k}{\mathrm{d}x^k}[\cos(tx)]\mathrm{d}t=\int_0^1 t^k\cos\left(tx+\frac{k\pi}{2}\right)\mathrm{d}t.$$

从而

$$|f^{(k)}(x)|\leqslant\int_0^1 \left|t^k\cos\left(tx+\frac{k\pi}{2}\right)\right|\mathrm{d}t\leqslant\int_0^1 t^k\mathrm{d}t=\frac{1}{k+1}.$$

故由

$$|R[M_n]|=\left|\frac{1-0}{24}h^2 f''(\xi)\right|\leqslant\frac{h^2}{24}\times\frac{1}{2+1}=\frac{h^2}{72}\leqslant 10^{-4},$$

得 $h\leqslant 6\sqrt{2}\times 10^{-2}$, 即

$$n=\frac{1}{h}\geqslant\frac{1}{6\sqrt{2}}\times 10^2\approx 11.79,$$

所以区间 $[0,1]$ 应该 12 等分才能满足精度要求.

2. 复化中点公式的 MATLAB 程序

下面给出复化中点公式的 MATLAB 程序:

- 复化中点公式 MATLAB 程序

```
%程序6.1--mintm.m
function s=mintm(f,a,b,n)
%用途: 用复化中点公式求积分.
%格式: s=mintm(f,a,b,n)  f为被积函数,a,b为积分
%区间的左右端点,n为区间的等分数,s返回积分近似值
h=(b-a)/n;
x=linspace(a+h/2,b-h/2,n);
y=feval(f,x);
s=h*sum(y)
```

例 6.4 取 $n=20$, 利用复化中点公式计算积分 $I=\int_0^1 \frac{4}{1+x^2}\mathrm{d}x$ 的近似值.

解 在 MATLAB 命令窗口执行

```
>> format long
>> f=@(x)4./(1+x.^2);
>> s=mintm(f,0,1,20)
```

计算结果如下:

```
s =
   3.141800986893094
```

6.2.2 复化梯形公式及其 MATLAB 程序

1. 复化梯形公式及其误差

将积分区间 $[a,b]$ 剖分为 n 等分, 分点为 $x_k = a + kh\,(k = 0,1,\cdots,n)$, 其中 $h=(b-a)/n$. 在每个小区间 $[x_k, x_{k+1}]$ 上用梯形公式, 则有

$$\begin{aligned}\int_a^b f(x)\mathrm{d}x &= \sum_{k=0}^{n-1}\int_{x_k}^{x_{k+1}} f(x)\mathrm{d}x\\ &= \sum_{k=0}^{n-1}\Big\{\frac{x_{k+1}-x_k}{2}[f(x_k)+f(x_{k+1})]+R_k[f]\Big\}\\ &= \frac{h}{2}\sum_{k=0}^{n-1}\big[f(x_k)+f(x_{k+1})\big]+\sum_{k=0}^{n-1}R_k[f].\end{aligned}$$

记

$$T_n = \frac{h}{2}\sum_{k=0}^{n-1}\big[f(x_k)+f(x_{k+1})\big] = \frac{h}{2}\Big[f(a)+f(b)+2\sum_{k=1}^{n-1}f(x_k)\Big]. \tag{6.19}$$

式 (6.19) 称为复化梯形公式, 下标 n 表示将积分区间 $[a,b]$ 的等分数.

下面讨论复化梯形公式的误差. 记

$$R[T_n] = \sum_{k=0}^{n-1}R_k[f]$$

为复化梯形公式的余项, 则

$$R[T_n] = \sum_{k=0}^{n-1}\Big[-\frac{(x_{k+1}-x_k)^3}{12}f''(\eta_k)\Big] = -\frac{h^3}{12}\sum_{k=0}^{n-1}f''(\eta_k).$$

假设 $f(x)$ 二次连续可微, 则 $f''(x)$ 在 $[a,b]$ 上必存在最大值 M 和最小值 m, 即

$$m \leqslant f''(\eta_k) \leqslant M \Rightarrow nm \leqslant \sum_{k=0}^{n-1}f''(\eta_k) \leqslant nM.$$

由此得

$$m \leqslant \frac{1}{n}\sum_{k=0}^{n-1} f''(\eta_k) \leqslant M.$$

于是由连续函数的介值定理, 必存在一点 $\xi \in [a, b]$, 使得

$$f''(\xi) = \frac{1}{n}\sum_{k=0}^{n-1} f''(\eta_k).$$

从而, 有

$$R[T_n] = -\frac{h^3}{12}nf''(\xi) = -\frac{b-a}{12}h^2 f''(\xi). \tag{6.20}$$

同样, 根据复化梯形公式的余项公式 (6.20), 在给定的精度要求下, 可以决定积分区间的等分数 n.

例 6.5 利用复化梯形公式计算积分

$$I = \int_0^1 \frac{\sin x}{x}\mathrm{d}x,$$

使其误差界为 10^{-4}, 应将积分区间 $[0,1]$ 多少等分?

解 由例 6.3 可知 $|f^{(k)}(x)| \leqslant \dfrac{1}{k+1}$. 故由

$$|R[T_n]| = \left| -\frac{1-0}{12}h^2 f''(\xi)\right| \leqslant \frac{h^2}{12} \times \frac{1}{2+1} = \frac{h^2}{36} \leqslant 10^{-4},$$

得 $h \leqslant 6 \times 10^{-2}$, 即

$$n = \frac{1}{h} \geqslant \frac{1}{6} \times 10^2 \approx 16.67,$$

所以区间 $[0,1]$ 应该 17 等分才能满足精度要求.

2. 复化梯形公式的通用程序

下面给出复化梯形公式的 MATLAB 通用程序:

- 复化梯形公式 MATLAB 程序

```
%程序6.2--mtrap.m
function s=mtrap(f,a,b,n)
%用途: 用复化梯形公式求积分.
%格式: s=mtrap(f,a,b,n)  f为被积函数,a,b为积分
%区间的左右端点,n为区间的等分数,s返回积分近似值
h=(b-a)/n;
x=linspace(a,b,n+1);
y=feval(f,x);
s=0.5*h*(y(1)+2*sum(y(2:n))+y(n+1));
```

例 6.6 取 $n=20$, 利用复化梯形公式计算积分 $I=\int_0^1 \frac{4}{1+x^2}\mathrm{d}x$ 的近似值.

解 在 MATLAB 命令窗口执行

```
>> format long
>> f=@(x)4./(1+x.^2);
>> s=mtrap(f,0,1,20)
```

计算结果如下:

```
s =
    3.141175986954129
```

6.2.3 复化辛普森公式及其 MATLAB 程序

1. 复化辛普森公式及其误差

将积分区间 $[a,b]$ 分成 n 等分, 分点为 $x_k=a+kh\,(k=0,1,\cdots,n)$, 其中 $h=(b-a)/n$. 记区间 $[x_k,x_{k+1}]$ 的中点为 $x_{k+\frac{1}{2}}$, 在每个小区间 $[x_k,x_{k+1}]$ 上用辛普森公式, 则得到所谓的复化辛普森公式:

$$S_n=\sum_{k=0}^{n-1}\frac{x_{k+1}-x_k}{6}\left[f(x_k)+4f(x_{k+\frac{1}{2}})+f(x_{k+1})\right],$$

即

$$S_n=\frac{h}{6}\Big[f(a)+f(b)+2\sum_{k=1}^{n-1}f(x_k)+4\sum_{k=0}^{n-1}f(x_{k+\frac{1}{2}})\Big]. \tag{6.21}$$

类似于复化梯形公式, 复化辛普森公式的余项为

$$R[S_n]=-\frac{b-a}{180}\left(\frac{h}{2}\right)^4 f^{(4)}(\xi),\quad \xi\in[a,b]. \tag{6.22}$$

事实上

$$\begin{aligned}
R[S_n] &= \sum_{k=0}^{n-1}R_k[f]=\sum_{k=0}^{n-1}\left[-\frac{1}{90}\left(\frac{x_{k+1}-x_k}{2}\right)^5 f^{(4)}(\eta_k)\right]\\
&= -\frac{1}{90}\left(\frac{h}{2}\right)^5\sum_{k=0}^{n-1}f^{(4)}(\eta_k)=-\frac{1}{90}\left(\frac{h}{2}\right)^5 nf^{(4)}(\xi)\\
&= -\frac{b-a}{180}\left(\frac{h}{2}\right)^4 f^{(4)}(\xi).
\end{aligned}$$

例 6.7 利用复化辛普森公式计算积分

$$I=\int_0^1\frac{\sin x}{x}\mathrm{d}x,$$

使其误差界为 10^{-4}, 应将积分区间 $[0,1]$ 多少等分?

解 利用例 6.3 的结果知

$$|f^{(k)}| \leqslant \frac{1}{k+1}.$$

故由

$$|R[S_n]| \leqslant \left| -\frac{1-0}{180}\left(\frac{h}{2}\right)^4 f^{(4)}(\xi) \right| \leqslant \frac{h^4}{2880} \times \frac{1}{4+1} = \frac{h^4}{14400} \leqslant 10^{-4},$$

得

$$h \leqslant \frac{1}{5}\sqrt{30},$$

于是

$$n = \frac{1}{h} \geqslant \frac{5}{\sqrt{30}} \approx 0.9129.$$

故取 $n=1$ 即可, 这意味着直接对区间 $[0,1]$ 使用辛普森公式即可达到所要求的精度.

2. 复化辛普森公式的 MATLAB 程序

下面给出复化辛普森公式的 MATLAB 程序:

- 复化辛普森公式 MATLAB 程序

```
%程序6.3--msimp.m
function s=msimp(f,a,b,n)
%用途: 用复化辛普森公式求积分.
%格式: s=msimp(f,a,b,n)  f为被积函数;a,b为积分
%区间的左右端点,n为区间的等分数,s返回积分近似值
h=(b-a)/n;
x=linspace(a,b,2*n+1);
y=feval(f,x);
s=(h/6)*(y(1)+2*sun(y(3:2:2*n-1))+4*sum(y(2:2:2*n))+y(n+1));
```

例 6.8 取 $n=20$, 利用复化辛普森公式计算积分 $I=\int_0^1 \frac{4}{1+x^2}\mathrm{d}x$ 的近似值.

解 在 MATLAB 命令窗口执行

```
>> format long
>> f=@(x)4./(1+x.^2);
>> s=msimp(f,0,1,20)
```

计算结果如下:

```
s =
   3.141592653580106
```

6.3 外推加速技术与龙贝格求积公式

6.2 节给出的三个复化求积公式都是有效的求积方法, 步长 h 越小, 计算的精度越高. 这类事先给定步长的求积方法称为定步长求积方法. 但在实际应用中, 定步长求积方法具有局限性: 如果步长取得太大, 计算精度就难以保证; 否则, 步长取得太小, 则会增加不必要的计算开销. 因此, 在给定精度的情形下, 往往采用变步长求积方法, 即通过不断调整步长的方式进行计算.

6.3.1 变步长梯形算法及其 MATLAB 程序

在数值求积过程中, 步长的选取是一个很困难的问题. 由余项公式确定步长时, 由于涉及到高阶导数估计, 实际中很难应用. 实际应用中数值求积主要依靠自动选择步长的方法. 对于给定的 n, 当由复化梯形公式 T_n 计算不能满足精度要求时, 可进一步考虑对分每个小区间, 计算 T_{2n}: 将原来的每个小区间对分, 这时节点总数为 $2n+1$, 设增加的 n 个分点为 $x_{k+\frac{1}{2}}\,(k=0,1,\cdots,n-1)$, 在每个小区间上再用梯形公式, 有

$$\begin{aligned}
T_{2n} &= \sum_{k=0}^{n-1}\left\{\frac{x_{k+\frac{1}{2}}-x_k}{2}\left[f(x_k)+f(x_{k+\frac{1}{2}})\right]\right.\\
&\qquad\left.+\frac{x_{k+1}-x_{k+\frac{1}{2}}}{2}\left[f(x_{k+\frac{1}{2}})+f(x_{k+1})\right]\right\}\\
&= \frac{h}{4}\sum_{k=0}^{n-1}\left[f(x_k)+2f(x_{k+\frac{1}{2}})+f(x_{k+1})\right]\\
&= \frac{h}{4}\sum_{k=0}^{n-1}\left[f(x_k)+f(x_{k+1})\right]+\frac{h}{2}\sum_{k=0}^{n-1}f(x_{k+\frac{1}{2}}).
\end{aligned}$$

从而有

$$T_{2n}=\frac{1}{2}T_n+\frac{h}{2}\sum_{k=0}^{n-1}f(x_{k+\frac{1}{2}}). \tag{6.23}$$

式 (6.23) 表明, 区间对分后, 只需计算出新分点的函数值, 而原复化梯形公式的值作为一个整体保留, 不需要重复计算原节点的函数值, 便可得出对分后的积分值, 从而减少了计算量. 式 (6.23) 称为变步长梯形公式.

由式 (6.20), 得

$$R[T_{2n}]=-\frac{b-a}{12}\left(\frac{h}{2}\right)^2 f''(\bar{\xi}). \tag{6.24}$$

若假定 $f''(\bar{\xi})\approx f''(\xi)$, 那么由式 (6.20) 和式 (6.24), 有

$$\frac{R[T_{2n}]}{R[T_n]}=\frac{I^*-T_{2n}}{I^*-T_n}\approx\frac{1}{4}, \tag{6.25}$$

即

$$I^*-T_{2n}\approx\frac{1}{3}(T_{2n}-T_n). \tag{6.26}$$

式 (6.26) 表明, 只要以步长分别为 h 和 $h/2$ 的积分近似值 T_n 和 T_{2n} 充分接近, 就能保证 T_{2n} 与积分精确值 I^* 的误差充分小, 且误差界为 $|T_{2n}-T_n|/3$. 可以将上述分析过程归纳成变步长梯形算法.

算法 6.1 (变步长梯形算法)

(1) 输入 a, b 及精度 ε, 取初始步长 $h=b-a$.

(2) 计算 T_n.

(3) 取步长 $h:=h/2$, 计算 T_{2n}.

(4) 若 $|T_{2n}-T_n|\leqslant\varepsilon$, 停算, 输出 T_{2n} 作为积分近似值. 否则, $n:=2n$, 转步骤 (3).

根据上面的算法 6.1 可编制 MATLAB 通用程序如下:

- 变步长梯形算法 MATLAB 程序

```
%程序6.4--mvtrap.m
function [T2,k,n]=mvtrap(f,a,b,eps)
%用途: 用复化梯形公式求积分.
%格式: [T2,k]=mvtrap(f,a,b,eps)   f为被积函数,a,b为积分区间的左右端
%点,eps为控制精度,T2返回积分近似值,k为对分区间的次数,n为区间的等分数
h=b-a;
T1=h*(feval(f,a)+feval(f,b))/2;
T2=T1/2+(h/2)*feval(f,a+h/2);
k=1;n=2;
while(abs(T2-T1)>eps)
    h=h/2; T1=T2;
    T2=T1/2+(h/2)*sum(feval(f,a+h/2:h:b-h/2));
    k=k+1; n=2*n;
end
```

例 6.9 取 $\varepsilon=10^{-10}$, 利用变步长梯形算法程序 mvtrap.m 计算积分 $I=\int_0^1\frac{4}{1+x^2}\mathrm{d}x$ 的近似值.

解 在 MATLAB 命令窗口执行

```
>> format long
>> f=@(x)4./(1+x.^2);
>> [T,k,n]=mvtrap(f,0,1,1.e-10)
```

计算结果如下:

```
T =
    3.141592653580082
k =
    17
n =
    131072
```

6.3.2 外推法与龙贝格求积公式

6.3.1 节介绍的变步长梯形算法的优点是算法简单, 编程容易; 缺点是收敛速度缓慢. 因此, 有必要利用加速技术对其进行改进. 事实上, 由式 (6.26), 得

$$I^* \approx \frac{4}{3}T_{2n} - \frac{1}{3}T_n.$$

上式的右端是否比 T_{2n} 的精度更高呢? 通过实际计算, 得

$$\begin{aligned}
\frac{4}{3}T_{2n} - \frac{1}{3}T_n &= \frac{4}{3}\Big[\frac{1}{2}T_n + \frac{h}{2}\sum_{k=0}^{n-1} f(x_{k+\frac{1}{2}})\Big] - \frac{1}{3}T_n \\
&= \frac{1}{3}T_n + \frac{2h}{3}\sum_{k=0}^{n-1} f(x_{k+\frac{1}{2}}) \\
&= \frac{1}{3}\Big\{\frac{h}{2}\Big[f(a) + f(b) + 2\sum_{k=1}^{n-1} f(x_k)\Big]\Big\} + \frac{2h}{3}\sum_{k=0}^{n-1} f(x_{k+\frac{1}{2}}) \\
&= \frac{h}{6}\Big[f(a) + f(b) + 2\sum_{k=1}^{n-1} f(x_k) + 4\sum_{k=0}^{n-1} f(x_{k+\frac{1}{2}})\Big],
\end{aligned}$$

上式的右端恰为复化辛普森公式, 即

$$S_n = \frac{4}{3}T_{2n} - \frac{1}{3}T_n. \tag{6.27}$$

式 (6.27) 说明, 复化辛普森公式可以简单地由复化梯形公式的线性组合得到, 这种由较低精度的计算结果通过线性组合得到精度较高的计算结果的方法叫做外推法.

下面阐述通过适当的线性组合, 把复化梯形公式的近似值组合成更高精度的积分近似值的方法.

用复化梯形公式, 取区间长度为 h, 公式的值 $T(h)$ 与原积分值

$$I^* = \int_a^b f(x)\mathrm{d}x$$

之间存在如下关系:

$$I^* = T(h) + a_2h^2 + a_4h^4 + \cdots \tag{6.28}$$

式中: $a_2, a_4, \cdots$ 是与 h 无关的常数. 上式表明, 用 $T(h)$ 来近似 I^*, 其截断误差为

$$R[T(h)] = a_2h^2 + a_4h^4 + \cdots = O(h^2).$$

若对分区间, 新区间的长度变为 $h/2$, 将新区间长度代入式 (6.28), 得

$$\begin{aligned} I^* &= T\left(\frac{h}{2}\right) + a_2\left(\frac{h}{2}\right)^2 + a_4\left(\frac{h}{2}\right)^4 + \cdots \\ &= T\left(\frac{h}{2}\right) + \frac{1}{4}a_2h^2 + \frac{1}{16}a_4h^4 + \cdots \end{aligned} \tag{6.29}$$

用式 (6.29) 的 4 倍减去式 (6.28), 得

$$3I^* = 4T\left(\frac{h}{2}\right) - T(h) + \left(\frac{1}{4} - 1\right)a_4h^4 + \cdots$$

则

$$I^* = \frac{4T\left(\frac{h}{2}\right) - T(h)}{3} + O(h^4). \tag{6.30}$$

上式消去了 h^2 项. 若记

$$T^1(h) = T(h), \quad T^2(h) = \frac{4T^1\left(\frac{h}{2}\right) - T^1(h)}{3},$$

则用 $T^2(h)$ 作为 I^* 的近似值, 其误差为 $O(h^4)$.

这样, 式 (6.30) 可以写成

$$I^* = T^2(h) + b_4h^4 + b_6h^6 + \cdots \tag{6.31}$$

同理, 可用 $T^2(h)$ 的线性组合表示 I^*, 即再将区间对分, 消去 h^4 项, 得

$$I^* = \frac{4^2T^2\left(\frac{h}{2}\right) - T^2(h)}{4^2 - 1} + O(h^6) = T^3(h) + O(h^6), \tag{6.32}$$

其中

$$T^3(h) = \frac{4^2T^2\left(\frac{h}{2}\right) - T^2(h)}{4^2 - 1}.$$

这个推导过程继续下去就得到了龙贝格求积公式. 将它完整地写出来就是

$$T^1(h) = T(h), \quad T^{k+1}(h) = \frac{4^kT^k\left(\frac{h}{2}\right) - T^k(h)}{4^k - 1}, \quad k = 1, 2, \cdots \tag{6.33}$$

下面给出龙贝格求积公式的算法步骤.

算法 6.2 (龙贝格求积算法)

(1) 输入 a, b 及精度 ε.

(2) 置 $h = b - a$, $n = 1$, $J = 0$, $T_1^1 = \frac{h}{2}(f(a) + f(b))$.

(3) 置 $J := J + 1$, $h := h/2$,

计算: $T_{J+1}^1 = \frac{1}{2}T_J^1 + \frac{h}{2}\sum\limits_{i=1}^{n} f(x_{i-\frac{1}{2}})$,

对 $k = 1, \cdots, J$, 计算: $T_{J+1}^{k+1} = \frac{4^kT_{J+1}^k - T_J^k}{4^k - 1}$.

(4) 若满足终止条件, 停算; 否则, 置 $n := 2n$, 转步骤 (3).

在上面的算法中, 终止条件一般取为

$$|T_{J+1}^{J+1} - T_{J+1}^{J}| \leqslant \varepsilon.$$

6.3.3 龙贝格加速公式的 MATLAB 程序

根据上面的算法 6.2 可编制 MATLAB 程序如下：

- 龙贝格求积公式 MATLAB 程序

```
%程序6.5--mromb.m
function [T,n]=mromb(f,a,b,eps)
%用途: 用龙贝格公式求积分
%格式: [R,n]=mromb(f,a,b,eps), f是被积函数, [a,b]是积分
%区间,eps控制精度, R返回积分近似值,n返回区间等分数
if nargin<4,eps=1e-6;end
h=b-a;
R(1,1)=(h/2)*(feval(f,a)+feval(f,b));
n=1; J=0; err=1;
while (err>eps)
  J=J+1; h=h/2; S=0;
  for i=1:n
     x=a+h*(2*i-1);
     S=S+feval(f,x);
  end
  R(J+1,1)=R(J,1)/2+h*S;
  for k=1:J
     R(J+1,k+1)=(4^k*R(J+1,k)-R(J,k))/(4^k-1);
  end
  err=abs(R(J+1,J+1)-R(J+1,J));
  n=2*n;
end
R; %龙贝格表
T=R(J+1,J+1);
```

例 6.10 利用龙贝格求积公式程序 6.5 (mromb.m) 计算积分 $I = \int_0^1 \frac{4}{1+x^2}\mathrm{d}x$ 的近似值, 取控制精度 $\varepsilon = 10^{-10}$.

解 在 MATLAB 命令窗口执行

```
>> format long
>> f=@(x)4./(1+x.^2);
>> [T,n]=mromb(f,0,1,1.e-10)
```

计算结果如下:

```
T =
   3.141592653638244
n =
    32
```

6.4 高斯型求积公式及其 MATLAB 实现

6.4.1 高斯型求积公式

对已知求积公式 (6.2) 可以讨论它的代数精度, 反之也可以按照代数精度要求导出求积公式. 对于式 (6.2), 当求积节点 $x_k\,(k=0,1,\cdots,n)$ 固定时, 式 (6.2) 有 $n+1$ 个待定参数, 故此时可要求它满足对 $1,x,\cdots,x^n$ "准确"这样 $n+1$ 个约束条件, 从而使之至少具有 n 次代数精度.

进一步, 可考虑将 $x_k\,(k=0,1,\cdots,n)$ 也视为待定参数, 这样式 (6.2) 的待定参数就有 $2n+2$ 个, 从而可望式 (6.2) 的代数精度达到 $2n+1$. 此类高精度的求积公式称为高斯型公式, 而对应的节点 $x_k\,(k=0,1,\cdots,n)$ 称为区间 $[a,b]$ 上的高斯点.

例 6.11 导出一点高斯公式

$$I=\int_a^b f(x)\mathrm{d}x\approx\omega_0 f(x_0). \tag{6.34}$$

解 由式 (6.34), 有 $2\times0+1=1$ 次代数精度, 因此 (6.34) 对 $f(x)=1$ 和 $f(x)=x$ 是准确的. 故有

$$\begin{cases}\omega_0=b-a\\ x_0\omega_0=\dfrac{b^2-a^2}{2}\end{cases}\Rightarrow\begin{cases}\omega_0=b-a\\ x_0=\dfrac{b+a}{2}\end{cases}\Rightarrow I\approx(b-a)f\Big(\frac{a+b}{2}\Big).$$

因此, $[a,b]$ 上的一阶高斯点为 $(a+b)/2$, 恰为区间的中点.

例 6.12 导出两点高斯公式

$$I=\int_a^b f(x)\mathrm{d}x\approx\omega_0 f(x_0)+\omega_1 f(x_1). \tag{6.35}$$

解 由式 (6.35), 有 $2\times1+1=3$ 次代数精度, 因此, 式 (6.35) 对 $f(x)=1$, $f(x)=x$, $f(x)=x^2$ 和 $f(x)=x^3$ 是准确的. 由此可得一个四元线性方程组, 求解困难. 简化运算的方法是, 先设 $a=-1$, $b=1$, 此时, 有

$$\begin{aligned}
&\omega_0+\omega_1=2, && \text{ⓐ}\\
&x_0\omega_0+x_1\omega_1=0, && \text{ⓑ}\\
&x_0^2\omega_0+x_1^2\omega_1=2/3, && \text{ⓒ}\\
&x_0^3\omega_0+x_1^3\omega_1=0, && \text{ⓓ}
\end{aligned}$$

当已知 x_0,x_1 时, 上面的方程 ⓑ,ⓓ 是关于 ω_0,ω_1 的齐次线性方程组

$$\begin{cases} x_0\omega_0+x_1\omega_1=0,\\ x_0^3\omega_0+x_1^3\omega_1=0.\end{cases}$$

由于 ω_0,ω_1 不全为零, 故由克莱姆规则, 有

$$\begin{vmatrix} x_0 & x_1\\ x_0^3 & x_1^3\end{vmatrix}=x_0x_1(x_1^2-x_0^2)=0.$$

又易知 $x_0x_1\neq0$, 故 $x_0^2=x_1^2=t$, 代入方程 ⓐ,ⓒ, 得 $t=1/3$, 导出

$$x_0=-\frac{1}{\sqrt3},\quad x_1=\frac{1}{\sqrt3}$$

由此, 再根据方程 ⓐ,ⓑ, 得 $\omega_0=\omega_1=1$, 即有

$$\int_{-1}^{1}f(x)\mathrm{d}x\approx f\Big(-\frac{1}{\sqrt3}\Big)+f\Big(\frac{1}{\sqrt3}\Big). \tag{6.36}$$

在一般情形下, 只需通过线性变换

$$x=\frac{b-a}{2}t+\frac{a+b}{2}$$

将 $[a,b]$ 变为 $[-1,1]$. 事实上, 有

$$\begin{aligned}
\int_a^b f(x)\mathrm{d}x &= \int_{-1}^{1}f\Big(\frac{b-a}{2}t+\frac{a+b}{2}\Big)\frac{b-a}{2}\mathrm{d}t\\
&\approx \frac{b-a}{2}\Big[f\Big(-\frac{b-a}{2\sqrt3}+\frac{a+b}{2}\Big)+f\Big(\frac{b-a}{2\sqrt3}+\frac{a+b}{2}\Big)\Big].
\end{aligned}$$

于是得到三次代数精度的两点高斯公式

$$I=\int_a^b f(x)\mathrm{d}x\approx\frac{b-a}{2}\Big[f\Big(-\frac{b-a}{2\sqrt3}+\frac{a+b}{2}\Big)+f\Big(\frac{b-a}{2\sqrt3}+\frac{a+b}{2}\Big)\Big].$$

$[a,b]$ 上的二阶高斯点为

$$x_0=-\frac{b-a}{2\sqrt3}+\frac{a+b}{2},\quad x_1=\frac{b-a}{2\sqrt3}+\frac{a+b}{2}.$$

更高阶的高斯公式的直接导出比较困难. 以下不加证明地给出 $[-1,1]$ 上高斯点的一般求解方法.

定理 6.2 区间 $[-1,1]$ 上 n 阶高斯点恰为勒让德多项式

$$P_n(x)=\frac{1}{2^n n!}\frac{\mathrm{d}^n}{\mathrm{d}x^n}[(x^2-1)^n]$$

的根.

例 6.13 当 $n=1$ 时, 由

$$\frac{\mathrm{d}^n}{\mathrm{d}x^n}[(x^2-1)^n]=\frac{\mathrm{d}}{\mathrm{d}x}[(x^2-1)]=2x,$$

得 $[-1,1]$ 上一阶高斯点 $x_0=0$ (结果与例 6.11 一致).

当 $n=2$ 时, 由

$$\frac{\mathrm{d}^n}{\mathrm{d}x^n}[(x^2-1)^n]=\frac{\mathrm{d}^2}{\mathrm{d}x^2}[(x^2-1)^2]=12x^2-4,$$

得 $[-1,1]$ 上二阶高斯点 $x_0=-1/\sqrt{3},\ x_1=1/\sqrt{3}$ (结果与例 6.12 一致).

当 $n=3$ 时, 由

$$\frac{\mathrm{d}^n}{\mathrm{d}x^n}[(x^2-1)^n]=\frac{\mathrm{d}^3}{\mathrm{d}x^3}[(x^2-1)^3]=120x^3-72x,$$

得 $[-1,1]$ 上三阶高斯点

$$x_0=-\sqrt{\tfrac{3}{5}},\quad x_1=0,\quad x_2=\sqrt{\tfrac{3}{5}}.$$

然后再用待定系数法解一线性方程组可得相应的求积系数 $\omega_0=\omega_2=5/9,\ \omega_1=8/9$. 于是 $[-1,1]$ 上的三点高斯公式为

$$\int_{-1}^{1}f(x)\mathrm{d}x\approx\frac{5}{9}f\Big(-\sqrt{\frac{3}{5}}\Big)+\frac{8}{9}f(0)+\frac{5}{9}f\Big(-\sqrt{\frac{3}{5}}\Big),\tag{6.37}$$

该公式具有五次代数精度.

六阶以下高斯求积公式的高斯点和求积系数见表 6.2.

表 6.2 高斯求积公式的高斯点和对应的求积系数

n	高斯点	求积系数 (ω_i)	代数精度
1	0	2	1
2	±0.577350	1	3
3	0 ±0.774597	0.888889 0.555556	5
4	±0.861136 ±0.339981	0.347855 0.652145	7
5	0 ±0.906180 ±0.538469	0.568889 0.236927 0.478629	9
6	±0.932470 ±0.661209 ±0.238619	0.131725 0.360762 0.467914	11

6.4.2 高斯公式的 MATLAB 程序

根据高斯积分表 6.2, 可以编制六阶以下高斯求积公式的 MATLAB 程序如下：

- 高斯求积公式 MATLAB 程序

```
%程序6.6--mgsint.m
function g=mgsint(f,a,b,n,m)
%用途：用定步长高斯求积公式求函数的积分
%格式：g=mgsint(f,a,b,n,m)      fname是被积函数，
%a,b分别为积分下上限，n为等分数，m为每段高斯点数
switch m
  case 1
      t=0; A=1;
  case 2
      t=[-1/sqrt(3), 1/sqrt(3)]; A=[1,1];
  case 3
      t=[-sqrt(0.6), 0.0, sqrt(0.6)]; A=[5/9, 8/9, 5/9];
  case 4
      t=[-0.861136, -0.339981, 0.339981, 0.861136];
      A=[0.347855, 0.652145,  0.652145, 0.347855];
  case 5
      t=[-0.906180, -0.538469, 0.0, 0.538469, 0.906180];
      A=[0.236927, 0.478629, 0.568889, 0.478629, 0.236927];
  case 6
      t=[-0.932470, -0.661209, -0.238619, 0.238619, 0.661209, 0.932470];
      A=[0.171325, 0.360762, 0.467914,  0.467914, 0.360762, 0.171325];
  otherwise
     error('本程序高斯点数只能取1,2,3,4,5,6!');
end
x=linspace(a,b,n+1);  g=0;
for i=1:n
   g=g+gsint(f,x(i),x(i+1),A,t);
end
%子函数
function g=gsint(f,a,b,A,t)
g=(b-a)/2*sum(A.*feval(f,(b-a)/2*t+(a+b)/2));
```

例 6.14 利用高斯求积公式的通用程序 magsint.m 计算积分

$$I=\int_0^1 \frac{4}{1+x^2}\mathrm{d}x \quad 和 \quad I=\int_0^1 \frac{\sin x}{x}\mathrm{d}x$$

的近似值.

解 在 MATLAB 命令窗口执行

```
>> format long
>> f=@(x)4./(1+x.^2);
>> g=mgsint(f,0,1,2,3)
g =
   3.141591222382834
>> g=mgsint(f,0,1,4,4)
g =
   3.141592655293225
>> f1=@(x)sin(x)./x;
>> g=mgsint(f1,eps,1,2,3)
g =
   0.946083071343027
>> g=mgsint(f1,eps,1,4,4)
g =
   0.946083070623833
```

6.5 数值微分法

本节介绍求函数导数值的数值方法, 即已知函数 $f(x)$ 在离散点处的函数值 $f(x_i)\,(i=1,2,\cdots,n)$, 求 $f'(x_i)$ 的近似值.

6.5.1 插值型求导公式

可以利用插值法的基本思想来构造求导数近似值的计算公式. 设 $L_n(x)$ 为 $f(x)$ 关于节点 $x_i\,(i=0,1,\cdots,n)$ 的 n 阶拉格朗日插值多项式, 其余项为

$$R_n(x)=f(x)-L_n(x)=\frac{f^{(n+1)}(\xi)}{(n+1)!}\omega(x),\quad \xi\in(a,b),$$

其中 $\omega(x)=(x-x_0)(x-x_1)\cdots(x-x_n)$, ξ 通常依赖于 x, 故可记为 $\xi(x)$. 考虑由

$$f'(x)\approx L_n'(x) \tag{6.38}$$

得到相应的数值微分公式. 分析式 (6.38) 的余项

$$f'(x)-L_n'(x) \quad = \quad [f(x)-L_n(x)]'=\Big[\frac{f^{(n+1)}(\xi(x))}{(n+1)!}\omega(x)\Big]'$$

$$= \frac{f^{(n+1)}(\xi(x))}{(n+1)!}\omega'(x) + \frac{\mathrm{d}}{\mathrm{d}x}\left[\frac{f^{(n+1)}(\xi)}{(n+1)!}\right]\omega(x),$$

发现该余项中的第 2 项

$$\frac{\mathrm{d}}{\mathrm{d}x}\left[\frac{f^{(n+1)}(\xi(x))}{(n+1)!}\right]\omega(x)$$

一般无法求出 (因 $\xi(x)$ 的表达式无法写出). 但是当 x 为某节点 x_i 时 $\omega(x_i)=0$, 此时式 (6.38) 的余项

$$f'(x_i) - L_n'(x_i) = \frac{f^{(n+1)}(\xi(x))}{(n+1)!}\omega'(x_i) \tag{6.39}$$

变得可控制. 因此, 可由式 (6.38) 导出节点 x_i 处的数值微分公式:

$$f'(x_i) \approx L_n'(x_i), \quad i = 0, 1, \cdots, n.$$

这种用 $L_n'(x_i)$ 近似 $f'(x_i)$ 的方法称为基于拉格朗日插值多项式的求导方法.

6.5.2 两点公式和三点公式

由于高阶插值会产生龙格现象, 因此实际应用中一般采用低阶拉格朗日插值型求导公式. 下面基于等距节点情形, 推导出几个具体的求导公式.

例 6.15 两点公式. 利用 $f(x)$ 的线性插值多项式导出求导数近似值的两点公式.

由

$$L_1(x) = \frac{x - x_1}{x_0 - x_1}f(x_0) + \frac{x - x_0}{x_1 - x_0}f(x_1),$$

对上式两端求导并令 $x = x_0$, $x_1 - x_0 = h$, 得

$$f'(x_0) \approx L_1'(x_0) = \frac{f(x_1) - f(x_0)}{h}. \tag{6.40}$$

式 (6.40) 通常称为向前差商公式, 其截断误差为

$$f'(x_0) - L_1'(x_0) = \frac{f''(\xi)}{2!}\omega'(x_0) = -\frac{h}{2}f''(\xi), \quad \xi \in (x_0, x_1). \tag{6.41}$$

同理, 得

$$f'(x_1) \approx L_1'(x_1) = \frac{f(x_1) - f(x_0)}{h}. \tag{6.42}$$

式 (6.42) 通常称为向后差商公式, 其截断误差为

$$f'(x_1) - L_1'(x_1) = \frac{f''(\xi)}{2!}\omega'(x_1) = \frac{h}{2}f''(\xi), \quad \xi \in (x_0, x_1). \tag{6.43}$$

由于式 (6.40) 和式 (6.42) 只用到两个点的信息, 故称为两点公式, 其误差都是 $O(h)$, 即精度都是一阶的.

例 6.16 三点公式. 利用 $f(x)$ 的抛物插值多项式导出求导数近似值的三点公式.

取节点 $x_i\,(i=0,1,2)$ 及相应的函数值 $f(x_i)\,(i=0,1,2)$, 则 $f(x)$ 的拉格朗日抛物插值多项式为

$$L_2(x)=\frac{(x-x_1)(x-x_2)}{(x_0-x_1)(x_0-x_2)}f(x_0)+\frac{(x-x_0)(x-x_2)}{(x_1-x_0)(x_1-x_2)}f(x_1)+\frac{(x-x_0)(x-x_1)}{(x_2-x_0)(x_2-x_1)}f(x_2).$$

取 $x=x_0+th,\ x_i=x_0+ih\,(i=0,1,2)$, 得

$$L_2(x_0+th)=\frac{1}{2}(t-1)(t-2)f(x_0)-t(t-2)f(x_1)+\frac{1}{2}t(t-1)f(x_2).$$

上式两端对 t 求导, 得

$$L_2'(x_0+th)\cdot h=\frac{1}{2}(2t-3)f(x_0)-(2t-2)f(x_1)+\frac{1}{2}(2t-1)f(x_2),$$

即

$$L_2'(x_0+th)=\frac{1}{2h}\big[(2t-3)f(x_0)-4(t-1)f(x_1)+(2t-1)f(x_2)\big]. \tag{6.44}$$

分别令 $t=0,1,2$, 即得求 $f(x)$ 在 $x_i\,(i=0,1,2)$ 处的导数近似值的三点公式:

$$f'(x_0)\approx L_2'(x_0)=\frac{1}{2h}\big[-f(x_2)+4f(x_1)-3f(x_0)\big], \tag{6.45}$$

$$f'(x_1)\approx L_2'(x_1)=\frac{1}{2h}\big[f(x_2)-f(x_0)\big], \tag{6.46}$$

$$f'(x_2)\approx L_2'(x_2)=\frac{1}{2h}\big[3f(x_2)-4f(x_1)+f(x_1)\big]. \tag{6.47}$$

式 (6.46) 通常称为中心差商公式. 利用式 (6.39) 可得上述三个公式的余项分别为

$$f'(x_0)-L_2'(x_0)=\frac{f^{(3)}(\xi_0)}{3!}\omega'(x_0)=\frac{h^2}{3}f^{(3)}(\xi_0), \tag{6.48}$$

$$f'(x_1)\approx L_2'(x_1)=\frac{f^{(3)}(\xi_1)}{3!}\omega'(x_1)=-\frac{h^2}{6}f^{(3)}(\xi_1), \tag{6.49}$$

$$f'(x_2)\approx L_2'(x_2)=\frac{f^{(3)}(\xi_2)}{3!}\omega'(x_2)=\frac{h^2}{3}f^{(3)}(\xi_2). \tag{6.50}$$

由此可见, 三点公式的计算精度都是二阶的.

进一步, 再对 $L_2'(x_0+th)$ 关于 t 求导, 得

$$L_2''(x_0+th)=\frac{1}{2h^2}\big[2f(x_0)-4f(x_1)+2f(x_2)\big].$$

取 $t=1$, 得

$$f''(x_1)\approx L_2''(x_1)=\frac{f(x_1-h)-2f(x_1)+f(x_1+h)}{h^2}. \tag{6.51}$$

利用泰勒公式, 容易求得上述公式的余项为

$$f''(x_1)-L_2''(x_1)=-\frac{h^2}{12}f^{(4)}(\xi),\quad \xi\in(x_1-h,x_1+h). \tag{6.52}$$

例 6.17 已知函数 $f(x) = e^x$ 的数据表如下:

x	2.6	2.7	2.8
$f(x)$	13.4637	14.8797	16.4446

用二点、三点微分公式计算 $f(x)$ 在 $x = 2.7$ 处的一阶、二阶导数的近似值.

解 (1) 由向前差商公式, 得

$$f'(2.7) \approx \frac{f(2.8)-f(2.7)}{2.8-2.7} = \frac{16.4446-14.8797}{0.1} = 15.649.$$

(2) 由向后差商公式, 得

$$f'(2.7) \approx \frac{f(2.7)-f(2.6)}{2.7-2.6} = \frac{14.8797-13.4637}{0.1} = 14.16.$$

(3) 由中心差商公式, 得

$$f'(2.7) \approx \frac{f(2.8)-f(2.6)}{2.8-2.6} = \frac{16.4446-13.4637}{0.2} = 14.9045.$$

(4) 由式 (6.51), 得

$$\begin{aligned} f''(2.7) &\approx \frac{f(2.8)-2f(2.7)+f(2.6)}{0.1^2} \\ &= \frac{16.4446-2\times 14.8797+13.4637}{0.01} \\ &= 14.89. \end{aligned}$$

而其准确值

$$f'(2.7) = f''(2.7) = e^{2.7} = 14.8707,$$

由此可见, 三点公式较两点公式精确.

6.6 数值微积分的 MATLAB 解法*

在 MATLAB 系统中配备了数值积分和数值微分的专门函数, 分别介绍如下.

6.6.1 数值积分的 MATLAB 函数

在 MATLAB 中, 下面几个函数是用来球数值积分的.

1. 辛普森积分函数 quad

MATLAB 中的函数 quad 和 quadl 是分别基于自适应辛普森方法和自适应 Lobatto 方法的求定积分近似值的函数, 其调用方式为

[I, n]=quad(@fx, a, b, err, trace)

[I, n]=quadl(@fx, a, b, err, trace)

其中: fx 是被积函数名; a, b 是积分下上限; err 是积分精度, 默认精度为 10^{-6}; trace 用来控制是否展现积分过程, 取 0 表示不展现, 取非 0 值表示展现积分过程, 默认取 0 值; 返回参数 I 即积分近似值; n 为被积函数的调用次数.

一般情况下, quadl 函数调用被积函数的次数明显少于 quad 函数, 而且精度更高, 从而保证能以更高的效率求出所需的定积分近似值. 看下面的例子.

例 6.18 分别用 quad 函数和 quadl 函数求积分 $\int_0^1 \frac{4}{1+x^2}\mathrm{d}x$ 的近似值, 并在相同精度 $(\mathrm{err}=10^{-10})$ 下, 比较函数的调用次数.

解 在 MATLAB 命令窗口依次输入下列命令语句:

```
>> format long
>> fx=@(x)4./(1+x.^2);
>> [I,n]=quad(fx,0,1,1.e-10)
I =
   3.141592653589602
n =
   129
>> [I,n]=quadl(fx,0,1,1.e-10)
I =
   3.141592653589806
n =
    48
```

2. 梯形积分函数 trapz

该函数是基于梯形方法的求定积分近似值的函数. 由于在科学与工程计算中, 有许多函数关系往往是不知道的 (例如一天中温度与时间的函数关系), 只能通过观测或实验获得一组样本点和样本值. 这时就无法使用 quad 或 quadl 函数求其积分值. 因此, 在 MATLAB 中, 对于由表格形式定义的函数关系的求定积分问题可以采用梯形积分函数 trapz. 其调用格式为:

[T]=trapz(x,y)

输入参数 x, y 定义了函数关系 y=f(x), 它们是两个等长度的向量: x=$(x_1, x_2, \cdots, x_n)$, y=$(y_1, y_2, \cdots, y_n)$, 并且满足 $x_1 < x_2 < \cdots < x_n$, 积分区间是 $[x_1, x_n]$.

例 6.19 用梯形积分函数 trapz 求积分 $\int_0^1 \frac{4}{1+x^2}\mathrm{d}x$ 的近似值.

解 在 MATLAB 命令窗口依次输入下列命令语句:

```
>> format long
>> x=0:0.001:1;
>> y=4./(1+x.^2);
>> [T]=trapz(x,y)
T =
   3.141592486923126
```

3. 求重积分的函数

MATLAB 中提供了两个函数 dblquad 和 triplequad 分别用于求二重积分

$$\int_a^b\int_c^d f(x,y)\mathrm{d}y\mathrm{d}x \quad 和三重积分 \quad \int_a^b\int_c^d\int_e^f f(x,y,z)\mathrm{d}z\mathrm{d}y\mathrm{d}x$$

的近似值. 其调用格式如下:

[S]=dblquad(fun,a,b,c,d,err,trace)

[S]=triplequad(fun,a,b,c,d,e,f,err,trace)

其中: fun 是被积函数; [a,b] 是变量 x 的积分区域; [c,d] 是变量 y 的积分区域; [e,f] 是变量 z 的积分区域. 参数 err 和trace 的用法与函数 quad 完全相同.

例 6.20 求重积分

$$S_1=\int_{-2}^{2}\int_{-1}^{1}\mathrm{e}^{-x^2/2}\sin(x^2+y^2)\mathrm{d}y\mathrm{d}x,\quad S_2=\int_0^{\pi}\int_0^{\pi}\int_0^1 4xz\mathrm{e}^{-x^2-yz^2}\mathrm{d}z\mathrm{d}y\mathrm{d}x$$

的近似值.

解 在 MATLAB 命令窗口依次输入下列命令语句:

```
>> format long
>> fun1=@(x,y)exp(-x.^2/2).*sin(x.^2+y.^2);
>> S1=dblquad(fun1,-2,2,-1,1)
S1 =
   2.566269317424262
>> fun2=@(x,y,z)4*x.*z.*exp(-x.^2-y.*z.^2);
>> S2=triplequad(fun2,0,pi,0,pi,0,1)
S2 =
   1.732762273515594
```

在高版本的 MATLAB 中还提供了函数 quad2d 来求形如 $\int_a^b\int_{g_1(x)}^{g_2(x)} f(x,y)\mathrm{d}y\mathrm{d}x$ 的二重积分的近似值. 看下面的例子可体会该函数的使用方法.

例 6.21 求重积分

$$S_1=\int_1^2\int_{\sin x}^{\cos x}xy\mathrm{d}y\mathrm{d}x,\quad S_2=\iint\limits_{x^2+y^2\leqslant 10^4}\sqrt[3]{x^2+y^2}\mathrm{d}x\mathrm{d}y$$

的近似值.

解 在 MATLAB 命令窗口依次输入下列命令语句:

```
>> format long
>> fun1=@(x,y)x.*y;
>> S1=quad2d(fun1,1,2,@(x)sin(x),@(x)cos(x))
S1 =
  -0.635412702399855
>> fun2=@(x,y)(x.^2+y.^2).^(1/3);
>> S2=quad2d(fun2,-100,100,@(x)-sqrt(10^4-x.^2),@(x)sqrt(10^4-x.^2))
S2 =
    5.076267146125258e+005
```

6.6.2 数值微分的 MATLAB 函数

MATLAB 中提供了一个求向前差分的函数 diff 和求多元函数梯度 (对每个未知元 x_i 的偏导数组成的列向量) 的函数 gradient. 函数 diff 的调用格式如下:

dx=diff(x) — 计算向量 $\boldsymbol{x}$ 的向前差分, 例如:

dx(i)=x(i+1)-x(i).

dx=diff(x,n) — 计算向量 $\boldsymbol{x}$ 的 n 阶差分, 例如:

diff(x,2)=diff(diff(x)).

dx=diff(A,n) — 按列计算矩阵 $\boldsymbol{A}$ 的 n 阶差分.

注意到, 函数 diff 计算的是向量元素间的差分, 故差分向量的维数比原向量的维数少了一维. 同样, 对于矩阵来说, 差分后的矩阵比原矩阵少了一行.

函数 gradient 的调用格式如下:

dy=gradient(y,x) — $\boldsymbol{x}$ 和$\boldsymbol{y}$ 是同维数的向量, 其中 $y_i=f(x_i)$, 返回的 d$\boldsymbol{y}$ 是关于每个节点 x_i 处的数值导数向量, 维数与节点向量 $\boldsymbol{x}$ 相同, 其中左边界点使用向前差商, 右边界点使用向后差商, 内部节点使用中心差商.

计算数值导数可用函数 gradient, 也可借助于函数 diff 实现, 看下面的例子.

例 6.22 取 $h=0.05$, 生成函数 $f(x)=x^3$ 在区间 $[0,1]$ 上的 21 个节点及对应的函数值. 然后分别利用函数 diff 和 gradient 计算各节点处的导数近似值, 并在同一坐标系做出其图像.

解 在 MATLAB 命令窗口依次输入下列命令语句:

```
>> x=0:0.05:1;
>> y=x.^3;
>> dy1=gradient(y,x);
>> dy2=diff(y)./diff(x);
>> plot(x,dy1,'r*'); hold on
>> x=0:0.05:1;
>> y=x.^3;
>> dy1=gradient(y,x);
>> dy2=diff(y)./diff(x);
>> plot(x,dy1,'r*'); hold on
>> x1=x(1:end-1);
>> plot(x1,dy2,'b+')
>> dy=3*x.^2;
>> plot(x,dy,'k--')
>> legend('gradient','diff','dy/dx');
```

得到的图形如图 6.1 所示.

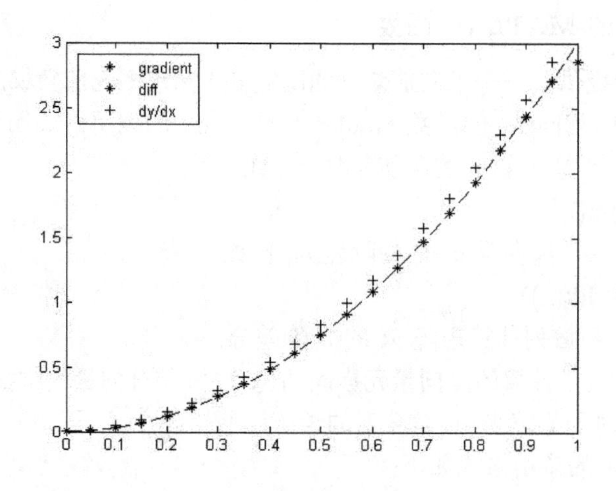

图 6.1 数值微分

习题 6

6.1 证明求积公式

$$\int_{x_0}^{x_1} f(x)\mathrm{d}x \approx \frac{h}{2}[f(x_0)+f(x_1)] - \frac{h^2}{12}[f'(x_1)-f'(x_0)]$$

具有三次代数精度, 其中 $h = x_1 - x_0$.

6.2 证明求积公式

$$\int_{-1}^{1} f(x)\mathrm{d}x \approx \frac{1}{9}\big[5f\big(\sqrt{0.6}\big)+8f(0)+5f\big(-\sqrt{0.6}\big)\big]$$

至少具有五次代数精度, 并用此公式计算积分 $\displaystyle\int_0^1 \frac{\sin x}{1+x}\mathrm{d}x$ 的近似值 (提示: 作变换 $t=2x-1$).

6.3 分别用中点公式、梯形公式和辛普森公式计算积分

$$I=\int_{\frac{1}{4}}^{\frac{1}{2}} x^2\mathrm{d}x$$

的近似值, 并估计截断误差.

6.4 分别用 4 段梯形公式和 2 段辛普森公式计算下列定积分的近似值, 计算时取 6 位有效数字.

(1) $\displaystyle\int_1^5 \frac{1}{\sqrt{x}}\mathrm{d}x$; (2) $\displaystyle\int_1^5 \frac{x}{1+x^2}\mathrm{d}x$.

6.5 考虑用复化梯形公式计算

$$I=\int_0^1 \mathrm{e}^{-x^2}\mathrm{d}x,$$

要使误差小于 0.5×10^{-4}, 那么求积区间 $[0,1]$ 应分多少个子区间? 以此计算积分近似值.

6.6 利用积分 $\displaystyle\int_1^2 \Big(1+\frac{1}{2\sqrt{x}}\Big)\mathrm{d}x$ 计算 $\sqrt{2}$ 时, 若采用复化辛普森公式, 问应取多少个节点才能使其误差绝对值不超过 $\dfrac{1}{2}\times10^{-5}$?

6.7 设 $x_0=0.25,\ x_1=0.5,\ x_2=0.75$.

(1) 推导以 x_0,x_1,x_2 为求积节点在 $[0,1]$ 上的插值型求积公式;

(2) 指出求积公式的代数精度;

(3) 用所求公式计算积分 $I=\displaystyle\int_0^1 x^2\mathrm{d}x$ 的近似值, 并估计截断误差.

6.8 在区间 $[-1,1]$ 上, 取 $x_1=-\lambda,\ x_2=0,\ x_3=\lambda$, 构造插值求积公式, 并求它的代数精度.

6.9 证明不存在 ω_k 及 $x_k\,(k=0,1,\cdots,n)$ 使求积公式

$$\int_a^b f(x)\mathrm{d}x \approx \sum_{k=0}^{n}\omega_k f(x_k)$$

的代数精度超过 $2n+1$ 次.

6.10 已知求积公式

$$\int_{-2}^{2} f(x)\mathrm{d}x \approx \frac{4}{3}\big[2f(-1)-f(0)+2f(1)\big].$$

试用此公式导出计算 $\displaystyle\int_0^4 f(x)\mathrm{d}x$ 的求积公式.

6.11 用两种不同的方法确定 $x_1,x_2,\omega_1,\omega_2$, 使下面的公式成为高斯求积公式:

$$\int_0^1 f(x)\mathrm{d}x \approx \omega_1 f(x_1)+\omega_2 f(x_2).$$

6.12 确定下列数值微分公式的余项:

$$f'(h)\approx \frac{1}{3}f'(0)+\frac{2}{3h}[f(2h)-f(h)].$$

6.13 证明数值微分公式

$$f'(a) \approx \frac{1}{12h}[f(a-2h)-8f(a-h)+8f(a+h)-f(a+2h)]$$

对任意的四次多项式精确成立, 并求出该公式的余项.

6.14 已知函数 $y=\mathrm{e}^x$ 的函数值如下：

x	2.5	2.6	2.7
y	12.1825	13.4637	14.8797

试用二点、三点微分公式计算 $x=2.6$ 处的一阶、二阶导数值.

6.15 已知函数 $f(x)=\dfrac{1}{(1+x)^2}$ 的数据表如下：

x	1.0	1.1	1.2
$f(x)$	0.2500	0.2268	0.2066

试用三点微分公式计算 $f'(x)$ 在 $x=1.0, 1.1, 1.2$ 处的近似值, 并估计误差.

实验题

6.1 取 $n=10$, 编制复化梯形公式的 MATLAB 程序, 求下列各式右端的定积分的值:

(1) $\ln 2=\int_2^3 \frac{2}{1-x^2}\mathrm{d}x$； (2) $\mathrm{e}^2=\int_1^2 x\mathrm{e}^x\mathrm{d}x$.

6.2 取 $n=5$, 编制复化辛普森公式的 MATLAB 程序, 求下列各式右端的定积分的值：

(1) $I=\int_0^1 \frac{\sin x}{x}\mathrm{d}x$； (2) $I=\int_0^1 x\mathrm{e}^{-x}\mathrm{d}x$.

6.3 利用算法 6.2 (龙贝格求积算法) 编制 MATLAB 程序计算下列定积分的近似值, 精度为 10^{-8}.

(1) $I=\int_0^4 (x-x^2)\mathrm{e}^{-1.5x}\mathrm{d}x$； (2) $I=\int_0^{2\pi} \mathrm{e}^{2x}\sin^2 x\mathrm{d}x$.

6.4 取 $n=4$, 编制复化三点高斯公式的 MATLAB 程序求下列积分的近似值：

(1) $I=\int_0^1 \frac{\mathrm{e}^x}{\sqrt{1-x^2}}\mathrm{d}x$； (2) $I=\int_0^1 \frac{\tan x}{x^{0.7}}\mathrm{d}x$.

6.5 已知 20 世纪美国人口的统计数据如下 (单位: 百万):

年份	1900	1910	1920	1930	1940	1950	1960	1970	1980	1990
人口	76.0	92.0	106.5	123.2	131.7	150.7	179.3	204.0	226.5	251.4

试分别用两点公式和三点公式计算美国人口 20 世纪的年增长率.

第 7 章　矩阵特征值问题的数值方法

许多工程实际问题的求解, 如振动问题、稳定性问题等, 最终都归结为求某些矩阵的特征值和特征向量的问题. 我们知道, n 阶方阵 $\boldsymbol{A}\in\mathbf{R}^{n\times n}$ 的特征值与特征向量, 是满足如下两个方程的数 $\lambda\in\mathbf{C}$ 和非零向量 $\boldsymbol{x}\in\mathbf{C}^n$:

$$p(\lambda)=\det(\boldsymbol{A}-\lambda\boldsymbol{I})=0, \tag{7.1}$$

$$\boldsymbol{A}\boldsymbol{x}=\lambda\boldsymbol{x}\ \text{ 或 }\ (\boldsymbol{A}-\lambda\boldsymbol{I})\boldsymbol{x}=0. \tag{7.2}$$

式 (7.1) 称为矩阵 $\boldsymbol{A}$ 的特征方程, $\boldsymbol{I}$ 是 n 阶单位阵, $\det(\boldsymbol{A}-\lambda\boldsymbol{I})$ 表示方阵 $\boldsymbol{A}-\lambda\boldsymbol{I}$ 的行列式, 它是 λ 的 n 次代数多项式, 当 n 较大时其零点难以准确求解. 因此, 从数值计算的观点来看, 用特征多项式来求矩阵特征值的方法并不可取, 必须建立有效的数值方法.

在实际应用中, 求矩阵的特征值和特征向量通常采用迭代法. 其基本思想是, 将特征值和特征向量作为一个无限序列的极限来求得. 舍入误差对这类方法的影响很小, 但通常计算量较大.

根据具体问题的需要, 有些实际问题只要计算绝对值最大的特征值. 当然, 更多的问题则要求计算全部特征值和特征向量. 下面介绍几种目前在计算机上比较常用的矩阵特征值问题的数值方法.

7.1 矩阵的有关理论

本节叙述一些与特征值有关的概念与结论.

命题 7.1 设 $\lambda_1,\lambda_2,\cdots,\lambda_n$ 是矩阵 $\boldsymbol{A}\in\mathbf{R}^{n\times n}$ 的特征值, 则有

$$\sum_{i=1}^{n}\lambda_i=\mathrm{tr}(\boldsymbol{A}),\quad \prod_{i=1}^{n}\lambda_i=\det(\boldsymbol{A}),$$

式中: $\mathrm{tr}(\boldsymbol{A})$ 为矩阵 $\boldsymbol{A}$ 的迹, 定义为 $\mathrm{tr}(\boldsymbol{A})=a_{11}+a_{22}+\cdots+a_{nn}$.

命题 7.2 设矩阵 $\boldsymbol{A}\in\mathbf{R}^{n\times n}$ 与矩阵 $\boldsymbol{B}\in\mathbf{R}^{n\times n}$ 相似, 则 $\boldsymbol{A}$ 与 $\boldsymbol{B}$ 有相同的特征值. 矩阵 $\boldsymbol{A}$ 与 $\boldsymbol{B}$ 相似, 是指存在可逆矩阵 $\boldsymbol{P}$, 使得 $\boldsymbol{A}=\boldsymbol{P}\boldsymbol{B}\boldsymbol{P}^{-1}$.

下面介绍著名的盖氏圆盘定理.

定理 7.1 (Gerschgorin 圆盘定理) 设矩阵 $\boldsymbol{A}=(a_{kl})_{n\times n}$, 则 $\boldsymbol{A}$ 的任一特征值 λ 必属于下面某个圆盘之中:

$$|\lambda-a_{kk}|\leqslant\sum_{l=1,l\neq k}^{n}|a_{kl}|,\quad k=1,2,\cdots,n. \tag{7.3}$$

证 设 λ 是 $\boldsymbol{A}$ 的任一特征值, $\boldsymbol{x}$ 为其相应的特征向量, 即 $(\boldsymbol{A}-\lambda \boldsymbol{I})\boldsymbol{x}=0$. 由于 $\boldsymbol{x}$ 是特征向量, 故 $\boldsymbol{x}=(x_1,x_2,\cdots,x_n)^{\mathrm{T}}\neq 0$.

令 $|x_k|=\max\limits_{1\leqslant l\leqslant n}|x_l|\neq 0$, 则上述特征方程组的第 k 个方程为

$$(a_{k1}x_1+\cdots+a_{k,k-1}x_{k-1})+(a_{kk}-\lambda)x_k+(a_{k,k+1}x_{k+1}+\cdots+a_{kn}x_n)=0,$$

即

$$(\lambda-a_{kk})x_k=a_{k1}x_1+\cdots+a_{k,k-1}x_{k-1}+a_{k,k+1}x_{k+1}+\cdots+a_{kn}x_n.$$

两边取绝对值 (或模) 并利用三角不等式, 得

$$|\lambda-a_{kk}|\,|x_k|\leqslant|a_{k1}||x_1|+\cdots+|a_{k,k-1}||x_{k-1}|+|a_{k,k+1}||x_{k+1}|+\cdots+|a_{kn}||x_n|.$$

注意到 $|x_l|\leqslant|x_k|\,(l\neq k)$, 上式即

$$|\lambda-a_{kk}|\leqslant\sum_{l=1,l\neq k}^{n}|a_{kl}|\frac{|x_l|}{|x_k|}\leqslant\sum_{l=1,l\neq k}^{n}|a_{kl}|.$$

定义 7.1 设 $\boldsymbol{A}$ 为 n 阶实对称矩阵, 对于任意非零向量 $\boldsymbol{x}$, 称

$$R(\boldsymbol{x})=\frac{(\boldsymbol{Ax},\boldsymbol{x})}{(\boldsymbol{x},\boldsymbol{x})}$$

为关于向量 $\boldsymbol{x}$ 的瑞利 (Rayleigh)商, 其中 $(\boldsymbol{x},\boldsymbol{y})=\sum\limits_{i=1}^{n}x_iy_i$ 为向量 $\boldsymbol{x}$ 和 $\boldsymbol{y}$ 的内积.

定理 7.2 设 $\boldsymbol{A}$ 为 n 阶实对称矩阵, $\lambda_1\leqslant\lambda_2\leqslant\cdots\leqslant\lambda_n$ 为其全部特征值, 则

$$\lambda_1\leqslant\frac{(\boldsymbol{Ax},\boldsymbol{x})}{(\boldsymbol{x},\boldsymbol{x})}\leqslant\lambda_n,\quad\forall\boldsymbol{x}\in\mathbf{R}^n,\ \boldsymbol{x}\neq\mathbf{0}.$$

特别地, 有

$$\lambda_1=\min_{\boldsymbol{x}\neq\mathbf{0}}\frac{(\boldsymbol{Ax},\boldsymbol{x})}{(\boldsymbol{x},\boldsymbol{x})},\quad\lambda_n=\max_{\boldsymbol{x}\neq\mathbf{0}}\frac{(\boldsymbol{Ax},\boldsymbol{x})}{(\boldsymbol{x},\boldsymbol{x})}.$$

证 因为 $\boldsymbol{A}$ 是实对称矩阵, 故其有完全的特征向量系. 设 $\boldsymbol{\eta}_1,\boldsymbol{\eta}_2,\cdots,\boldsymbol{\eta}_n$ 是 $\boldsymbol{A}$ 的标准正交特征向量组, 即 $\boldsymbol{A\eta}_i=\lambda_i\boldsymbol{\eta}_i\,(i=1,2,\cdots,n)$ 且 $(\boldsymbol{\eta}_i,\boldsymbol{\eta}_j)=\delta_{ij}$. 于是, 任一非零向量 $\boldsymbol{x}$ 均可表示为 $\boldsymbol{x}=\sum\limits_{i=1}^{n}\beta_i\boldsymbol{\eta}_i$. 于是有

$$\begin{aligned}(\boldsymbol{x},\boldsymbol{x})&=\left(\sum_{i=1}^{n}\beta_i\boldsymbol{\eta}_i,\sum_{j=1}^{n}\beta_j\boldsymbol{\eta}_j\right)=\sum_{i=1}^{n}\beta_i^2,\\(\boldsymbol{Ax},\boldsymbol{x})&=\left(\sum_{i=1}^{n}\beta_iA\boldsymbol{\eta}_i,\sum_{j=1}^{n}\beta_j\boldsymbol{\eta}_j\right)=\sum_{i=1}^{n}\lambda_i\beta_i^2.\end{aligned}$$

由上面两式不难得到定理的第一个结论. 此外, 在瑞利商中分别取 $\boldsymbol{x}=\boldsymbol{\eta}_1$ 和 $\boldsymbol{x}=\boldsymbol{\eta}_n$, 可得到瑞利商的最小值和最大值, 即定理的第二部分结论成立.

7.2 乘幂法

7.2.1 乘幂法及其 MATLAB 程序

乘幂法是通过求矩阵的特征向量来求出特征值的一种迭代法. 它主要用来求按模最大的特征值和相应的特征向量的. 其优点是算法简单, 容易计算机实现, 缺点是收敛速度慢, 其有效性依赖于矩阵特征值的分布情况.

适于使用乘幂法的常见情形是: $\boldsymbol{A}$ 的特征值可按模的大小排列为 $|\lambda_1| > |\lambda_2| \geqslant \cdots \geqslant |\lambda_n|$, 且其对应特征向量 $\boldsymbol{\xi}_1$, $\boldsymbol{\xi}_2, \cdots, \boldsymbol{\xi}_n$ 线性无关. 此时, 任意非零向量 $\boldsymbol{x}^{(0)}$ 均可用 $\boldsymbol{\xi}_1$, $\boldsymbol{\xi}_2, \cdots, \boldsymbol{\xi}_n$ 线性表示, 即

$$\boldsymbol{x}^{(0)} = \beta_1\boldsymbol{\xi}_1 + \beta_2\boldsymbol{\xi}_2 + \cdots + \beta_n\boldsymbol{\xi}_n, \tag{7.4}$$

且 β_1, $\beta_2, \cdots, \beta_n$ 不全为零. 作向量序列 $\boldsymbol{x}^{(k)} = \boldsymbol{A}^k\boldsymbol{x}^{(0)}$, 则

$$\begin{aligned}
\boldsymbol{x}^{(k)} &= \boldsymbol{A}^k\boldsymbol{x}^{(0)} = \beta_1\boldsymbol{A}^k\boldsymbol{\xi}_1 + \beta_2\boldsymbol{A}^k\boldsymbol{\xi}_2 + \cdots + \beta_n A^k\boldsymbol{\xi}_n \\
&= \beta_1\lambda_1^k\boldsymbol{\xi}_1 + \beta_2\lambda_2^k\boldsymbol{\xi}_2 + \cdots + \beta_n\lambda_n^k\boldsymbol{\xi}_n \\
&= \lambda_1^k\left[\beta_1\boldsymbol{\xi}_1 + \beta_2\left(\frac{\lambda_2}{\lambda_1}\right)^k\boldsymbol{\xi}_2 + \cdots + \beta_n\left(\frac{\lambda_n}{\lambda_1}\right)^k\boldsymbol{\xi}_n\right].
\end{aligned}$$

由此可见, 若 $\beta_1 \neq 0$, 则因 $k \to \infty$ 时, 有

$$\left(\frac{\lambda_i}{\lambda_1}\right)^k \to 0 \ (i = 2, \cdots, n),$$

故当 k 充分大时, 必有

$$\boldsymbol{x}^{(k)} \approx \lambda_1^k\beta_1\boldsymbol{\xi}_1,$$

即 $\boldsymbol{x}^{(k)}$ 可以近似看成 λ_1 对应的特征向量; 而 $\boldsymbol{x}^{(k)}$ 与 $\boldsymbol{x}^{(k-1)}$ 分量之比为

$$\frac{\boldsymbol{x}_i^{(k)}}{\boldsymbol{x}_i^{(k-1)}} \approx \frac{\lambda_1^k\beta_1(\boldsymbol{\xi}_1)_i}{\lambda_1^{k-1}\beta_1(\boldsymbol{\xi}_1)_i} = \lambda_1.$$

于是利用向量序列 $\{\boldsymbol{x}^{(k)}\}$ 既可求出按模最大的特征值 λ_1, 又可求出对应的特征向量 $\boldsymbol{\xi}_1$.

在实际计算中, 考虑到当 $|\lambda_1| > 1$ 时, $\lambda_1^k \to \infty$; 当 $|\lambda_1| < 1$ 时, $\lambda_1^k \to 0$, 因而计算 $\boldsymbol{x}^{(k)}$ 时可能会导致计算机“上溢”或“下溢”现象发生, 故采取每步将 $\boldsymbol{x}^{(k)}$ 归一化处理的办法, 即将 $\boldsymbol{x}^{(k)}$ 的各分量都除以绝对值最大的分量, 使 $\|\boldsymbol{x}^{(k)}\|_\infty = 1$. 于是, 求 $\boldsymbol{A}$ 按模最大的特征值 λ_1 和对应的特征向量 $\boldsymbol{\xi}_1$ 的算法, 可归纳为如下步骤:

算法 7.1 (乘幂法)

(1) 输入矩阵 $\boldsymbol{A}$, 初始向量 $\boldsymbol{v}^{(0)}$, 误差限 ε, 最大迭代次数 N. 记 m_0 是 $\boldsymbol{v}^{(0)}$ 按模最大的分量, $\boldsymbol{x}^{(0)} = \boldsymbol{v}^{(0)}/m_0$. 置 $k := 0$.

(2) 计算 $\boldsymbol{v}^{(k+1)} = \boldsymbol{A}\boldsymbol{x}^{(k)}$. 记 m_{k+1} 是 $\boldsymbol{v}^{(k+1)}$ 按模最大的分量, $\boldsymbol{x}^{k+1} = \boldsymbol{v}^{(k+1)}/m_{k+1}$.

(3) 若 $|m_{k+1} - m_k| < \varepsilon$, 停算, 输出近似特征值 m_{k+1} 和近似特征向量 $\boldsymbol{x}^{(k+1)}$; 否则, 转步骤 (4).

(4) 若 $k < N$, 置 $k := k + 1$, 转步骤 (2); 否则输出计算失败信息, 停算.

上述算法称为乘幂法. 乘幂法的算法结构简单, 容易编程实现. 先看一个例子.

例 7.1 利用乘幂法求 $\boldsymbol{A}$ 按模最大的特征值 λ_1 和对应的特征向量 $\boldsymbol{\xi}_1$, 其中

$$\boldsymbol{A} = \begin{pmatrix} 4.5 & 2 & 1 \\ 2 & 1.5 & 1 \\ 1 & 5 & -0.5 \end{pmatrix},$$

当特征值有三位小数稳定时迭代终止.

解 取初始向量 $\boldsymbol{x}^{(0)} = (1, -0.5, 0.5)$. 由于 $m_0 = 1$, 故 $\boldsymbol{v}^{(0)} = \boldsymbol{x}^{(0)}$. 计算

$$\boldsymbol{x}^{(1)} = \begin{pmatrix} 4.5 & 2 & 1 \\ 2 & 1.5 & 1 \\ 1 & 5 & -0.5 \end{pmatrix}\begin{pmatrix} 1 \\ -0.5 \\ 0.5 \end{pmatrix} = \begin{pmatrix} 4.0 \\ 1.75 \\ 0.25 \end{pmatrix}.$$

于是 $m_1 = 4.0$, $\boldsymbol{v}^{(1)} = (1.0000, 0.4375, 0.0625)^{\mathrm{T}}$. 计算

$$\boldsymbol{x}^{(2)} = \begin{pmatrix} 4.5 & 2 & 1 \\ 2 & 1.5 & 1 \\ 1 & 5 & -0.5 \end{pmatrix}\begin{pmatrix} 1.0000 \\ 0.4375 \\ 0.0625 \end{pmatrix} = \begin{pmatrix} 5.4375 \\ 2.7188 \\ 1.4063 \end{pmatrix}.$$

再计算 $m_2 = 5.4375$, $\boldsymbol{v}^{(2)} = (1.0000, 0.5000, 0.2586)^{\mathrm{T}}$ 及

$$\boldsymbol{x}^{(3)} = \begin{pmatrix} 4.5 & 2 & 1 \\ 2 & 1.5 & 1 \\ 1 & 5 & -0.5 \end{pmatrix}\begin{pmatrix} 1.0000 \\ 0.5000 \\ 0.2586 \end{pmatrix} = \begin{pmatrix} 5.7586 \\ 3.0086 \\ 1.3707 \end{pmatrix}.$$

进一步计算 $m_3 = 5.7586$, $\boldsymbol{v}^{(3)} = (1.0000, 0.5225, 0.2380)^{\mathrm{T}}$ 及

$$\boldsymbol{x}^{(4)} = \begin{pmatrix} 4.5 & 2 & 1 \\ 2 & 1.5 & 1 \\ 1 & 5 & -0.5 \end{pmatrix}\begin{pmatrix} 1.0000 \\ 0.5225 \\ 0.2380 \end{pmatrix} = \begin{pmatrix} 5.7829 \\ 3.0217 \\ 1.4034 \end{pmatrix}.$$

计算 $m_4 = 5.7829$, $\boldsymbol{v}^{(4)} = (1.0000, 0.5225, 0.2427)^{\mathrm{T}}$ 及

$$\boldsymbol{x}^{(5)} = \begin{pmatrix} 4.5 & 2 & 1 \\ 2 & 1.5 & 1 \\ 1 & 5 & -0.5 \end{pmatrix}\begin{pmatrix} 1.0000 \\ 0.5225 \\ 0.2427 \end{pmatrix} = \begin{pmatrix} 5.7877 \\ 3.0265 \\ 1.4012 \end{pmatrix}.$$

计算 $m_5 = 5.7877$, $\boldsymbol{v}^{(5)} = (1.0000, 0.5229, 0.2421)^{\mathrm{T}}$ 及

$$\boldsymbol{x}^{(6)} = \begin{pmatrix} 4.5 & 2 & 1 \\ 2 & 1.5 & 1 \\ 1 & 5 & -0.5 \end{pmatrix} \begin{pmatrix} 1.0000 \\ 0.5229 \\ 0.2421 \end{pmatrix} = \begin{pmatrix} 5.7879 \\ 3.0265 \\ 1.4019 \end{pmatrix}.$$

至此可知, 矩阵 $\boldsymbol{A}$ 模最大的特征值约为 $\lambda_1 \approx 5.7879$, 相应的特征向量为 $\boldsymbol{\xi}_1 = (1.0000, 0.5229, 0.2421)^{\mathrm{T}}$.

下面证明算法 7.1 的收敛性定理:

定理 7.3 设矩阵 $\boldsymbol{A}$ 的特征值可按模的大小排列为 $|\lambda_1| > |\lambda_2| \geqslant \cdots \geqslant |\lambda_n|$, 且其对应特征向量 $\boldsymbol{\xi}_1, \boldsymbol{\xi}_2, \cdots, \boldsymbol{\xi}_n$ 线性无关. 序列 $\{x_k\}$ 由算法 7.1 产生, 则有

$$\lim_{k\to\infty} \boldsymbol{x}^{(k)} = \frac{\boldsymbol{\xi}_1}{\max\{\boldsymbol{\xi}_1\}} := \boldsymbol{\xi}_1^0, \quad \lim_{k\to\infty} m_k = \lambda_1, \tag{7.5}$$

式中: $\boldsymbol{\xi}_1^0$ 为将 $\boldsymbol{\xi}_1$ 单位化后得到的向量; $\max\{\boldsymbol{\xi}_1\}$ 为向量 $\boldsymbol{\xi}_1$ 绝对值最大的分量.

证 由算法 7.1 步骤 (3) 和步骤 (4) 知

$$\boldsymbol{x}^{(k)} = \frac{\boldsymbol{v}^{(k)}}{m_k} = \frac{\boldsymbol{A}\boldsymbol{x}^{(k-1)}}{m_k} = \frac{\boldsymbol{A}^2\boldsymbol{x}^{(k-2)}}{m_k m_{k-1}} = \cdots = \frac{\boldsymbol{A}^k\boldsymbol{x}^{(0)}}{m_k m_{k-1}\cdots m_1}.$$

由于 $\boldsymbol{x}^{(k)}$ 的最大分量为 1, 即 $\max\{\boldsymbol{x}^{(k)}\} = 1$, 故

$$m_k m_{k-1} \cdots m_1 = \max\{\boldsymbol{A}^k x_0\}.$$

从而

$$\begin{aligned} \boldsymbol{x}^{(k)} &= \frac{\boldsymbol{A}^k\boldsymbol{x}^{(0)}}{\max\{\boldsymbol{A}^k\boldsymbol{x}^{(0)}\}} = \frac{\lambda_1^k\left[\beta_1\boldsymbol{\xi}_1 + \sum\limits_{i=2}^{n}\beta_i\left(\dfrac{\lambda_i}{\lambda_1}\right)^k\boldsymbol{\xi}_i\right]}{\max\left\{\lambda_1^k\left[\beta_1\boldsymbol{\xi}_1 + \sum\limits_{i=2}^{n}\beta_i\left(\dfrac{\lambda_i}{\lambda_1}\right)^k\boldsymbol{\xi}_i\right]\right\}} \\ &= \frac{\beta_1\boldsymbol{\xi}_1 + \sum\limits_{i=2}^{n}\beta_i\left(\dfrac{\lambda_i}{\lambda_1}\right)^k\boldsymbol{\xi}_i}{\max\left\{\beta_1\boldsymbol{\xi}_1 + \sum\limits_{i=2}^{n}\beta_i\left(\dfrac{\lambda_i}{\lambda_1}\right)^k\boldsymbol{\xi}_i\right\}} \end{aligned}$$

可见

$$\lim_{k\to\infty} \boldsymbol{x}^{(k)} = \frac{\beta_1\boldsymbol{\xi}_1}{\max\{\beta_1\boldsymbol{\xi}_1\}} = \frac{\boldsymbol{\xi}_1}{\max\{\boldsymbol{\xi}_1\}} = \boldsymbol{\xi}_1^0.$$

又

$$\boldsymbol{v}^{(k)} = \boldsymbol{A}\boldsymbol{x}^{(k-1)} = \frac{\boldsymbol{A}^k\boldsymbol{x}^{(0)}}{m_{k-1}\cdots m_1} = \frac{\boldsymbol{A}^k\boldsymbol{x}^{(0)}}{\max\{\boldsymbol{A}^{k-1}\boldsymbol{x}^{(0)}\}}$$

$$= \frac{\lambda_1^k\left[\beta_1\boldsymbol{\xi}_1+\sum\limits_{i=2}^n\beta_i\left(\frac{\lambda_i}{\lambda_1}\right)^k\boldsymbol{\xi}_i\right]}{\lambda_1^{k-1}\max\left\{\beta_1\boldsymbol{\xi}_1+\sum\limits_{i=2}^n\beta_i\left(\frac{\lambda_i}{\lambda_1}\right)^{k-1}\boldsymbol{\xi}_i\right\}},$$

即有

$$m_k=\|\boldsymbol{v}^{(k)}\|_\infty=\lambda_1\frac{\max\left\{\beta_1\boldsymbol{\xi}_1+\sum\limits_{i=2}^n\beta_i\left(\frac{\lambda_i}{\lambda_1}\right)^k\boldsymbol{\xi}_i\right\}}{\max\left\{\beta_1\boldsymbol{\xi}_1+\sum\limits_{i=2}^n\beta_i\left(\frac{\lambda_i}{\lambda_1}\right)^{k-1}\boldsymbol{\xi}_i\right\}},$$

从而 $\lim\limits_{k\to\infty}m_k=\lambda_1$ 成立.

下面给出乘幂法的 MATLAB 程序.

- 乘幂法 MATLAB 程序

```
%程序7.1--meigpower.m
function [lam,v,k]=meigpower(A,x,eps,N)
%用途: 用乘幂法求矩阵的模最大特征值和对应的特征向量
%格式: [lam,v,k]=meigpower(A,x0,eps,N)
%A为n阶方阵, x为初始向量, eps控制精度, N为最大迭代次数.
%lam返回按模最大的特征值, v返回对应的特征向量, k返回迭代次数.
if nargin<4,N=500;end
if nargin<3,eps=1e-6;end
m=0; k=0; err=1;
while(err>eps)
   v=A*x;
   [m1,t]=max(abs(v));
   m1=v(t);
   x=v/m1;
   err=abs(m1-m);
   m=m1;
   k=k+1;
end
lam=m1;
v=x;
```

例 7.2 利用乘幂法程序 7.1 (meigpower.m), 求 $\boldsymbol{A}$ 按模最大的特征值 λ_1 和对应的特征向量 $\boldsymbol{\xi}_1$, 其中

$$\boldsymbol{A}=\begin{pmatrix}-1&2&3\\2&-3&5\\3&5&-2\end{pmatrix}.$$

解 在 MATLAB 命令窗口执行:

```
>> A=[-1 2 3; 2 -3 5; 3 5 -2];
>> x=[1 1 1]';
>> [lam1,v,k]=meigpower(A,x)
lam1 =
   -7.5778
v =
    0.1388
    1.0000
   -0.9711
k =
    44
```

7.2.2 乘幂法的加速技术

可以证明在定理 7.3 的条件下, 算法 7.1 是线性收敛的. 事实上, 设 k 充分大时, $\boldsymbol{A}^k\boldsymbol{x}^{(0)}$ 的最大分量是它的第 j 个分量, 则

$$\begin{aligned}
m_k-\lambda_1 &= \max\{\boldsymbol{v}^{(k)}\}-\lambda_1=\frac{\max\{\boldsymbol{A}^k\boldsymbol{x}^{(0)}\}}{\max\{\boldsymbol{A}^{k-1}\boldsymbol{x}^{(0)}\}}-\lambda_1\\
&= \frac{\left[\beta_1\lambda_1^k\boldsymbol{\xi}_1+\beta_2\lambda_2^k\boldsymbol{\xi}_2+\cdots+\beta_n\lambda_n^k\boldsymbol{\xi}_n\right]_j}{\left[\beta_1\lambda_1^{k-1}\boldsymbol{\xi}_1+\beta_2\lambda_2^{k-1}\boldsymbol{\xi}_2+\cdots+\beta_n\lambda_n^{k-1}\boldsymbol{\xi}_n\right]_j}-\lambda_1\\
&= \frac{\left[\beta_2\lambda_2^{k-1}(\lambda_2-\lambda_1)\boldsymbol{\xi}_2+\cdots+\beta_n\lambda_n^{k-1}(\lambda_n-\lambda_1)\boldsymbol{\xi}_n\right]_j}{\left[\beta_1\lambda_1^{k-1}\boldsymbol{\xi}_1+\beta_2\lambda_2^{k-1}\boldsymbol{\xi}_2+\cdots+\beta_n\lambda_n^{k-1}\boldsymbol{\xi}_n\right]_j}.
\end{aligned}$$

于是有

$$\begin{aligned}
m_k-\lambda_1 &= \left(\frac{\lambda_2}{\lambda_1}\right)^{k-1}\frac{\left[\beta_2(\lambda_2-\lambda_1)\boldsymbol{\xi}_2+\sum\limits_{i=3}^{n}\beta_i\left(\frac{\lambda_i}{\lambda_2}\right)^{k-1}(\lambda_i-\lambda_1)\boldsymbol{\xi}_i\right]_j}{\left[\beta_1\boldsymbol{\xi}_1+\sum\limits_{i=2}^{n}\beta_i\left(\frac{\lambda_i}{\lambda_1}\right)^{k-1}\boldsymbol{\xi}_i\right]_j}\\
&= \left(\frac{\lambda_2}{\lambda_1}\right)^{k-1}M_k,\quad M_k\to M,
\end{aligned}$$

式中: M 为常数. 所以, 当 $k\to\infty$时, 有

$$\frac{|m_{k+1}-\lambda_1|}{|m_k-\lambda_1|}=\left|\frac{M_{k+1}(\lambda_2/\lambda_1)^k}{M_k(\lambda_2/\lambda_1)^{k-1}}\right|\to\left|\frac{\lambda_2}{\lambda_1}\right|,$$

即乘幂法的收敛速度与比值 $|\lambda_2/\lambda_1|$ 的大小有关, $|\lambda_2/\lambda_1|$ 越小, 收敛速度越快, 当此比值接近于 1 时, 收敛速度是非常缓慢的. 这一事实启发我们, 可以对矩阵作一原点位移, 令

$$\boldsymbol{B}=\boldsymbol{A}-\alpha\boldsymbol{I},$$

式中: α 为参数, 选择此参数可使矩阵 $\boldsymbol{B}$ 的上述比值更小, 以加快乘幂法的收敛速度. 设矩阵 $\boldsymbol{A}$ 的特征值为 $\lambda_1,\lambda_2,\cdots,\lambda_n$, 对应的特征向量为 $\boldsymbol{\xi}_1,\boldsymbol{\xi}_2,\cdots,\boldsymbol{\xi}_n$, 则矩阵 $\boldsymbol{B}$ 的特征值为 $\lambda_1-\alpha,\lambda_2-\alpha,\cdots,\lambda_n-\alpha$, $\boldsymbol{B}$ 的特征向量和 $\boldsymbol{A}$ 的特征向量相同. 假设原点位移后, $\boldsymbol{B}$ 的特征值 $\lambda_1-\alpha$ 仍为绝对值最大的特征值, 选择 α 的目的是使

$$\max_{2\leqslant i\leqslant n}\frac{|\lambda_i-\alpha|}{|\lambda_1-\alpha|}<\left|\frac{\lambda_2}{\lambda_1}\right|. \tag{7.6}$$

适当地选择 α 可使乘幂法的收敛速度得到加速. 此时 $m_k\to\lambda_1-\alpha$, $m_k+\alpha\to\lambda_1$, 而 $\boldsymbol{x}^{(k)}$ 仍然收敛于 $\boldsymbol{A}$ 的特征向量 $\boldsymbol{\xi}_1^0$. 这种加速收敛的方法称为原点位移法.

在实际计算中, 由于事先矩阵的特征值分布情况一般是不知道的, 参数 α 的选取存在困难, 故原点位移法是很难实现的. 但是, 在反幂法中, 原点位移参数 α 是非常容易选取的, 因此, 带原点位移的反幂法已成为改进特征值和特征向量精度的标准算法. 采用原点加速技术的乘幂法 MATLAB 程序如下:

- 原点位移乘幂法 MATLAB 程序

```
%程序7.2--meigpowerp.m
function [lam,v,k]=meigpowerp(A,x,alpha,eps,N)
%用途: 用原点位移乘幂法求矩阵的模最大特征值和对应的特征向量
%格式: [lam,v,k]=mapowerp(A,x,alpha, eps,N)
%A为n阶方阵, x为初始向量, eps为控制精度, N最大迭代次数, alpha为原点位
%移参数. lam返回按模最大的特征值, v返回对应的特征向量, k返回迭代次数.
if nargin<5,N=500;end
if nargin<4,eps=1e-6;end
m=0; k=0; err=1;
A=A-alpha*eye(length(x));
while((k<N)&(err>eps))
    v=A*x; [m1,t]=max(abs(v));
    m1=v(t); x=v/m1;
    err=abs(m1-m);
    m=m1; k=k+1;
end
lam=m1+alpha; v=x;
```

例 7.3 利用原点位移乘幂法通用程序 7.2 (meigpowerp.m), 取 $\alpha=2$, 求例 7.2 中的矩阵 $\boldsymbol{A}$ 按模最大的特征值 λ_1和对应的特征向量 $\boldsymbol{\xi}_1$.

解 在 MATLAB 命令窗口执行:

```
>> A=[-1 2 3; 2 -3 5; 4 3 -5];
```

```
>> x=[1 1 1]';
>> [lam1,v,k]=meigpowerp(A,x,2)
lam1 =
   -7.5778
v =
    0.1388
    1.0000
   -0.9711
k =
    25
```

由上述结果可以看出，在同样的精度控制下，带原点位移加速的乘幂法只需要迭代 25 次，而纯粹的乘幂法则需要迭代 44 次 (例 7.2).

7.2.3 反幂法及其 MATLAB 程序

设 $\boldsymbol{A}$ 可逆，则对 $\boldsymbol{A}$ 的逆阵 $\boldsymbol{A}^{-1}$ 施以幂法称为反幂法. 由于 $\boldsymbol{A}\boldsymbol{\xi}_i=\lambda_i\boldsymbol{\xi}_i$ 时，成立 $\boldsymbol{A}^{-1}\boldsymbol{\xi}_i=\lambda_i^{-1}\boldsymbol{\xi}_i$. 因此，若 $|\lambda_1|\geqslant|\lambda_2|\geqslant\cdots\geqslant|\lambda_{n-1}|>|\lambda_n|$，则 λ_n^{-1} 是 $\boldsymbol{A}^{-1}$ 按模最大的特征值，此时按反幂法，必有

$$m_k\to\lambda_n^{-1},\quad \boldsymbol{x}^{(k)}\to\boldsymbol{\xi}_n^0,$$

且其收敛率为 $|\lambda_n/\lambda_{n-1}|$. 任取初始向量 $\boldsymbol{x}^{(0)}$，构造向量序列

$$\boldsymbol{x}^{(k+1)}=\boldsymbol{A}^{-1}\boldsymbol{x}^{(k)},\quad k=0,1,2,\cdots \tag{7.7}$$

按幂法计算即可. 但用式 (7.7) 计算，首先要求 $\boldsymbol{A}^{-1}$，这比较麻烦而且是不经济的. 实际计算中，通常用解方程组的办法，即用

$$\boldsymbol{A}\boldsymbol{x}^{(k+1)}=\boldsymbol{x}^{(k)},\quad k=0,1,2,\cdots \tag{7.8}$$

求 $\boldsymbol{x}^{(k+1)}$. 为防止计算机溢出，实际计算时所用的公式为

$$\begin{cases}\boldsymbol{v}^{(k)}=\boldsymbol{x}^{(k)}/\max(\boldsymbol{x}^{(k)}),\\ \boldsymbol{A}\boldsymbol{x}^{(k+1)}=\boldsymbol{v}^{(k)},\end{cases}\quad k=0,1,2,\cdots. \tag{7.9}$$

式中: $\max(\boldsymbol{x}^{(k)})$ 表示 $\boldsymbol{x}^{(k)}$ 模最大的分量.

反幂法主要用于已知矩阵的近似特征值为 α 时，求矩阵的特征向量并提高特征值的精度. 此时，可以用原点位移法来加速迭代过程，于是式 (7.9) 相应为

$$\begin{cases}\boldsymbol{v}^{(k)}=\boldsymbol{x}^{(k)}/\max(\boldsymbol{x}^{(k)}),\\ (\boldsymbol{A}-\alpha\boldsymbol{I})\boldsymbol{x}^{(k+1)}=\boldsymbol{v}^{(k)},\end{cases}\quad k=0,1,2,\cdots. \tag{7.10}$$

反幂法的计算步骤如下:

算法 7.2 (反幂法)

(1) 选取初值 $\boldsymbol{x}^{(0)}$, 近似值 α, 误差限 ε, 最大迭代次数 N. 记 m_0 为 $\boldsymbol{x}^{(0)}$ 中按模最大的分量, $\boldsymbol{v}^{(0)}=\boldsymbol{x}^{(0)}/m_0$. 置 $k:=0$.

(2) 解方程组 $(\boldsymbol{A}-\alpha\boldsymbol{I})\boldsymbol{x}^{(k+1)}=\boldsymbol{v}^{(k)}$ 得 $\boldsymbol{x}^{(k+1)}$.

(3) 记 m_{k+1} 为 $\boldsymbol{x}^{(k+1)}$ 中按模最大的分量, $\boldsymbol{v}^{(k+1)}=\boldsymbol{x}^{(k+1)}/m_{k+1}$.

(4) 若 $|m_{k+1}^{-1}-m_k^{-1}|<\varepsilon$, 则置 $\lambda:=m_{k+1}^{-1}+\alpha$, 输出 λ 和 $\boldsymbol{x}^{(k+1)}$, 停算. 否则, 转步骤 (5).

(5) 若 $k<N$, 置 $k:=k+1$, 转步骤 (2), 否则输出计算失败信息, 停算.

注 7.1 (1) 算法 7.2 计算出与数 α 最接近的特征值及相应的特征向量. 若取 $\alpha=0$, 则求出 $\boldsymbol{A}$ 的按模最小的特征值.

(2) 通常首先用乘幂法求出 $\boldsymbol{A}$ 的按模最大的近似特征值作为算法 7.2 中的 α 值, 再使用该算法对 α 和相应的特征向量进行精确化.

(3) 为节省计算量, 通常先用列主元 LU 分解将矩阵 $\boldsymbol{A}-\alpha\boldsymbol{I}$ 分解为下三角矩阵 $\boldsymbol{L}$ 和上三角矩阵 $\boldsymbol{U}$, 这样在迭代过程中每一步就只需求解两个三角方程组即可.

给出反幂法的 MATLAB 程序如下:

```
%程序7.3--meiginvpower.m
function [lam,v,k]=meiginvpower(A,x,alpha,eps,N)
%用途: 用原点位移加速反幂法求矩阵的模最大特征值和对应的特征向量
%格式: [lam,v,k]=meiginvpower(A,x,alpha,eps,N)
%A为n阶方阵,x为初始向量,eps为控制精度,N为最大迭代次数,alpha为模最大的
%近似特征值.lam返回按模最大的特征值,v返回对应的特征向量,k返回迭代次数
if nargin<5, N=500; end
if nargin<4,eps=1e-6;end
m=0.5; k=0; err=1;
A=A-alpha*eye(length(x));
[L,U,\bv{P}]=lu(A);
while(k<N)&(err>eps)
   [m1,t]=max(abs(x));
   m1=x(t); v=x/m1;
   z=L\(P*v);  x=U\z;
   err=abs(1/m1-1/m);
   k=k+1;  m=m1;
end
lam=alpha+1/m;
```

例 7.4 利用反幂法程序 7.3 (meiginvpower.m), 求例 7.2 中的矩阵 $\boldsymbol{A}$ 近似于 $-8,3,-3.5$ 的特征值和对应的特征向量.

解 注意到此处 α 的值分别取 $-7.5, 4.5, -3.0$, 在 MATLAB 命令窗口依次执行:

```
>> A=[-1 2 3; 2 -3 5; 4 3 -5];
>> x=[1 1 1]';
>> [lam1,v1,k1]=meiginvpower(A,x,-7.5)
lam1 =
   -7.5778
v1 =
    0.1388
    1.0000
   -0.9711
k1 =
     6
>> [lam2,v2,k2]=meiginvpower(A,x,4.5)
lam2 =
    4.7470
v2 =
    0.8203
    0.8572
    1.0000
k2 =
     6
>> [lam3,v3,k3]=meiginvpower(A,x,-3.0)
lam3 =
   -3.1692
v3 =
    1.0000
   -0.5105
   -0.3827
k3 =
     7
```

另一方面, 可在 MATLAB 命令窗口运行 E=eig(A), 得

```
>> E=eig(A)
E =
   -7.5778
   -3.1692
    4.7470
```

即矩阵 $\boldsymbol{A}$ 的三个特征值分别为 $\lambda_1 = -7.5778$, $\lambda_2 = 4.7470$, $\lambda_3 = -3.1692$.

7.3 雅可比方法*

雅可比方法用于求解实对称矩阵的全部特征值和对应的特征向量. 其数学原理如下:

(1) n 阶实对称矩阵的特征值全为实数, 其对应的特征向量线性无关且两两正交.

(2) 相似矩阵具有相同的特征值.

(3) 若 n 阶实矩阵 $\boldsymbol{A}$ 是对称的, 则存在正交矩阵 $\boldsymbol{Q}$, 使得 $\boldsymbol{Q}^{\mathrm{T}}\boldsymbol{A}\boldsymbol{Q} = \boldsymbol{D}$, 其中 $\boldsymbol{D}$ 是一个对角矩阵, 它的对角元素 $\lambda_1, \lambda_2, \cdots, \lambda_n$ 就是 $\boldsymbol{A}$ 的特征值, $\boldsymbol{Q}$ 的第 i 列向量就是 λ_i 对应的特征向量.

雅可比方法就是基于上述原理, 用一系列正交变换对角化 $\boldsymbol{A}$, 即逐步消去 $\boldsymbol{A}$ 的非对角元, 从而得到 $\boldsymbol{A}$ 的全部特征值.

7.3.1 实对称矩阵的旋转正交相似变换

这里首先介绍一种正交变换, 它是 雅可比方法的基本工具.

定义 7.2 设 $1 \leqslant i < j \leqslant n$, 则称矩阵

$$\boldsymbol{R}_{ij} = \begin{pmatrix} 1 & & & & & & & & \\ & \ddots & & & & & & & \\ & & \cos\varphi & & & & \sin\varphi & & \\ & & & 1 & & & & & \\ & & & & \ddots & & & & \\ & & & & & 1 & & & \\ & & -\sin\varphi & & & & \cos\varphi & & \\ & & & & & & & \ddots & \\ & & & & & & & & 1 \end{pmatrix} \begin{matrix} \\ \\ i \\ \\ \\ \\ j \\ \\ \\ \end{matrix} \tag{7.11}$$
$$\qquad\qquad\qquad i \qquad\qquad\qquad\qquad j$$

为 (i, j) 平面的旋转矩阵, 或 Givens 变换矩阵.

显然, $\boldsymbol{R} = \boldsymbol{R}_{ij}$ 为正交矩阵, 即 $\boldsymbol{R}^{\mathrm{T}}\boldsymbol{R} = \boldsymbol{I}$. 对于向量 $\boldsymbol{x} \in \mathbf{R}^n$, 由线性变换 $\boldsymbol{y} = \boldsymbol{R}\boldsymbol{x}$ 得到的 $\boldsymbol{y}$ 的分量为

$$\begin{cases} y_i = x_i \cos\varphi + x_j \sin\varphi, \\ y_j = -x_i \sin\varphi + x_j \cos\varphi, \\ y_k = x_k, \quad k \neq i, j, \end{cases} \tag{7.12}$$

即用 $\boldsymbol{R}_{ij}$ 对向量 $\boldsymbol{x}$ 作用, 只改变其第 i, j 两个分量.

由矩阵 $\boldsymbol{R} = \boldsymbol{R}_{ij}$ 确定的正交变换 $\boldsymbol{y} = \boldsymbol{R}\boldsymbol{x}$ 称为平面旋转变换, 或 Givens 变换. 根据式 (7.12) 容易验证, 矩阵 $\boldsymbol{R}_{ij}$ 具有下列基本性质:

定理 7.4 设 $\boldsymbol{x}\in\mathbf{R}^n$ 的第 j 个分量 $x_j\neq 0$, $1\leqslant i<j\leqslant n$. 若令

$$c=\cos\varphi=\frac{x_i}{\sqrt{x_i^2+x_j^2}},\quad s=\sin\varphi=\frac{x_j}{\sqrt{x_i^2+x_j^2}},\tag{7.13}$$

则 $\boldsymbol{y}=\boldsymbol{R}_{ij}\boldsymbol{x}$ 的分量为

$$\begin{cases}y_i=\sqrt{x_i^2+x_j^2},\quad y_j=0,\\ y_k=x_k,\quad k\neq i,j.\end{cases}\tag{7.14}$$

上述定理表明, 可以用 Givens 变换将向量的某个分量变为零元素.

例 7.5 设 $\boldsymbol{x}=(-2,4,-1,3)^{\mathrm{T}}$, 构造 Givens 变换 $\boldsymbol{R}_{24}$ 使得 $\boldsymbol{y}=\boldsymbol{R}_{24}\boldsymbol{x}$ 的分量 $y_4=0$.

解 这里的 $i=2$, $j=4$. 按式 (7.13), 有

$$c=\cos\varphi=\frac{4}{\sqrt{4^2+3^2}}=\frac{4}{5},\quad s=\sin\varphi=\frac{3}{\sqrt{4^2+3^2}}=\frac{3}{5}.$$

由式 (7.11), 得

$$\boldsymbol{R}_{24}=\begin{pmatrix}1&&&\\&\frac{4}{5}&&\frac{3}{5}\\&&1&\\&-\frac{4}{5}&&\frac{4}{5}\end{pmatrix}.$$

由于 $y_2=\sqrt{4^2+3^2}=5$, 故由式 (7.14) 得 $\boldsymbol{y}=\boldsymbol{R}_{24}\boldsymbol{x}=(-2,5,-1,0)^{\mathrm{T}}$.

下面讨论 Givens 变换对实对称矩阵的作用. 用旋转矩阵 $\boldsymbol{R}_{ij}$ 对实对称矩阵 $\boldsymbol{A}=(a_{ij})_{n\times n}$ 作正交相似变换, 所得矩阵记为 $\boldsymbol{A}_1$, 即

$$\boldsymbol{A}_1=\boldsymbol{R}_{ij}A R_{ij}^{\mathrm{T}}=(a_{ij}^{(1)}).$$

显然

$$\boldsymbol{A}_1^{\mathrm{T}}=(\boldsymbol{R}_{ij}\boldsymbol{A}\boldsymbol{R}_{ij}^{\mathrm{T}})^{\mathrm{T}}=\boldsymbol{R}_{ij}\boldsymbol{A}\boldsymbol{R}_{ij}^{\mathrm{T}}=\boldsymbol{A}_1,$$

即 $\boldsymbol{A}_1$ 仍为实对称矩阵. 直接计算, 得

$$\begin{aligned}
a_{ii}^{(1)}&=a_{ii}\cos^2\varphi+a_{jj}\sin^2\varphi+2a_{ij}\cos\varphi\sin\varphi,\\
a_{jj}^{(1)}&=a_{ii}\sin^2\varphi+a_{jj}\cos^2\varphi-2a_{ij}\cos\varphi\sin\varphi,\\
a_{il}^{(1)}&=a_{li}^{(1)}=a_{il}\cos\varphi+a_{jl}\sin\varphi,\quad l\neq i,j,\\
a_{jl}^{(1)}&=a_{lj}^{(1)}=-a_{il}\sin\varphi+a_{jl}\cos\varphi,\quad l\neq i,j,\\
a_{lm}^{(1)}&=a_{ml}^{(1)}=a_{ml},\quad m,l\neq i,j,\\
a_{ij}^{(1)}&=a_{ji}^{(1)}=a_{ij}(\cos^2\varphi-\sin^2\varphi)-(a_{ii}-a_{jj})\cos\varphi\sin\varphi.
\end{aligned}\tag{7.15}$$

不难看出, $\boldsymbol{A}$ 经过 $\boldsymbol{R}_{ij}$ 的正交相似变换后, $\boldsymbol{A}_1$ 的元素和 $\boldsymbol{A}$ 的元素相比, 只有第 i 行, 第 j 行和第 i 列, 第 j 列元素发生了变化, 而其他元素和 $\boldsymbol{A}$ 是相同的.

由式 (7.15) 的最后一个等式可知, 若 $a_{ij} \neq 0$, 则可使适当选取 φ 的值, 使得 $a_{ij}^{(1)} = a_{ji}^{(1)} = 0$. 事实上, 令

$$a_{ij}(\cos^2\varphi - \sin^2\varphi) - (a_{ii} - a_{jj})\cos\varphi\sin\varphi = 0,$$

解得

$$\cot 2\varphi = \frac{a_{ii} - a_{jj}}{2a_{ij}} = \frac{1 - \tan^2\varphi}{2\tan\varphi}, \quad -\frac{\pi}{4} < \varphi \leqslant \frac{\pi}{4}. \tag{7.16}$$

在雅可比方法中, 总是按上式选取 φ. 在实际计算时, 为避免使用三角函数, 可令

$$t = \tan\varphi, \quad c = \cos\varphi, \quad s = \sin\varphi, \quad d = \frac{a_{ii} - a_{jj}}{2a_{ij}}. \tag{7.17}$$

由式 (7.16), 得

$$t^2 + 2dt - 1 = 0. \tag{7.18}$$

式 (7.18) 有两个根, 取其绝对值最小者为 t, 即

$$t = \begin{cases} -d + \sqrt{d^2 + 1}, & d > 0, \\ 0, & d = 0, \\ -d - \sqrt{d^2 + 1}, & d < 0. \end{cases} \tag{7.19}$$

若记

$$c = \cos\varphi = \frac{1}{\sqrt{1 + t^2}}, \quad s = \sin\varphi = \frac{t}{\sqrt{1 + t^2}}, \tag{7.20}$$

这时, 式 (7.15) 可写为

$$\begin{aligned} a_{ii}^{(1)} &= a_{ii}c^2 + a_{jj}s^2 + 2csa_{ij}, \\ a_{jj}^{(1)} &= a_{ii}s^2 + a_{jj}c^2 - 2csa_{ij}, \\ a_{il}^{(1)} &= a_{li}^{(1)} = ca_{il} + sa_{jl}, \quad l \neq i, j, \\ a_{jl}^{(1)} &= a_{lj}^{(1)} = -sa_{il} + ca_{jl}, \quad l \neq i, j, \\ a_{lm}^{(1)} &= a_{ml}^{(1)} = a_{ml}, \quad m, l \neq i, j, \\ a_{ij}^{(1)} &= a_{ji}^{(1)} = 0. \end{aligned} \tag{7.21}$$

利用等式 $a_{ij}(c^2 - s^2) - (a_{ii} - a_{jj})cs = 0$, 不难验证

$$\left[a_{ii}^{(1)}\right]^2 + \left[a_{jj}^{(1)}\right]^2 = a_{ii}^2 + a_{jj}^2 + 2a_{ij}^2. \tag{7.22}$$

7.3.2 雅可比方法及其收敛性

选择 $\boldsymbol{A}_0 = \boldsymbol{A}$ 中一对非零的非对角元素 a_{ij}, a_{ji}, 使用平面旋转矩阵 $\boldsymbol{R}_{ij}$ 作正交相似变换得 $\boldsymbol{A}_1$, 可使 $\boldsymbol{A}_1$ 的这对非对角元素 $a_{ij}^{(1)} = a_{ji}^{(1)} = 0$; 再选择 $\boldsymbol{A}_1$ 中一对非零的非对角元素作上述旋转正交相似变换得 $\boldsymbol{A}_2$, 可使 $\boldsymbol{A}_2$ 的这对非对角元素为 0. 如此不断地做旋转正交相似变换, 可产生一个矩阵序列 $\boldsymbol{A} = \boldsymbol{A}_0, \boldsymbol{A}_1, \cdots, \boldsymbol{A}_k, \cdots$. 虽然 $\boldsymbol{A}$ 至多只有 $n(n-1)/2$ 对非零非对角元素, 但不能期望通过 $n(n-1)/2$ 次旋转正交相似变换使其对角化. 因为每次旋转变换虽然能使一对特定的非对角元素化为 0, 但这次变换可能将前面已经化为 0 了的一对非对角元素变成非 0.

但是, 在雅可比方法中的每一步, 如由 $\boldsymbol{A}_{k-1}$ 变成 $\boldsymbol{A}_k$, 取其绝对值最大的一对非零非对角元素, 即取

$$\left|a_{i_k j_k}^{(k-1)}\right| = \max_{\substack{1 \leqslant i,j \leqslant n \\ i \neq j}} \left|a_{ij}^{(k-1)}\right| \tag{7.23}$$

作旋转相似变换, 这时记旋转矩阵 $\boldsymbol{R}_{ij} = \boldsymbol{R}_{i_k j_k}$. 后面将证明, 这样产生的矩阵序列 $\boldsymbol{A}_0, \boldsymbol{A}_1, \cdots, \boldsymbol{A}_k, \cdots$ 趋向于对角矩阵, 即 雅可比方法是收敛的.

在实际计算中, 可预先取一个小的控制量 $\varepsilon > 0$, 若成立

$$\left|a_{ij}^{(k)}\right| < \varepsilon, \quad i, j =, 1, 2, \cdots, n, \ i \neq j, \tag{7.24}$$

则可视 $\boldsymbol{A}_k$ 为对角矩阵, 从而结束计算. $\boldsymbol{A}_k$ 的对角元素可视为 $\boldsymbol{A}$ 的特征值.

雅可比方法也可以求 $\boldsymbol{A}$ 的所有特征向量. 事实上, 由

$$\begin{aligned} \boldsymbol{A}_k &= \boldsymbol{R}_k \boldsymbol{A}_{k-1} \boldsymbol{R}_k^{\mathrm{T}} = \boldsymbol{R}_k \boldsymbol{R}_{k-1} \boldsymbol{A}_{k-2} \boldsymbol{R}_{k-1}^{\mathrm{T}} \boldsymbol{R}_k^{\mathrm{T}} = \cdots \\ &= \boldsymbol{R}_k \boldsymbol{R}_{k-1} \cdots \boldsymbol{R}_1 A R_1^{\mathrm{T}} \cdots \boldsymbol{R}_{k-1}^{\mathrm{T}} \boldsymbol{R}_k^{\mathrm{T}}, \end{aligned}$$

若记

$$\boldsymbol{Q}_k = \boldsymbol{R}_1^{\mathrm{T}} \cdots \boldsymbol{R}_{k-1}^{\mathrm{T}} \boldsymbol{R}_k^{\mathrm{T}}, \tag{7.25}$$

则

$$\boldsymbol{A}_k = \boldsymbol{Q}_k^{\mathrm{T}} A \boldsymbol{Q}_k. \tag{7.26}$$

这里, $\boldsymbol{Q}_k$ 为正交矩阵. 若 $\boldsymbol{A}_k$ 可视为对角矩阵, 其对角元即为 $\boldsymbol{A}$ 的特征值, 其第 i 个对角元 $a_{ii}^{(k)}$ 对应的特征向量就是 $\boldsymbol{Q}_k$ 的第 i 列元素构成的向量. $\boldsymbol{Q}_k$ 的计算可与 $\boldsymbol{A}$ 的旋转相似变换同步进行. 若令 $\boldsymbol{Q}_0 = \boldsymbol{I}$, 则

$$\boldsymbol{Q}_k = \boldsymbol{Q}_{k-1} \boldsymbol{R}_k^{\mathrm{T}}. \tag{7.27}$$

若 $\boldsymbol{R}_k = \boldsymbol{R}_{ij}$, 得 $\boldsymbol{Q}_k$ 的计算公式如下:

$$\begin{cases} q_{li}^{(k)} = q_{li}^{(k-1)} c + q_{lj}^{(k-1)} s, & l = 1, 2, \cdots, n, \\ q_{lj}^{(k)} = -q_{li}^{(k-1)} s + q_{lj}^{(k-1)} c, & l = 1, 2, \cdots, n, \\ q_{km}^{(k)} = q_{km}^{(k-1)}, & k, m \neq i, j. \end{cases} \tag{7.28}$$

也就是说, 除了第 i,j 列元素发生变化外, 其他元素不变. 若不需要计算特征向量, 则可省略此步.

根据上讨论, 可得雅可比方法的计算步骤如下:

算法 7.3 (雅可比方法)

(1) 输入矩阵 $\boldsymbol{A}$, $\boldsymbol{Q}=\boldsymbol{I}$, 初始向量 $\boldsymbol{x}$, 误差限 ε, 最大迭代次数 N, 置 $k:=1$.

(2) 在矩阵中找绝对值最大的非对角元

$$\mu=\left|a_{i_r j_r}\right|=\max_{\substack{1\leqslant i,j\leqslant n\\ i\neq j}}|a_{ij}|,$$

置 $i:=i_r$, $j:=j_r$.

(3) 按式 (7.17) ~ 式 (7.21) 计算 d,t,c,s 的值和矩阵 $\boldsymbol{A}_1$ 的元素 $a_{lm}^{(1)}$, $l,m=1,2,\cdots,n$.

(4) 更新 $\boldsymbol{Q}$ 的元素:

$$\begin{cases} q_{li}:=q_{li}c+q_{lj}s, \\ q_{lj}:=-q_{li}s+q_{lj}c, \end{cases} \quad l=1,2,\cdots,n.$$

(5) 若 $\mu<\varepsilon$, 输出 $\boldsymbol{A}_1$ 的对角元和 $\boldsymbol{Q}$ 的列向量, 停算; 否则, 转步骤 (6).

(6) 若 $k<N$, 置 $k:=k+1$, 转步骤 (2); 否则输出计算失败信息, 停算.

下面考虑算法 7.3 (雅可比方法) 的收敛性. 记实对称矩阵 $\boldsymbol{A}$ 的非对角元素的平方和为

$$S(\boldsymbol{A})=\sum_{\substack{l,m=1\\ l\neq m}}^{n} a_{lm}^2. \tag{7.29}$$

设 $\boldsymbol{A}_{k+1}=\boldsymbol{R}_{ij}\boldsymbol{A}_k\boldsymbol{R}_{ij}^{\mathrm{T}}$, 则由式 (7.21) 不难验证

$$S(\boldsymbol{A}_{k+1})=S(\boldsymbol{A}_k)-2\big[a_{ij}^{(k)}\big]^2. \tag{7.30}$$

即经过这种正交相似变换后, $\boldsymbol{A}_{k+1}$ 的非对角元素平方和减少了 $2[a_{ij}^{(k)}]^2$. 同时, 由式 (7.22), 有

$$\big[a_{ii}^{(k+1)}\big]^2+\big[a_{jj}^{(k+1)}\big]^2=\big[a_{ii}^{(k)}\big]^2+\big[a_{jj}^{(k)}\big]^2+2\big[a_{ij}^{(k)}\big]^2, \tag{7.31}$$

即对角元素的平方和增加了 $2[a_{ij}^{(k)}]^2$. 若在雅可比方法中, 每次旋转正交相似变换使 $\boldsymbol{A}_k$ 的绝对值最大的非对角元素化为 0, 则成立以下定理:

定理 7.5 记实对称矩阵 $\boldsymbol{A}=\boldsymbol{A}_0$, 若在雅可比方法中, 每次旋转正交相似变换使 $\boldsymbol{A}_k$ 的绝对值最大的非对角元素化为 0, 则得到的矩阵序列 $\{\boldsymbol{A}_k\}$ 趋向于对角矩阵.

证 设 $\boldsymbol{A}_k$ 的绝对值最大的非对角元素为 $a_{ij}^{(k)}$, 故有

$$\left[a_{ij}^{(k)}\right]^2 \geqslant \frac{2}{n(n-1)}S(\boldsymbol{A}_k).$$

用旋转正交相似变换将其化为 0, 得 $\boldsymbol{A}_{k+1}$, 此时

$$\begin{aligned} S(\boldsymbol{A}_{k+1}) &= S(\boldsymbol{A}_k) - 2\left[a_{ij}^{(k)}\right]^2 \leqslant S(\boldsymbol{A}_k) - \frac{4}{n(n-1)}S(\boldsymbol{A}_k) \\ &= \left[1 - \frac{4}{n(n-1)}\right]S(\boldsymbol{A}_k) \leqslant \left[1 - \frac{4}{n(n-1)}\right]^{k+1} S(\boldsymbol{A}). \end{aligned}$$

由于

$$1 - \frac{4}{n(n-1)} < 1,$$

所以

$$\lim_{k\to\infty} S(\boldsymbol{A}_{k+1}) = 0,$$

即 $\boldsymbol{A}_{k+1}$ 趋向于对角矩阵, 故 雅可比方法是收敛的.

7.3.3 雅可比方法的 MATLAB 实现

根据算法 7.3, 可编制雅可比方法的 MATLAB 程序如下:

```
%程序7.4--meigjacobi.m
function [D,V]=meigjacobi(A,eps)
%用途: 用Jacobi迭代法求实对称矩阵A的特征值和特征向量
%格式: [V,D]=meigjacobi(A,eps),
%A为n阶对称方阵, eps为容许误差, V返回特征向量矩阵,
%D是n阶对角矩阵, 其对角元为矩阵A的n个特征值
if nargin<2,eps=1e-6;end
[n,n]=size(A); D=[ ]; V=eye(n);
%计算A的非对角元绝对值最大元素所在的行p和列q
[w1,p]=max(abs(A-diag(diag(A))));
[w2,q]=max(w1); p=p(q);
while(1)
  d=(A(q,q)-A(p,p))/(2*A(p,q));
  if(d>0)
     t=-d+sqrt(d^2+1);
  else if(d<0)
      t=-d-sqrt(d^2+1);
    else
      t=1;
```

```
      end
    end
    c=1/sqrt(t^2+1);  s=c*t;
    R=[c s; -s c];
    A([p q],:)=R'*A([p q],:);
    A(:,[p q])=A(:,[p q])*R;
    V(:,[p q])=V(:,[p q])*R;
    [w1,p]=max(abs(A-diag(diag(A))));
    [w2,q]=max(w1);  p=p(q);
    if (abs(A(p,q))<eps*sqrt(sum(diag(A).^2)/n))
       break;
    end
  end
  D=diag(diag(A));
```

注 7.2 经测试, 程序 7.4 不适用于对角元相等的二阶实对称矩阵 $\boldsymbol{A}=(a_{ij})$, $a_{11}=a_{22}$, $a_{12}=a_{21}$.

例 7.6 利用雅可比方法程序 7.4 (meigjacobi), 求例 7.2 中的矩阵 $\boldsymbol{A}$ 的全部特征值和对应的特征向量。

解 在 MATLAB 命令窗口执行:

```
>> A=[-1 2 3; 2 -3 5; 3 5 -2];
>> [D,V]=meigjacobi(A)
D =
   -3.1692         0         0
         0   -7.5778         0
         0         0    4.7470
V =
    0.8430    0.0991    0.5287
   -0.4304    0.7139    0.5524
   -0.3226   -0.6932    0.6445
```

7.4 QR 方法*

QR 方法用于求一般矩阵的全部特征值, 是目前最有效的方法之一. 本节就实矩阵的情形进行介绍.

7.4.1 Householder 变换

定义 7.3 设向量 $\boldsymbol{v}\in\mathbf{R}^n$ 满足 $\boldsymbol{v}^{\mathrm{T}}\boldsymbol{v}=1$, 令 $\boldsymbol{H}=\boldsymbol{I}-2\boldsymbol{v}\boldsymbol{v}^{\mathrm{T}}$, 则称 $\boldsymbol{H}$ 为 Householder 矩阵, 又称为初等反射阵.

根据上述定义, 容易看出

$$\boldsymbol{H}^{\mathrm{T}}=(\boldsymbol{I}-2\boldsymbol{v}\boldsymbol{v}^{\mathrm{T}})^{\mathrm{T}}=\boldsymbol{I}-2\boldsymbol{v}\boldsymbol{v}^{\mathrm{T}}=\boldsymbol{H},$$

且

$$\boldsymbol{H}\boldsymbol{H}^{\mathrm{T}}=\boldsymbol{H}\boldsymbol{H}=(\boldsymbol{I}-2\boldsymbol{v}\boldsymbol{v}^{\mathrm{T}})(\boldsymbol{I}-2\boldsymbol{v}\boldsymbol{v}^{\mathrm{T}})=\boldsymbol{I}-4\boldsymbol{v}\boldsymbol{v}^{\mathrm{T}}+4\boldsymbol{v}(\boldsymbol{v}^{\mathrm{T}}\boldsymbol{v})\boldsymbol{v}^{\mathrm{T}}=\boldsymbol{I},$$

故 $\boldsymbol{H}$ 是对称正交阵.

定理 7.6 设 $\boldsymbol{x},\boldsymbol{y}$ 是两个不相等的 n 维列向量, 且满足 $\|\boldsymbol{x}\|_2=\|\boldsymbol{y}\|_2$, 则存在一个 Householder 矩阵 $\boldsymbol{H}$, 使得 $\boldsymbol{H}\boldsymbol{x}=\boldsymbol{y}$.

证 令 $\boldsymbol{v}=(\boldsymbol{x}-\boldsymbol{y})/\|\boldsymbol{x}-\boldsymbol{y}\|_2$, 则有 Householder 矩阵

$$\boldsymbol{H}=\boldsymbol{I}-2\boldsymbol{v}\boldsymbol{v}^{\mathrm{T}}=\boldsymbol{I}-2\frac{(\boldsymbol{x}-\boldsymbol{y})(\boldsymbol{x}^{\mathrm{T}}-\boldsymbol{y}^{\mathrm{T}})}{\|\boldsymbol{x}-\boldsymbol{y}\|_2^2}.$$

于是

$$\boldsymbol{H}\boldsymbol{x}=\boldsymbol{x}-2\frac{(\boldsymbol{x}-\boldsymbol{y})(\boldsymbol{x}^{\mathrm{T}}-\boldsymbol{y}^{\mathrm{T}})}{\|\boldsymbol{x}-\boldsymbol{y}\|_2^2}\boldsymbol{x}=\boldsymbol{x}-2\frac{(\boldsymbol{x}-\boldsymbol{y})(\boldsymbol{x}^{\mathrm{T}}\boldsymbol{x}-\boldsymbol{y}^{\mathrm{T}}\boldsymbol{x})}{\|\boldsymbol{x}-\boldsymbol{y}\|_2^2},$$

注意到 $\|\boldsymbol{x}-\boldsymbol{y}\|_2^2=(\boldsymbol{x}-\boldsymbol{y})^{\mathrm{T}}(\boldsymbol{x}-\boldsymbol{y})=2(\boldsymbol{x}^{\mathrm{T}}\boldsymbol{x}-\boldsymbol{y}^{\mathrm{T}}\boldsymbol{x})$, 故 $\boldsymbol{H}\boldsymbol{x}=\boldsymbol{x}-(\boldsymbol{x}-\boldsymbol{y})=\boldsymbol{y}$.

推论 7.1 设 $\boldsymbol{x}$ 是 n 维列向量, $a=\pm\|\boldsymbol{x}\|_2$, 且 $\boldsymbol{x}\neq -a\boldsymbol{e}_1$, 则存在一个 Householder 矩阵

$$\boldsymbol{H}=\boldsymbol{I}-2\frac{\boldsymbol{u}\boldsymbol{u}^{\mathrm{T}}}{\|\boldsymbol{u}\|_2^2}=\boldsymbol{I}-\rho^{-1}\boldsymbol{u}\boldsymbol{u}^{\mathrm{T}},\tag{7.32}$$

使得

$$\boldsymbol{H}\boldsymbol{x}=-a\boldsymbol{e}_1,$$

其中 $\boldsymbol{e}_1=(1,0,\cdots,0)^{\mathrm{T}}$, $\boldsymbol{u}=\boldsymbol{x}+a\boldsymbol{e}_1$, $\rho=\|\boldsymbol{u}\|_2^2/2$.

下面讨论推论 7.1 中参数 a 符号的取法. 设 $\boldsymbol{x}=(x_1,x_2,\cdots,x_n)^{\mathrm{T}}\neq 0$, $\boldsymbol{u}=(u_1,u_2,\cdots,u_n)^{\mathrm{T}}$, 则

$$\begin{aligned}&\boldsymbol{u}=\boldsymbol{x}+a\boldsymbol{e}_1=(x_1+a,x_2,\cdots,x_n)^{\mathrm{T}},\\&\rho=\frac{1}{2}\|\boldsymbol{u}\|_2^2=\frac{1}{2}\left[(x_1+a)^2+x_2^2+\cdots+x_n^2\right]=a(a+x_1).\end{aligned}$$

由上式可以看出, 如果 a 与 x_1 异号, 则计算 x_1+a 时有效数字可能会损失, 故取 a 与 x_1 有相同的符号, 即取 $a=\mathrm{sgn}(x_1)\|\boldsymbol{x}\|_2$, 其中

$$\mathrm{sgn}(x_1)=\begin{cases}1, & x_1>0,\\ 0, & x_1=0,\\ -1, & x_1<0.\end{cases}$$

下面给出 Householder 矩阵变换的 MATLAB 通用程序:

- Householder 矩阵变换的 MATLAB 程序

```
%程序7.5--mhouseh.m
function H=mhouseh(x)
%用途: 对于向量x,构造Householder变换矩阵H,使得Hx=(*,0,...,0)'
%格式: function H=mhouseh(x)
%x为输入列向量, H返回Householder变换矩阵
n=length(x); I=eye(n); sn=sign(x(1));
if sn==0, sn=1; end
z=x(2:n);
if(norm(z,inf)==0), H=I; return; end
a=sn*norm(x,2);
u=x; u(1)=u(1)+a;
rho=a*(a+x(1));
H=I-1.0/rho*u*u';
```

例 7.7 利用 Householder 变换程序 7.5 (mhouseh.m), 将列向量 $\boldsymbol{x}=(2,1,-3,4)^{\mathrm{T}}$ 的后三个分量化为零.

解 在 MATLAB 命令窗口执行:

```
>> x=[2 1 -3 4]';
H=mhouseh(x); x1=H*x
x1 =
   -5.4772
         0
         0
         0
```

7.4.2 化一般矩阵为上 Hessenberg 矩阵

在用 QR 方法求矩阵特征值时, Householder 矩阵有两个作用: 一是对 $\boldsymbol{A}$ 作正交相似变换, 把 $\boldsymbol{A}$ 化为上 Hessenberg 矩阵; 二是对矩阵作正交三角分解. 其中拟上三角

阵是指次对角线以下的元素全为零的矩阵, 即

$$\begin{pmatrix} * & * & \cdots & * \\ * & * & \cdots & * \\ & \ddots & \ddots & \vdots \\ & & * & * \end{pmatrix}.$$

首先讨论把 $\boldsymbol{A}$ 化为上 Hessenberg 矩阵. 设 $\boldsymbol{A}_1 = \boldsymbol{A} = (a_{ij}^{(1)})$ 是 n 阶实方阵, 取 $\boldsymbol{x} = (0, a_{21}^{(1)}, \cdots, a_{n1})^{\mathrm{T}}$, 记 $a_1 = a = \operatorname{sgn}(x_2)\|\boldsymbol{x}\|_2$, 则由推论 7.1 构造 Householder 矩阵

$$\boldsymbol{H}_1 = \begin{pmatrix} 1 & 0 & \cdots & 0 \\ 0 & * & \cdots & * \\ \vdots & \vdots & \ddots & \vdots \\ 0 & * & \cdots & * \end{pmatrix},$$

使得

$$\boldsymbol{H}_1\boldsymbol{x} = a_1\boldsymbol{e}_2.$$

所以 $\boldsymbol{H}_1\boldsymbol{A}_1$ 的第 1 列为

$$\boldsymbol{H}_1 \begin{pmatrix} a_{11}^{(1)} \\ a_{21}^{(1)} \\ \vdots \\ a_{n1}^{(1)} \end{pmatrix} = \boldsymbol{H}_1\boldsymbol{x} + \boldsymbol{H}_1 \begin{pmatrix} a_{11}^{(1)} \\ 0 \\ \vdots \\ 0 \end{pmatrix} = a_1\boldsymbol{e}_2 + \begin{pmatrix} a_{11}^{(1)} \\ 0 \\ \vdots \\ 0 \end{pmatrix} = \begin{pmatrix} a_{11}^{(1)} \\ a_1 \\ \vdots \\ 0 \end{pmatrix}.$$

因为用 $\boldsymbol{H}_1$ 右乘一个矩阵不改变该矩阵的第 1 列, 于是

$$\boldsymbol{A}_2 = \boldsymbol{H}_1\boldsymbol{A}_1\boldsymbol{H}_1 = \begin{pmatrix} a_{11}^{(1)} & a_{12}^{(2)} & \cdots & a_{1n}^{(2)} \\ a_1 & a_{22}^{(2)} & \cdots & a_{2n}^{(2)} \\ 0 & a_{32}^{(2)} & \cdots & a_{3n}^{(2)} \\ \vdots & \vdots & \ddots & \vdots \\ 0 & a_{n2}^{(2)} & \cdots & a_{nn}^{(2)} \end{pmatrix}.$$

再取 $\boldsymbol{x} = (0, 0, a_{32}^{(2)}, \cdots, a_{n2}^{(2)})^{\mathrm{T}}$, 记 $a_2 = a = \operatorname{sgn}(x_3)\|\boldsymbol{x}\|_2$, 构造 $\boldsymbol{H}_2$ 为

$$\boldsymbol{H}_2 = \begin{pmatrix} 1 & 0 & 0 & \cdots & 0 \\ 0 & 1 & 0 & \cdots & 0 \\ 0 & 0 & * & \cdots & * \\ \vdots & \vdots & \vdots & \ddots & \vdots \\ 0 & 0 & * & \cdots & * \end{pmatrix},$$

使得

$$\boldsymbol{H}_2\boldsymbol{x} = a_2\boldsymbol{e}_3.$$

所以 $\boldsymbol{H}_2\boldsymbol{A}_2$ 的第 1 列与 $\boldsymbol{A}_2$ 的第 1 列相同, 而 $\boldsymbol{H}_2\boldsymbol{A}_2$ 的第 2 列变为

$$\boldsymbol{H}_2\boldsymbol{x}+\boldsymbol{H}_2\begin{pmatrix} a_{12}^{(2)} \\ a_{22}^{(2)} \\ 0 \\ \vdots \\ 0 \end{pmatrix} = a_2\boldsymbol{e}_3+\begin{pmatrix} a_{12}^{(2)} \\ a_{22}^{(2)} \\ 0 \\ \vdots \\ 0 \end{pmatrix} = \begin{pmatrix} a_{12}^{(2)} \\ a_{22}^{(2)} \\ a_2 \\ \vdots \\ 0 \end{pmatrix}.$$

而用 $\boldsymbol{H}_2$ 右乘一个矩阵不改变该矩阵的第 1 列和第 2 列, 于是

$$\boldsymbol{A}_3=\boldsymbol{H}_2\boldsymbol{A}_2\boldsymbol{H}_2=\begin{pmatrix} * & * & * & \cdots & * \\ a_1 & * & * & \cdots & * \\ 0 & a_2 & * & \cdots & * \\ 0 & 0 & * & \cdots & * \\ \vdots & \vdots & \vdots & \ddots & \vdots \\ 0 & 0 & * & \cdots & * \end{pmatrix}.$$

这样下去, 经过 $n-2$ 次变换后, $\boldsymbol{A}_1$ 就化为上 Hessenberg 矩阵 $\boldsymbol{A}_{n-1}$, 即

$$\begin{aligned}\boldsymbol{A}_{n-1} &= \boldsymbol{H}_{n-2}\cdots\boldsymbol{H}_2\boldsymbol{H}_1\boldsymbol{A}_1\boldsymbol{H}_1\boldsymbol{H}_2\cdots\boldsymbol{H}_{n-2} \\ &= \begin{pmatrix} * & * & * & * & \cdots & * \\ a_1 & * & * & * & \cdots & * \\ & a_2 & * & * & \cdots & * \\ & & a_3 & * & \cdots & * \\ & & & \ddots & \ddots & \vdots \\ & & & & a_{n-1} & * \end{pmatrix}.\end{aligned}$$

如果 $\boldsymbol{A}_1$ 是对称矩阵, 则 $\boldsymbol{A}_{n-1}$ 仍是对称矩阵, 此时 $\boldsymbol{A}_{n-1}$ 将是对称三对角矩阵:

$$\boldsymbol{A}_{n-1}=\begin{pmatrix} * & a_1 & & & & \\ a_1 & * & a_2 & & & \\ & a_2 & * & a_3 & & \\ & & a_3 & * & \ddots & \\ & & & \ddots & \ddots & a_{n-1} \\ & & & & a_{n-1} & * \end{pmatrix}.$$

下面给出将矩阵 $\boldsymbol{A}$ 化为上 Hessenberg 矩阵的 MATLAB 通用程序:

- 化矩阵 $\boldsymbol{A}$ 为上 Hessenberg 矩阵的 MATLAB 程序

```
%程序7.6--mhessen.m
function A=mhessen(A)
%用途: 用Householder变换化矩阵A为上Hessenberg 矩阵.
%输入: n阶实方阵A
%输出: A的上Hessenberg形
%调用函数: mhouseh.m
```

```
[n,n]=size(A);
for k=1:(n-2)
    x=A(k+1:n,k); H=mhouseh(x);
    A(k+1:n,1:n)=H*A(k+1:n,1:n);
    A(1:n,k+1:n)=A(1:n,k+1:n)*H;
end
```

例 7.8 利用程序 7.6 (mhessen.m), 将下列矩阵化为上 Hessenberg 矩阵:

$$\boldsymbol{A} = \begin{pmatrix} -1 & 2 & 3 & 5 \\ 2 & -3 & 8 & 1 \\ 3 & 8 & -2 & 7 \\ 5 & 1 & 7 & 6 \end{pmatrix}.$$

解 在 MATLAB 命令窗口执行:

```
>> A=[-1 2 3 5; 2 -3 8 1; 3 8 -2 7; 5 1 7 6];
>> A=mhessen(A)
A =
   -1.0000   -6.1644    0.0000    0.0000
   -6.1644   11.7368    1.8380    0.0000
    0.0000    1.8380   -6.5929    5.9938
    0.0000    0.0000    5.9938   -4.1439
```

7.4.3 上 Hessenberg 矩阵的 QR 分解

对于拟上三角阵

$$\boldsymbol{B} = \begin{pmatrix} b_{11}^{(1)} & b_{12}^{(1)} & \cdots & b_{1n}^{(1)} \\ b_{21}^{(1)} & b_{22}^{(1)} & \cdots & b_{2n}^{(1)} \\ & \ddots & \ddots & \vdots \\ & & b_{n,n-1}^{(1)} & b_{nn}^{(1)} \end{pmatrix},$$

通常可以通过 $n-1$ 次 Givens 变换将它化成上三角阵, 从而得到 $\boldsymbol{B}$ 的 QR 分解式. 具体步骤是:

(1) 记 $\boldsymbol{B}_1 = \boldsymbol{B}$. 设 $b_{21}^{(1)} \neq 0$ (否则可进行下一步), 取 Givens 矩阵

$$\boldsymbol{R}_{21} = \begin{pmatrix} c_1 & s_1 & & & \\ -s_1 & c_1 & & & \\ & & 1 & & \\ & & & \ddots & \\ & & & & 1 \end{pmatrix},$$

其中

$$c_1 = \frac{b_{11}^{(1)}}{r_1}, \quad s_1 = \frac{b_{21}^{(1)}}{r_1}, \quad r_1 = \sqrt{(b_{11}^{(1)})^2 + (b_{21}^{(1)})^2}.$$

则

$$\boldsymbol{R}_{21}\boldsymbol{B}_1 = \begin{pmatrix} r_1 & b_{12}^{(2)} & b_{13}^{(2)} & \cdots & b_{1n}^{(2)} \\ 0 & b_{22}^{(2)} & b_{23}^{(2)} & \cdots & b_{2n}^{(2)} \\ 0 & b_{32}^{(2)} & b_{33}^{(2)} & \cdots & b_{3n}^{(2)} \\ & & \ddots & \ddots & \vdots \\ & & & b_{n,n-1}^{(2)} & b_{nn}^{(2)} \end{pmatrix} := \boldsymbol{B}_2.$$

(2) 设 $b_{32}^{(1)} \neq 0$ (否则可进行下一步), 再取 Givens 矩阵

$$\boldsymbol{R}_{32} = \begin{pmatrix} 1 & & & & & \\ & c_2 & s_2 & & & \\ & -s_2 & c_2 & & & \\ & & & 1 & & \\ & & & & \ddots & \\ & & & & & 1 \end{pmatrix},$$

其中

$$c_2 = \frac{b_{22}^{(2)}}{r_2}, \quad s_2 = \frac{b_{32}^{(2)}}{r_2}, \quad r_2 = \sqrt{(b_{22}^{(2)})^2 + (b_{32}^{(2)})^2}.$$

则

$$\boldsymbol{R}_{32}\boldsymbol{B}_2 = \begin{pmatrix} r_1 & b_{12}^{(3)} & b_{13}^{(3)} & \cdots & b_{1,n-1}^{(3)} & b_{1n}^{(3)} \\ 0 & r_2 & b_{23}^{(3)} & \cdots & b_{2,n-1}^{(3)} & b_{2n}^{(3)} \\ 0 & & b_{33}^{(3)} & \cdots & b_{3,n-1}^{(3)} & b_{3n}^{(3)} \\ 0 & & b_{43}^{(3)} & \cdots & b_{4,n-1}^{(3)} & b_{4n}^{(3)} \\ & & & \ddots & \vdots & \vdots \\ & & & & b_{n,n-1}^{(3)} & b_{nn}^{(3)} \end{pmatrix} := \boldsymbol{B}_3.$$

(3) 假设上述过程已经进行了 $k-1$ 步, 有

$$\boldsymbol{B}_k = \boldsymbol{R}_{k,k-1}\boldsymbol{B}_{k-1} = \begin{pmatrix} r_1 & \cdots & b_{1,k-1}^{(k)} & b_{1k}^{(k)} & \cdots & b_{1,n-1}^{(k)} & b_{1n}^{(k)} \\ & \ddots & & & & & \\ & & r_{k-1} & b_{k-1,k}^{(k)} & \cdots & b_{k-1,n-1}^{(k)} & b_{k-1,n}^{(k)} \\ & & & b_{kk}^{(k)} & \cdots & b_{k,n-1}^{(k)} & b_{kn}^{(k)} \\ & & & b_{k+1,k}^{(k)} & \cdots & b_{k+1,n-1}^{(k)} & b_{k+1,n}^{(k)} \\ & & & & \ddots & \vdots & \vdots \\ & & & & & b_{n,n-1}^{(k)} & b_{nn}^{(k)} \end{pmatrix}.$$

设 $b_{k+1,k}^{(k)} \neq 0$, 取 Givens 矩阵

$$\boldsymbol{R}_{k+1,k} = \begin{pmatrix} 1 & & & & & & \\ & \ddots & & & & & \\ & & 1 & & & & \\ & & & c_k & s_k & & \\ & & & -s_k & c_k & & \\ & & & & & 1 & \\ & & & & & & \ddots \end{pmatrix},$$

其中

$$c_k = \frac{b_{kk}^{(k)}}{r_k}, \quad s_2 = \frac{b_{k+1,k}^{(k)}}{r_k}, \quad r_k = \sqrt{(b_{kk}^{(k)})^2 + (b_{k+1,k}^{(k)})^2}.$$

于是

$$\boldsymbol{R}_{k+1,k}\boldsymbol{B}_k = \begin{pmatrix} r_1 & \cdots & b_{1,k}^{(k+1)} & b_{1,k+1}^{(k+1)} & \cdots & b_{1,n-1}^{(k+1)} & b_{1n}^{(k+1)} \\ & \ddots & & & & & \\ & & r_k & b_{k,k+1}^{(k+1)} & \cdots & b_{k,n-1}^{(k+1)} & b_{kn}^{(k+1)} \\ & & & b_{k+1,k+1}^{(k+1)} & \cdots & b_{k+1,n-1}^{(k+1)} & b_{k+1,n}^{(k+1)} \\ & & & b_{k+2,k+1}^{(k+1)} & \cdots & b_{k+2,n-1}^{(k+1)} & b_{k+2,n}^{(k+1)} \\ & & & & \ddots & \vdots & \vdots \\ & & & & & b_{n,n-1}^{(k+1)} & b_{nn}^{(k+1)} \end{pmatrix} := \boldsymbol{B}_{k+1}.$$

因此, 最多做 $n-1$ 次 Givens 变换, 即得

$$\boldsymbol{R}_{n,n-1} \cdots \boldsymbol{R}_{32}\boldsymbol{R}_{21}\boldsymbol{B} = \begin{pmatrix} r_1 & b_{12}^{(n)} & b_{13}^{(n)} & \cdots & b_{1n}^{(n)} \\ & r_2 & b_{23}^{(n)} & \cdots & b_{2n}^{(n)} \\ & & r_3 & \cdots & b_{3n}^{(n)} \\ & & & \ddots & \vdots \\ & & & & r_n \end{pmatrix} = \boldsymbol{R}.$$

因为 $\boldsymbol{R}_{k,k-1}\,(k=2,\cdots,n)$ 均为正交阵, 故

$$\boldsymbol{B} = \boldsymbol{R}_{21}^{\mathrm{T}}\boldsymbol{R}_{32}^{\mathrm{T}} \cdots \boldsymbol{R}_{n,n-1}^{\mathrm{T}}\boldsymbol{R} = \boldsymbol{Q}\boldsymbol{R},$$

其中 $\boldsymbol{Q} = \boldsymbol{R}_{21}^{\mathrm{T}}\boldsymbol{R}_{32}^{\mathrm{T}} \cdots \boldsymbol{R}_{n,n-1}^{\mathrm{T}}$ 仍为正交阵. 可算出完成这一过程的运算量约为 $4n^2$, 比一般矩阵的 QR 分解的运算量 $O(n^3)$ 少了一个数量级.

值得注意的是, 可以证明 $\overline{\boldsymbol{B}} = \boldsymbol{R}\boldsymbol{Q} = \boldsymbol{Q}^{\mathrm{T}}\boldsymbol{B}\boldsymbol{Q}$ 仍为拟上三角阵, 于是可按上述步骤一直迭代下去, 直到 $\boldsymbol{B}$ 正交相似于对角阵为止, 从而求得矩阵 $\boldsymbol{B}$ 的全部特征值和相应的特征向量.

下面给出上 Hessenberg 矩阵 QR 分解的 MATLAB 程序实现:

• 拟上三角阵 $\boldsymbol{Q}$R 分解的 MATLAB 程序

```
%程序7.7--mqrdecomp.m
function [Q,R]=mqrdecomp(A)
%功能: 用Givens变换对上Hessenberg矩阵A进行QR分解
%输入: n阶上Hessenberg矩阵A, 其中A(i+1,i)=0, i>2.
%输出: 变换后的上Hessenberg形矩阵A.
[n,n]=size(A); Q=eye(n);
for i=1:n-1
   xi=A(i,i);  xk=A(i+1,i);
   if xk~=0
      d=sqrt(xi^2+xk^2);
      c=xi/d;   s=xk/d;
      J=[c, s;-s,c];
      A(i:i+1,i:n)=J*A(i:i+1,i:n);
      Q(1:n,i:i+1)=Q(1:n,i:i+1)*J';
   end
end
R=A;
```

例 7.9 利用程序 7.7 (mqrdecomp.m), 将上 Hessenberg 矩阵 $\boldsymbol{A}$ 进行 QR 分解, 其中

$$\boldsymbol{A}=\begin{pmatrix}2&3&5&7&8\\4&2&3&5&9\\0&8&3&6&2\\0&0&7&1&3\\0&0&0&6&9\end{pmatrix}.$$

解 在 MATLAB 命令窗口执行:

```
>> A=[2 3 5 7 8; 4 2 3 5 9; 0 8 3 6 2; 0 0 7 1 3; 0 0 0 6 9];
>> [Q,R]=mqrdecomp(A)
Q =
    0.4472    0.1952    0.2831    0.2788    0.7772
    0.8944   -0.0976   -0.1416   -0.1394   -0.3886
         0    0.9759   -0.0708   -0.0697   -0.1943
         0         0    0.9459   -0.1095   -0.3053
         0         0         0    0.9413   -0.3377
R =
    4.4721    3.1305    4.9193    7.6026   11.6276
```

```
0    8.1976    3.6108    6.7337    2.6349
0         0    7.4001    1.7953    3.6872
0         0         0    6.3745    8.9792
0         0         0         0   -1.6237
```

7.4.4 基本 QR 方法及其 MATLAB 程序

现在介绍求一般方阵全部特征值的 QR 方法. 令 $\boldsymbol{A}_1=\boldsymbol{A}$, 对 $\boldsymbol{A}_1$ 作 QR 分解:

$$\boldsymbol{A}_1=\boldsymbol{Q}_1\boldsymbol{R}_1,$$

然后令 $\boldsymbol{A}_2=\boldsymbol{R}_1\boldsymbol{Q}_1$, 再对 $\boldsymbol{A}_2$ 作 QR 分解:

$$\boldsymbol{A}_2=\boldsymbol{Q}_2\boldsymbol{R}_2,$$

并令 $\boldsymbol{A}_3=\boldsymbol{R}_2\boldsymbol{Q}_2$, 这样下去就得到一个矩阵序列 $\{\boldsymbol{A}_k\}$, 其产生过程可概述如下:

$$\begin{cases}\boldsymbol{A}_1=\boldsymbol{A},\\ \boldsymbol{A}_k=\boldsymbol{Q}_k\boldsymbol{R}_k, \qquad k=1,2,\cdots.\\ \boldsymbol{A}_{k+1}=\boldsymbol{R}_k\boldsymbol{Q}_k\end{cases} \tag{7.33}$$

容易证明, $\boldsymbol{A}_{k+1}$ 与 $\boldsymbol{A}_k$ 相似, 故 $\{\boldsymbol{A}_k\}$ 有相同的特征值.

在一定条件下, $\{\boldsymbol{A}_k\}$ 本质上收敛于上三角矩阵 (或分块上三角阵). 若它们收敛于上三角阵, 则该上三角阵的对角元就是原矩阵 $\boldsymbol{A}$ 的全部特征值; 若收敛于分块上三角阵, 则这些分块矩阵的特征值也就是 $\boldsymbol{A}$ 的特征值.

由于当 $\boldsymbol{A}$ 为一般的实矩阵时, $\{\boldsymbol{A}_k\}$ 的收敛速度较慢, 故在 QR 方法的实际应用中, 通常先将 $\boldsymbol{A}$ 化为相似的拟上三角阵, 再求特征值以加快收敛速度. 它的计算过程如下:

算法 7.4 (基本 QR 方法)

(1) 输入矩阵 $\boldsymbol{A}\in\mathbf{R}^{n\times n}$.

(2) 初始化: $\boldsymbol{A}_1$ 为 $\boldsymbol{A}$ 的拟上三角形矩阵.

(3) 迭代过程: 对于 $k=1,2,\cdots$, 有

① $\boldsymbol{A}_k=\boldsymbol{Q}_k\boldsymbol{R}_k$ (QR 分解);

② $\boldsymbol{A}_{k+1}=\boldsymbol{Q}_k^{\mathrm{T}}\boldsymbol{A}_k\boldsymbol{Q}_k=\boldsymbol{R}_k\boldsymbol{Q}_k$ (正交相似变换).

下面给出基本 QR 方法的 MATLAB 通用程序:

- 基本 QR 方法 MATLAB 程序

```
%程序7.8--meigqrdm.m
function [Iter,D]=meigqrdm(A,eps)
```

```
%用途: 用基本QR算法求实方阵的全部特征值.
%输入: n阶实方阵A, 控制精度eps(默认是1.e-5)
%输出: 迭代次数Iter, A的全部特征值D
%调用函数: mhessen.m, mqrdecomp.m, eig--仅用于1,2矩阵
if nargin<2,eps=1e-5;end
[n,n]=size(A);
D=zeros(n,1); i=n; Iter=0;  %初始化
A=mhessen(A);  %化矩阵A为Hessenberg形
%用基本QR算法进行迭代
while(1)
   if n<=2
      la=eig(A(1:n,1:n)); D(1:n)=la';  break;
   end
   Iter=Iter+1;
   [Q,R]=mqrdecomp(A); %对上Hessenberg 矩阵做QR分解
   A=R*Q;  %做正交相似变换
   %下面的程序段是判断是否终止
   for k=n-1:-1:1
      if abs(A(k+1,k))<eps
          if n-k<=2
             la=eig(A(k+1:n,k+1:n));
             j=i-n+k+1; D(j:i)=la';
             i=j-1; n=k; break;
          end
      end
   end
end
```

例 7.10 利用基本 QR 方法程序 7.8 (meigqrdm.m), 求例 7.2 中的矩阵 $\boldsymbol{A}$ 的全部特征值和对应的特征向量.

解 在 MATLAB 命令窗口执行:

```
>> A=[-1 2 3; 2 -3 5; 3 5 -2];
>> [Iter D]=meigqrdm(A)
Iter =
    33
D =
   -7.5778
```

```
  4.7470
 -3.1692
```

例 7.11 利用通用程序 qralg.m, 求下列矩阵的全部特征值:

$$A=\begin{pmatrix}3&2&3&4&5&6&7\\11&1&2&3&4&5&6\\2&8&9&1&2&3&4\\-4&2&9&11&13&15&8\\-1&-2&-3&-1&-1&-1&-1\\3&2&3&4&13&15&8\\-2&-2&-3&-4&-5&-3&-3\end{pmatrix}.$$

解 在 MATLAB 命令窗口执行:

```
>> A=[3 2 3 4 5 6 7;11 1 2 3 4 5 6;2 8 9 1 2 3 4; -4 2 9 11 13 15 8;
     -1 -2 -3 -1 -1 -1 -1; 3 2 3 4 13 15 8; -2 -2 -3 -4 -5 -3 -3];
>> [Iter D]=meigqrdm(A)
Iter =
   622
D =
  18.4123
  11.1805
   1.7099 - 4.2522i
   1.7099 + 4.2522i
   4.4983
  -2.2327
  -0.2783
```

7.5 特征值问题的 MATLAB 解法*

MATLAB 系统提供了求解特征值问题的函数 eig(A), 其常用的调用方式有下面两种:

(1) E=eig(A) — 求矩阵 A 的全部特征值, 构成向量 E.

(2) [V,D]=eig(A) — 求矩阵 A 的全部特征值, 构成对角阵 D, 并求 A 的特征向量构成 V 的列向量.

一个矩阵的特征向量有无穷多个, eig 函数只找出其中的 n 个, A 的其他特征向量均可由这 n 个特征向量的线性组合表示.

例 7.12 取 $n=8$, 用 eig 函数求下列矩阵的特征值:

$$A=(a_{ij})=\left(\frac{1}{i+j-1}\right), i,j=1,2,\cdots,n.$$

解 首先建立一个 M 函数文件:

```
% matirxtest.m
function a=matrixtest(n)
for i=1:n
    for j=1:n
        a(i,j)=1./(i+j-1);
    end
end
```

然后在 MATLAB 命令窗口执行下列语句:

```
>> \bv{A}=matrixtest(7);
>> [V D]=eig(\bv{A})
V =
    0.0002  -0.0025   0.0160   0.0752   0.2608  -0.6232   0.7332
   -0.0098   0.0618  -0.2279  -0.5268  -0.6706   0.1631   0.4364
    0.0952  -0.3487   0.6288   0.4257  -0.2953   0.3215   0.3198
   -0.3713   0.6447  -0.2004   0.4617   0.0230   0.3574   0.2549
    0.6825  -0.1744  -0.4970   0.1712   0.2337   0.3571   0.2128
   -0.5910  -0.5436  -0.1849  -0.1827   0.3679   0.3446   0.1831
    0.1944   0.3647   0.4808  -0.5098   0.4523   0.3281   0.1609
D =
    0.0000        0        0        0        0        0        0
         0   0.0000        0        0        0        0        0
         0        0   0.0000        0        0        0        0
         0        0        0   0.0010        0        0        0
         0        0        0        0   0.0213        0        0
         0        0        0        0        0   0.2719        0
         0        0        0        0        0        0   1.6609
```

习题 7

7.1 取初始向量 $\boldsymbol{x}^{(0)} = (1, 0.95)^{\mathrm{T}}$, 用乘幂法迭代三次求矩阵

$$\boldsymbol{A} = \begin{pmatrix} 2 & 1 \\ 1 & 2 \end{pmatrix}$$

最大的特征值, 并计算这三次迭代的瑞利商.

7.2 取初始向量 $\boldsymbol{x}^{(0)}=(1,0.95)^{\mathrm{T}}$, 位移 $\alpha=1.2$, 用原点位移加速乘幂法迭代三次求矩阵

$$\boldsymbol{A}=\begin{pmatrix}2&1\\1&2\end{pmatrix}$$

最大的特征值和相应的特征向量.

7.3 用反幂法求矩阵

$$\boldsymbol{A}=\begin{pmatrix}2&1\\1&2\end{pmatrix}$$

最小的特征值和相应的特征向量.

7.4 用雅可比方法求矩阵

$$\boldsymbol{A}=\begin{pmatrix}1&2\\2&3\end{pmatrix}$$

的全部特征值与特征向量.

7.5 用雅可比方法求矩阵

$$\boldsymbol{A}=\begin{pmatrix}2&-1&0\\-1&3&-1\\0&-1&5\end{pmatrix}$$

的全部特征值与特征向量.

7.6 用 Householder 变换将矩阵

$$\boldsymbol{A}=\begin{pmatrix}1&2&2\\2&-1&-4\\2&-4&5\end{pmatrix}$$

化为拟上三角阵.

7.7 矩阵的任一特征值及其相应的特征向量称为矩阵的一个特征对. 设 $(\lambda,\boldsymbol{v})$ 是矩阵 $\boldsymbol{A}$ 的特征对.

(1) 对于任意的常数 α, 证明 $(\lambda-\alpha,\boldsymbol{v})$ 是矩阵 $\boldsymbol{A}-\alpha\boldsymbol{I}$ 的特征对;

(2) 若 $\lambda\neq 0$, 则 $(1/\lambda,\boldsymbol{v})$ 是矩阵 $\boldsymbol{A}^{-1}$ 的特征对;

(3) 若 $\alpha\neq\lambda$, 则 $(1/(\lambda-\alpha),\boldsymbol{v})$ 是矩阵 $(\boldsymbol{A}-\alpha\boldsymbol{I})^{-1}$ 的特征对.

7.8 设 $\boldsymbol{A}$ 为实对称矩阵, $\{\boldsymbol{A}_k\}$ 是按算法 7.3 (雅可比方法) 产生的矩阵序列, 记

$$S(\boldsymbol{A}_k)=\sum_{\substack{i,j=1\\i\neq j}}^{n}\left[a_{ij}^{(k)}\right]^2,$$

证明:

$$\lim_{k\to\infty}S(\boldsymbol{A}_k)=0.$$

7.9 设 $\boldsymbol{A}$ 为 $n\times n$ 非奇异实矩阵, 其 QR 分解为 $\boldsymbol{A}=\boldsymbol{QR}$. 记 $\overline{\boldsymbol{A}}=\boldsymbol{RQ}$, 证明:

(1) 若 $\boldsymbol{A}$ 对称, 则 $\overline{\boldsymbol{A}}$ 也对称;

(2) 若 $\boldsymbol{A}$ 是上 Hessenberg 矩阵, 则 $\overline{\boldsymbol{A}}$ 也是上 Hessenberg 矩阵.

7.10 设

$$\boldsymbol{A}=\begin{pmatrix}(\boldsymbol{A}_{11})_{3\times 3}&\boldsymbol{O}_{3\times 2}\\\boldsymbol{O}_{2\times 3}&(\boldsymbol{A}_{22})_{2\times 2}\end{pmatrix}.$$

又设 λ_i 为 $\boldsymbol{A}_{11}$ 的特征值, λ_j 为 $\boldsymbol{A}_{22}$ 的特征值, $\boldsymbol{x}_i=(\alpha_1,\alpha_2,\alpha_3)^{\mathrm{T}}$ 是 $\boldsymbol{A}_{11}$ 对应于 λ_i 的特征向量, $\boldsymbol{y}_j=(\beta_1,\beta_2)^{\mathrm{T}}$ 是 $\boldsymbol{A}_{22}$ 对应于 λ_j 的特征向量. 求证:

(1) λ_i, λ_j 为 $\boldsymbol{A}$ 的特征向量;

(2) $\bar{\boldsymbol{x}}_i=(\alpha_1,\alpha_2,\alpha_3,0,0)^{\mathrm{T}}$ 是 $\boldsymbol{A}$ 对应于 λ_i 的特征向量, $\bar{\boldsymbol{y}}_j=(0,0,0,\beta_1,\beta_2)^{\mathrm{T}}$ 是 $\boldsymbol{A}$ 对应于 λ_j 的特征向量.

实验题

7.1 编制乘幂法的 MATLAB 程序, 计算下列矩阵按模最大的特征值和相应的特征向量:

(1) $\boldsymbol{A}=\begin{pmatrix}2&0&0\\2&-1&1\\1&1&-1\end{pmatrix}$; (2) $\boldsymbol{B}=\begin{pmatrix}-3&1&0\\1&-3&-3\\0&-3&4\end{pmatrix}$.

7.2 已知矩阵

$$\boldsymbol{A}=\begin{pmatrix}-1&2&0\\2&-4&1\\1&1&-6\end{pmatrix}$$

有一个近似的特征值 $\lambda\approx-6.42$, 用反幂法编制 MATLAB 程序计算相应的特征向量, 并改进特征值的精度.

7.3 用雅可比方法编制 MATLAB 程序, 计算下列矩阵的全部特征值:

(1) $\boldsymbol{A}=\begin{pmatrix}3&-2&-4\\-2&6&-2\\-4&-2&3\end{pmatrix}$; (2) $\boldsymbol{B}=\begin{pmatrix}4&-1&&\\-1&4&-1&\\&-1&4&-1\\&&-1&4\end{pmatrix}$.

7.4 用基本 QR 方法编制 MATLAB 程序, 计算下列矩阵的全部特征值:

(1) $\boldsymbol{A}=\begin{pmatrix}-4&9&16\\2&-2&-4\\-4&7&12\end{pmatrix}$; (2) $\boldsymbol{B}=\begin{pmatrix}0&1&2&2\\2&3&0&1\\3&0&1&2\\1&2&3&0\end{pmatrix}$.

7.5 用分别用雅可比方法和基本 QR 方法编制 MATLAB 程序, 计算下列矩阵的全部特征值:

(1) $\boldsymbol{A}=[a_{pq}]$, 其中

$$a_{pq}=\begin{cases}p+q, & p=q,\\ pq, & p\neq q,\end{cases}\qquad p,q=1,2,\cdots,30.$$

(2) $\boldsymbol{A}=[a_{pq}]$, 其中

$$a_{pq}=\begin{cases}\cos(\sin(p+q)), & p=q,\\ p+pq+q, & p\neq q,\end{cases}\qquad p,q=1,2,\cdots,40.$$

第 8 章　常微分方程的数值解法

在科学与工程计算中的许多实际问题的数学模型可以用常微分方程来描述. 但是除了常系数线性微分方程和少数特殊的微分方程可以用解析方法求解外, 绝大多数常微分方程难以求得其精确解. 因此研究常微分方程的数值解法具有十分重要的应用意义.

本章主要讨论一阶常微分方程初值问题

$$\begin{cases} y' = f(x,y), \quad x_0 \leqslant x \leqslant x_1, \\ y(x_0) = y_0 \end{cases} \tag{8.1}$$

的数值解法. 根据常微分方程解的存在唯一性定理, 在 $f(x,y)$ 满足一定的条件下, 解函数 $y = y(x)$ 是唯一存在的.

取步长 h, 记 $x_n = x_0 + nh\,(n = 1, 2, \cdots)$, 按一定的递推公式依次求得各节点 x_n 上解函数值 $y(x_n)$ 的近似值 y_n, 称 $y_0, y_1, \cdots, y_n, \cdots$ 为式 (8.1) 的数值解.

常微分方程初值问题的数值解法一般分为两大类:

(1) 单步法: 这类方法在计算 y_{n+1} 时只用到 x_{n+1}, x_n 和 y_n, 即前一步的值. 因此在有了初值之后就可以逐步往下计算, 其代表是龙格–库塔 (Runge–Kutta) 方法.

(2) 多步法: 这类方法在计算 y_{n+1} 时除用到 x_{n+1}, x_n 和 y_n 以外, 还要用到 x_{n-p}, $y_{n-p}\,(p = 1, \cdots, k; k > 0)$, 即前面 k 步的值. 其代表是亚当斯 (Adams) 方法.

8.1　欧拉方法及其改进

8.1.1　欧拉公式和隐式欧拉公式

由数值微分的向前差商公式可以解决式 (8.1) 中导数 y' 的数值计算问题:

$$y'(x_n) \approx \frac{y(x_n + h) - y(x_n)}{h} = \frac{y(x_{n+1}) - y(x_n)}{h},$$

由此, 得

$$y(x_{n+1}) \approx y(x_n) + hy'(x_n).$$

式 (8.1) 实际上给出

$$y'(x) = f(x, y(x)) \;\Rightarrow\; y'(x_n) = f(x_n, y(x_n)).$$

于是有

$$y(x_{n+1}) \approx y(x_n) + hf(x_n, y(x_n)).$$

再由 $y_n \approx y(x_n)$, $y_{n+1} \approx y(x_{n+1})$, 得

$$y_{n+1} = y_n + hf(x_n, y_n), \quad n = 0, 1, \cdots \tag{8.2}$$

式 (8.2)称为欧拉公式. 同样, 由向后差商公式可导出下面的差分格式:

$$y_{n+1} = y_n + hf(x_{n+1}, y_{n+1}), \quad n = 0, 1, \cdots. \tag{8.3}$$

式 (8.3) 为一关于 y_{n+1} 的非线性方程, 称为隐式欧拉公式. 隐式格式使用不方便, 但它一般比显式格式具有更好的数值稳定性.

例 8.1 考虑初值问题

$$\begin{cases} y' = -y + x, \quad 0 \leqslant x \leqslant 0.5, \\ y(0) = 0, \end{cases}$$

其精确解为 $y(x) = \mathrm{e}^{-x} + x - 1$. 试分别用欧拉公式和隐式欧拉公式计算其数值解, 并与精确解进行比较.

解 本题中的 $f(x, y) = -y + x$, 故欧拉公式为

$$y_{n+1} = y_n + hf(x_n, y_n) = (1 - h)y_n + hx_n, \ \ n = 0, 1, \cdots, \ y_0 = 0.$$

隐式欧拉公式为

$$y_{n+1} = y_n + hf(x_n, y_{n+1}) = y_n - hy_{n+1} + hx_{n+1}, \ \ n = 0, 1, \cdots, \ y_0 = 0,$$

整理, 得

$$y_{n+1} = \frac{1}{1 + h}(y_n + hx_{n+1}), \ \ n = 0, 1, \cdots, \ y_0 = 0,$$

取 $h = 0.1$, 计算结果如下:

x_n	0.0	0.1	0.2	0.3	0.4	0.5
欧拉公式	0	0.0000	0.0100	0.0290	0.0561	0.0905
隐式欧拉公式	0	0.0091	0.0264	0.0513	0.0830	0.1209
精确解	0	0.0048	0.0187	0.0408	0.0703	0.1065

常微分方程数值解的误差分析一般比较困难, 通常只考虑第 $n + 1$ 步的所谓“局部”截断误差. 我们首先给出局部截断误差的定义.

定义 8.1 对于求解式 (8.1) 的某差分格式, h 为步长. 假设 $y_1, \cdots, y_n$ 是准确的, 称

$$\varepsilon_{n+1} = y(x_{n+1}) - y_{n+1} \tag{8.4}$$

为该差分格式的局部截断误差. 当 $\varepsilon_{n+1} = O(h^{p+1})$ 时, 称该差分格式具有 p 阶精度.

例 8.2 讨论欧拉公式 (式 (8.2)) 和隐式欧拉公式 (式 (8.3)) 的精度.

解 将 $y(x)$ 在 x_n 处泰勒展开, 得

$$y(x)=y(x_n)+y'(x_n)(x-x_n)+\frac{y''(x_n)}{2!}(x-x_n)^2+\frac{y'''(x_n)}{3!}(x-x_n)^3+\cdots$$

即

$$y(x_{n+1})=y(x_n)+hy'(x_n)+\frac{h^2}{2}y''(x_n)+\frac{h^3}{6}y'''(x_n)+\cdots \tag{8.5}$$

(1) 对于式 (8.2), 当 $y_n=y(x_n)$ 时, 有

$$y_{n+1}=y_n+hf(x_n,y_n)=y(x_n)+hf(x_n,y(x_n))=y(x_n)+hy'(x_n),$$

从而比较式 (8.5), 得

$$y(x_{n+1})-y_{n+1}=O(h^2),$$

即欧拉公式为一阶精度.

(2) 对于式 (8.3), 由二元函数的泰勒展开式

$$\begin{aligned}f(x,y) \;=\; & f(x_n,y_n)+f_x(x_n,y_n)(x-x_n)\\ &+f_y(x_n,y_n)(y-y_n)+O[(x-x_n)^2+(y-y_n)^2],\end{aligned}$$

当 $y_n=y(x_n)$ 时, 有

$$\begin{aligned}&f(x_{n+1},y_{n+1})\\ &=f(x_n,y_n)+hf_x(x_n,y_n)+f_y(x_n,y_n)(y_{n+1}-y_n)+O[h^2+(y_{n+1}-y_n)^2]\\ &=f(x_n,y(x_n))+h[f_x(x_n,y(x_n))+f(x_{n+1},y_{n+1})f_y(x_n,y_n)+O(h)]\\ &=y'(x_n)+O(h).\end{aligned}$$

由此, 得

$$y_{n+1}=y(x_n)+hy'(x_n)+O(h^2).$$

从而比较式 (8.5), 得 $y(x_{n+1})-y_{n+1}=O(h^2)$, 知式 (8.3) 也是一阶格式.

8.1.2 欧拉公式的改进

对于式 (8.1), 还可以根据导数与积分的关系, 利用数值积分法导出新的求解格式, 可望提高欧拉公式的精度. 事实上, 对式 (8.1) 两边在区间 $[x_n,x_{n+1}]$ 上求积分, 得

$$y(x_{n+1})=y(x_n)+\int_{x_n}^{x_{n+1}}f(x,y(x))\mathrm{d}x. \tag{8.6}$$

应用数值积分公式求解式 (8.6) 中的积分, 可得相应的差分格式. 例如, 由左矩形公式

$$\int_a^b f(x)\mathrm{d}x\approx(b-a)f(a),$$

可导出式 (8.2), 即

$$\begin{aligned} & y(x_{n+1}) \approx y(x_n) + (x_{n+1} - x_n) f(x_n, y(x_n)) \\ & \Rightarrow \quad y_{n+1} = y_n + h f(x_n, y_n). \end{aligned}$$

而由右矩形公式

$$\int_a^b f(x)\mathrm{d}x \approx (b-a) f(b),$$

可导出式 (8.3), 即

$$\begin{aligned} & y(x_{n+1}) \approx y(x_n) + (x_{n+1} - x_n) f(x_{n+1}, y(x_{n+1})) \\ & \Rightarrow \quad y_{n+1} = y_n + h f(x_{n+1}, y_{n+1}). \end{aligned}$$

此外, 由梯形公式

$$\int_a^b f(x)\mathrm{d}x \approx \frac{b-a}{2}\big[f(a) + f(b)\big],$$

可导出下面的差分格式

$$y(x_{n+1}) \approx y(x_n) + \frac{h}{2}\big[f(x_n, y(x_n)) + f(x_{n+1}, y(x_{n+1}))\big],$$

即

$$y_{n+1} = y_n + \frac{h}{2}\big[f(x_n, y_n) + f(x_{n+1}, y_{n+1})\big]. \tag{8.7}$$

式 (8.7) 也称为梯形公式. 同隐式欧拉公式的局部截断误差的推导过程相类似, 可以证明, 对于式 (8.7) 的局部截断误差为

$$y(x_{n+1}) - y_{n+1} = O(h^3),$$

即梯形公式具有二阶精度.

但梯形公式不便于使用, 也是一个隐格式. 为此, 可以考虑用其他的显格式对式 (8.7) 右端的 y_{n+1} 进行预报, 再用式 (8.7) 求解, 这种方法称为“预报–校正”法.

如先用式 (8.2) 对 y_{n+1} 进行计算, 并将结果记为 p_{n+1}, 再代入式 (8.7), 可得“预报–校正”形式的差分格式:

$$\begin{cases} p_{n+1} = y_n + h f(x_n, y_n), \\ y_{n+1} = y_n + \dfrac{h}{2}\big[f(x_n, y_n) + f(x_{n+1}, p_{n+1})\big]. \end{cases} \tag{8.8}$$

式 (8.8) 称为改进欧拉公式.

对于改进欧拉公式, 也可以证明其精度是二阶的. 事实上, 当 $y_n = y(x_n)$ 时, 由二元函数的泰勒展开式

$$f(x_{n+1}, p_{n+1}) = f(x_n + h, y_h + h f(x_n, y_n))$$

$$
\begin{aligned}
&= f(x_n, y_n) + hf_x(x_n, y_n) + hf(x_n, y_n)f_y(x_n, y_n) + O(h^2) \\
&= f(x_n, y(x_n)) + hf_x(x_n, y(x_n)) + hf(x_n, y(x_n))f_y(x_n, y(x_n)) + O(h^2).
\end{aligned}
$$

注意到

$$y'(x_n) = f(x_n, y(x_n)), \quad y''(x_n) = f_x(x_n, y(x_n)) + y'(x_n)f_y(x_n, y(x_n)),$$

于是有

$$f(x_{n+1}, p_{n+1}) = y'(x_n) + hy''(x_n) + O(h^2),$$

代入式 (8.8) 的第 2 式, 得

$$
\begin{aligned}
y_{n+1} &= y(x_n) + \frac{h}{2}[y'(x_n) + y'(x_n) + hy''(x_n) + O(h^2)] \\
&= y(x_n) + hy'(x_n) + \frac{1}{2}h^2y''(x_n) + O(h^3)
\end{aligned}
$$

从而比较式 (8.5), 得 $y(x_{n+1}) - y_{n+1} = O(h^3)$, 即式 (8.8) 的精度是二阶的.

8.1.3 改进欧拉公式的 MATLAB 程序

下面, 给出改进欧拉公式的 MATLAB 程序.

- 改进欧拉公式 MATLAB 程序

```
%程序8.1--meuler.m
function [x,y]=meuler(df,xspan,y0,h)
%用途: 改进欧拉公式解常微分方程y'=f(x,y), y(x0)=y0
%格式: [xy]=meuler(df,a,b,y0,h) df为函数f(x,y), xspan为求解
%区间[x0,xn], y0为初值y(x0), h为步长, [x y]返回节点和数值解矩阵
x=xspan(1):h:xspan(2); y(1)=y0;
for n=1:(length(x)-1)
    k1=feval(df,x(n),y(n));
    y(n+1)=y(n)+h*k1;
    k2=feval(df,x(n+1),y(n+1));
    y(n+1)=y(n)+h*(k1+k2)/2;
end
```

例 8.3 取 $h = 0.1$, 用改进欧拉公式程序 8.1 (meuler.m) 求解下列初值问题:

$$
\begin{cases}
y' = x + y - 1, \ 0 \leqslant x \leqslant 0.5, \\
y(0) = 1,
\end{cases}
$$

并与精确解 $y(x) = \mathrm{e}^x - x$ 进行比较.

解 在 MATLAB 命令窗口执行:

```
>> df=@(x,y)x+y-1;
>> [x,y]=meuler(df,[0,0.5],1,0.1)
x =
         0    0.1000    0.2000    0.3000    0.4000    0.5000
y =
    1.0000    1.0050    1.0210    1.0492    1.0909    1.1474
>> y1=exp(x)-x   %精确解
y1 =
    1.0000    1.0052    1.0214    1.0499    1.0918    1.1487
>> y-y1  %误差
ans =
         0   -0.0002   -0.0004   -0.0006   -0.0009   -0.0013
```

8.2 龙格–库塔公式

8.2.1 龙格–库塔法的基本思想

考虑式 (8.1). 由拉格朗日中值定理, 存在 $0<\theta<1$, 使得

$$\frac{y(x_{n+1})-y(x_n)}{h}=y'(x_n+\theta h).$$

于是, 由 $y'=f(x,y)$, 得

$$y(x_{n+1})=y(x_n)+hf(x_n+\theta h,y(x_n+\theta h)). \tag{8.9}$$

记 $K^*=f(x_n+\theta h,y(x_n+\theta h))$, 则称 K^* 为区间 $[x_n,x_{n+1}]$ 上的平均斜率. 下面介绍一种由式 (8.9) 导出的平均斜率算法, 即所谓的龙格–库塔法.

在欧拉公式中, 简单地取点 x_n 的斜率 $K_1=f(x_n,y_n)$ 作为平均斜率 K^*, 精度自然很低. 而梯形公式可以写成下列平均化的形式:

$$\begin{cases} y_{n+1}=y_n+h(K_1+K_2)/2,\\ K_1=f(x_n,y_n),\\ K_2=f(x_{n+1},y_{n+1}). \end{cases} \tag{8.10}$$

上述公式可以理解为: 用 x_n 和 x_{n+1} 两个点的斜率值 K_1 与 K_2 的算术平均值作为平均斜率值 K^*, 而 x_{n+1} 处的斜率值则通过已知信息 y_n 来预测.

如果能够在区间 $[x_n,x_{n+1}]$ 上多预报几个点的斜率值 $K_1,K_2,\cdots,K_r$, 然后取它们的加权平均值

$$\sum_{i=1}^{r}\alpha_iK_i,\quad (\alpha_1+\alpha_2+\cdots+\alpha_r=1)$$

作为 K^* 的近似值. 设计区间 $[x_n, x_{n+1}]$ 上 r 个点的预报斜率值 $K_1, K_2, \cdots, K_r$ 及权系数 $\alpha_1, \alpha_2, \cdots, \alpha_r$, 使得差分格式

$$y_{n+1} = y_n + h\sum_{i=1}^{r} \alpha_i K_i \tag{8.11}$$

达到 r 阶精度, 则称式 (8.11) 为 r 阶龙格–库塔公式.

8.2.2 龙格–库塔公式

考虑差分格式

$$\begin{cases} y_{n+1} = y_n + h(\alpha_1 K_1 + \alpha_2 K_2), \\ K_1 = f(x_n, y_n), \\ K_2 = f(x_n + ph, y_n + phK_1), \quad 0 < p \leqslant 1, \end{cases} \tag{8.12}$$

K_1 视为 $y(x)$ 在点 x_n 处的斜率, K_2 视为 $y(x)$ 在点 $x_{n+p} = x_n + ph$ 处的预报斜率, 若参数 α_1, α_2 及 p 的取值使得式 (8.12) 具有二阶精度, 则称为二阶龙格–库塔公式.

下面导出式 (8.12) 中的参数 α_1, α_2 及 p 应满足的条件. 设 $y_n = y(x_n)$ 准确, 得 $K_1 = y'(x_n)$, 由二元函数的泰勒展开, 得

$$\begin{aligned} K_2 &= f(x_n, y_n) + phf_x(x_n, y_n) + phK_1 f_y(x_n, y_n) + O(h^2) \\ &= f(x_n, y(x_n)) + ph[f_x(x_n, y(x_n)) + y'(x_n) f_y(x_n, y(x_n))] + O(h^2) \\ &= y'(x_n) + phy''(x_n) + O(h^2). \end{aligned}$$

于是有

$$\begin{aligned} y_{n+1} &= y_n + h[\alpha_1 y'(x_n) + \alpha_2(y'(x_n) + phy''(x_n)) + O(h^2)] \\ &= y_n + (\alpha_1 + \alpha_2)hy'(x_n) + \alpha_2 ph^2 y''(x_n) + O(h^3). \end{aligned}$$

从而由 $y(x_{n+1}) - y_{n+1} = O(h^3)$, 比较式 (8.5), 得

$$\alpha_1 + \alpha_2 = 1, \quad \alpha_2 p = \frac{1}{2}. \tag{8.13}$$

从式 (8.13) 可看出, 3 个参数只有 2 个约束条件, 有 1 个自由度, 因此二阶龙格–库塔公式是一个系列差分格式. 如取

$$\alpha_1 = \alpha_2 = \frac{1}{2}, \quad p = 1,$$

则得到式 (8.8). 又如取

$$\alpha_1 = 0, \ \ \alpha_2 = 1, \ \ p = \frac{1}{2},$$

则得

$$\begin{cases} y_{n+1} = y_n + hK_2, \\ K_1 = f(x_n, y_n), \\ K_2 = f(x_{n+\frac{1}{2}}, y_n + hK_1/2), \end{cases} \tag{8.14}$$

其中

$$x_{n+\frac{1}{2}} = x_n + \frac{1}{2}h.$$

式 (8.14) 称为中点格式.

在二阶龙格–库塔公式的基础上可以进一步构造更高阶的龙格–库塔公式. 如对差分格式

$$\begin{cases} y_{n+1} = y_n + h(\alpha_1 K_1 + \alpha_2 K_2 + \alpha_3 K_3), \quad \alpha_1 + \alpha_2 + \alpha_3 = 1, \\ K_1 = f(x_n, y_n), \\ K_2 = f(x_{n+p}, y_n + phK_1), \quad 0 < p \leqslant 1, \\ K_3 = f(x_{n+q}, y_n + qh[(1-\alpha)K_1 + \alpha K_2]), \quad p \leqslant q \leqslant 1, \end{cases} \tag{8.15}$$

式中: K_1 视为 $y(x)$ 在点 x_n 处的斜率; K_2, K_3 分别为 $y(x)$ 在点 $x_{n+ph} = x_n + ph$ 和在点 $x_{n+qh} = x_n + qh$ 处的预报斜率. 若参数 $\alpha_1, \alpha_2, \alpha_3, p, q$ 及 α 的取值使得式 (8.15) 具有三阶精度, 则称为三阶龙格–库塔公式.

三阶龙格–库塔公式也不止一个, 其中最常用的是下面的三阶库塔公式

$$\begin{cases} y_{n+1} = y_n + \frac{h}{6}(K_1 + 4K_2 + K_3), \\ K_1 = f(x_n, y_n), \\ K_2 = f\left(x_{n+\frac{1}{2}}, y_n + \frac{h}{2}K_1\right), \\ K_3 = f(x_{n+1}, y_n + h(-K_1 + 2K_2)) \end{cases} \tag{8.16}$$

和三阶 Heun (霍恩)公式

$$\begin{cases} y_{n+1} = y_n + \frac{h}{4}(K_1 + 3K_3), \\ K_1 = f(x_n, y_n), \\ K_2 = f\left(x_{n+\frac{1}{3}}, y_n + \frac{h}{3}K_1\right), \\ K_3 = f\left(x_{n+\frac{2}{3}}, y_n + \frac{2h}{3}K_2\right). \end{cases} \tag{8.17}$$

同样, 最常用的四阶龙格–库塔公式是下面的四阶经典龙格–库塔公式:

$$\begin{cases} y_{n+1} = y_n + \frac{h}{6}(K_1 + 2K_2 + 2K_3 + K_4), \\ K_1 = f(x_n, y_n), \\ K_2 = f\left(x_{n+\frac{1}{2}}, y_n + \frac{h}{2}K_1\right), \\ K_3 = f\left(x_{n+\frac{1}{2}}, y_n + \frac{h}{2}K_2\right), \\ K_4 = f(x_{n+1}, y_n + hK_3). \end{cases} \tag{8.18}$$

例 8.4 取步长 $h = 0.2$, 用四阶龙格–库塔法计算下面的初值问题

$$\begin{cases} y' = y - \frac{2x}{y}, \quad 0 \leqslant x \leqslant 1, \\ y(0) = 1, \end{cases}$$

并与精确解比较, 其中精确解为 $y=\sqrt{1+2x}$.

解 由式 (8.18), 得

$$y_{n+1}=y_n+\frac{0.2}{6}(K_1+2K_2+2K_3+K_4),$$

其中

$$K_1=y_n-\frac{2x_n}{y_n},\quad K_2=y_n+0.1K_1-2\frac{x_n+0.1}{y_n+0.1K_1},$$
$$K_3=y_n+0.1K_2-2\frac{x_n+0.1}{y_n+0.1K_2},\quad K_4=y_n+0.2K_3-2\frac{x_n+0.2}{y_n+0.2K_3}.$$

计算结果如下:

x_n	y_n	$y(x_n)$
0.0	1.000000	1.000000
0.2	1.183229	1.183216
0.4	1.341667	1.341641
0.6	1.483281	1.483240
0.8	1.612514	1.612452
1.0	1.732142	1.732051

8.2.3 龙格–库塔法的 MATLAB 程序

下面给出四阶经典龙格–库塔公式 (8.18) 的 MATLAB 通用程序:

- 四阶经典龙格–库塔公式 MATLAB 程序

```
%程序8.2--m4rkutta.m
function [x,y]=m4rkutta(df,xspan,y0,h)
%用途: 4阶经典龙格库塔公式解常微分方程y'=f(x,y), y(x0)=y0
%格式: [x,y]=m4rkutta(df,xspan,y0,h)
%df为函数f(x,y)表达式, xspan为求解区间[x0,xn],
% y0为初值, h为步长, x返回节点, y返回数值解
x=xspan(1):h:xspan(2);  y(1)=y0;
for n=1:(length(x)-1)
    k1=feval(df,x(n),y(n));
    k2=feval(df,x(n)+h/2,y(n)+h/2*k1);
    k3=feval(df,x(n)+h/2,y(n)+h/2*k2);
    k4=feval(df,x(n+1),y(n)+h*k3);
    y(n+1)=y(n)+h*(k1+2*k2+2*k3+k4)/6;
end
```

例 8.5 取 $h=0.1$, 用四阶经典龙格–库塔公式程序 8.2 (m4rungekutta.m) 求解下列初值问题:

$$\begin{cases} y'=x+y-1, & 0\leqslant 0\leqslant x\leqslant 0.5, \\ y(0)=1, \end{cases}$$

并与精确解 $y(x)=\mathrm{e}^x-x$ 进行比较.

解 在 MATLAB 命令窗口执行:

```
>> df=@(x,y)x+y-1;
>> [x,y]=m4rkutta(df,[0 0.5],1,0.1)
x =
         0    0.1000    0.2000    0.3000    0.4000    0.5000
y =
    1.0000    1.0052    1.0214    1.0499    1.0918    1.1487
>> y1=exp(x)-x    %精确解
y1 =
    1.0000    1.0052    1.0214    1.0499    1.0918    1.1487
>> y-y1   %误差
ans =
  1.0e-006 *
         0   -0.0847   -0.1873   -0.3105   -0.4576   -0.6321
```

8.3 收敛性与稳定性

本节讨论前述单步差分格式的收敛性和绝对稳定性问题. 对于差分格式的误差问题需要从两个方面加以考虑. 首先是截断误差问题. 定义 8.1 已经对差分格式的局部截断误差给出了定性描述. 而本节将对整体截断误差做出定性描述, 即讨论差分格式的收敛性问题. 其次是舍入误差问题, 本节将对"试验方程"讨论数据偏差是否会被差分格式放大, 即讨论差分格式的绝对稳定性问题.

8.3.1 收敛性分析

首先给出差分格式收敛的定义.

定义 8.2 如果对于任意固定的 $x_N=x_0+Nh$, 当 $N\to\infty$ (同时 $h\to 0$) 时, 数值解 $y_N\to y(x_N)$, 称求解常微分方程初值问题式 (8.1) 的差分格式是收敛的.

下面的例子将有助于理解上述定义.

例 8.6 证明欧拉公式对于求解下列方程收敛:

$$\begin{cases} y'=-y, \\ y(0)=1. \end{cases} \tag{8.19}$$

证 取 $h=\bar{x}/N$, $x_n=nh\,(n=0,1,\cdots,N)$, 则有 $\bar{x}=x_N$. 由欧拉公式, 得

$$y_{n+1}=y_n+hf(x_n,y_n)=(1-h)y_n=(1-h)^{n+1}y_0=(1-h)^{n+1}.$$

于是

$$y_N=(1-h)^N=\left[\left(1-\frac{\bar{x}}{N}\right)^{-\frac{N}{\bar{x}}}\right]^{-\bar{x}}\to \mathrm{e}^{-\bar{x}}\ (N\to\infty).$$

又容易发现 $y(x)=\mathrm{e}^{-x}$ 是 (8.19) 的解析解, 故得 $y_N\to y(\bar{x})\,(N\to\infty)$.

容易发现, 用定义 8.2 来判断一个差分格式的收敛性是不方便的, 它依赖于原初值问题的解析解表达式. 下面的定理提供了判别一个差分格式是否收敛的实用方法, 它不需要借助原问题的解析解.

定理 8.1 设差分格式

$$y_{n+1}=y_n+h\varphi(x_n,y_n,h) \tag{8.20}$$

为式 (8.1) 的 p 阶格式, 即局部截断误差为 $O(h^{p+1})$. 若增量函数 $\varphi(x,y,h)$ 关于 y 满足 Lipschitz 条件, 即存在 $L>0$, 使 $\forall x,y,\bar{y},h$ 成立

$$|\varphi(x,y,h)-\varphi(x,\bar{y},h)|\leqslant L|y-\bar{y}|, \tag{8.21}$$

则数值解的整体截断误差为 $e_n=y(x_n)-y_n=O(h^p)$.

证 记

$$\bar{y}_{n+1}=y(x_n)+h\varphi(x_n,y(x_n),h),$$

其中, $\bar{y}_{n+1}$ 表示当 y_n 准确时由式 (8.20) 求得的结果. 则由式 (8.20) 是 p 阶格式知, 存在常数 $c>0$, 使

$$|y(x_{n+1})-\bar{y}_{n+1}|\leqslant ch^{p+1}.$$

从而

$$\begin{aligned}
&|y(x_{n+1})-y_{n+1}|\leqslant|y(x_{n+1})-\bar{y}_{n+1}|+|\bar{y}_{n+1}-y_{n+1}|\\
&\leqslant ch^{p+1}+\big|[y(x_n)+h\varphi(x_n,y(x_n),h)]-[y_n+h\varphi(x_n,y_n,h)]\big|\\
&\leqslant ch^{p+1}+|y(x_n)-y_n|+hL|y(x_n)-y_n|\\
&\leqslant ch^{p+1}+(1+hL)|y(x_n)-y_n|,
\end{aligned}$$

由 e_n 的定义, 上式即

$$|e_{n+1}|\leqslant ch^{p+1}+(1+hL)|e_n|. \tag{8.22}$$

记 $a=ch^{p+1}$, $b=1+hL$, 并注意到 $e_0=0$, 则由上式, 有

$$\begin{aligned}
|e_n| &\leqslant a+b|e_{n-1}|\leqslant a+b(a+b|e_{n-2}|)\leqslant\cdots\\
&\leqslant a(1+b+b^2+\cdots+b^{n-1})+b^n|e_0|
\end{aligned}$$

$$= \quad a\frac{1-b^n}{1-b}.$$

上式即

$$|e_n| \leqslant ch^{p+1}\frac{1-(1+hL)^n}{1-(1+hL)} = \frac{ch^p}{L}\big[(1+hL)^n - 1\big].$$

再利用不等式 $(1+x)^n \leqslant \mathrm{e}^{nx}$, 得

$$|e_n| \leqslant \frac{ch^p}{L}\big(\mathrm{e}^{nhL}-1\big) = \frac{ch^p}{L}\big[\mathrm{e}^{(x_n-x_0)L}-1\big].$$

上式表明 $e_n = O(h^p)$.

例 8.7 若式 (8.1) 中的函数 $f(x,y)$ 满足 Lipschitz 条件, 即存在 $L>0$ 使得 $\forall x,y,\bar{y}$, 成立

$$|f(x,y)-f(x,\bar{y})| \leqslant L|y-\bar{y}|.$$

讨论欧拉公式和改进欧拉公式的收敛性问题.

解 (1) 对于欧拉公式 $y_{n+1} = y_n + hf(x_n,y_n)$, 对应的增量函数 $\varphi(x,y,h) = f(x,y)$, 故当 $f(x,y)$ 关于 y 满足 Lipschitz 条件时, 由定理 8.1 知 $y(x_n) - y_n = O(h)$, 从而格式收敛.

(2) 对于改进欧拉公式

$$y_{n+1} = y_n + \frac{h}{2}\big[f(x_n,y_n) + f(x_{n+1}, y_n + hf(x_n,y_n))\big],$$

增量函数为

$$\varphi(x,y,h) = \frac{1}{2}\big[f(x,y) + f(x+h, y+hf(x,y))\big],$$

则有

$$\begin{aligned}
|\varphi(x,y,h)-\varphi(x,\bar{y},h)| &\leqslant \frac{1}{2}\big|f(x,y)-f(x,\bar{y})\big| \\
&\quad + \frac{1}{2}\big|f(x+h,y+hf(x,y)) - f(x+h,\bar{y}+hf(x,\bar{y}))\big| \\
&\leqslant \frac{L}{2}|y-\bar{y}| + \frac{L}{2}\big|[y+hf(x,y)]-[\bar{y}+hf(x,\bar{y})]\big| \\
&\leqslant \frac{L}{2}|y-\bar{y}| + \frac{L}{2}|y-\bar{y}| + \frac{hL}{2}\big|f(x,y)-f(x,\bar{y})\big| \\
&\leqslant \Big(\frac{L}{2}+\frac{L}{2}+\frac{hL^2}{2}\Big)|y-\bar{y}| = \frac{L}{2}(2+hL)|y-\bar{y}|.
\end{aligned}$$

只要取 $h<1$, 即有

$$|\varphi(x,y,h)-\varphi(x,\bar{y},h)| \leqslant \frac{L}{2}(2+L)|y-\bar{y}| = \bar{L}|y-\bar{y}|,$$

即 $\varphi(x,y,h)$ 满足式 (8.21), 故由定理 8.1 知 $y(x_n)-y_n = O(h^2)$, 从而改进欧拉公式是收敛的. □

8.3.2 绝对稳定性

差分格式的数值稳定性问题很难作一般性的讨论. 通常人们仅用试验方程

$$y' = \lambda y, \quad \lambda < 0 \tag{8.23}$$

作讨论. 这是由于当 $\lambda > 0$ 时, 式 (8.23) 的解不是渐近稳定的, 即任意初始偏差都可能造成解的巨大差异, 是病态问题. 这里, λ 代表了 $f(x, y)$ 对于 y 偏导数的大致取值.

定义 8.3 设由某差分格式求试验方程式 (8.23) 的数值解, 若当 y_n 有扰动 (数据误差或舍入误差) ε_n 时, y_{n+1} 因此产生的偏差 $|\varepsilon_{n+1}|$ 不超过 $|\varepsilon_n|$, 即 $|\varepsilon_{n+1}| \leqslant |\varepsilon_n|$, 则称该差分格式是绝对稳定的.

例 8.8 对于试验方程 $y' = \lambda y\,(\lambda < 0)$, 分别讨论当步长 h 在什么范围取值时, 欧拉公式 (式 (8.2)) 和隐式欧拉公式 (式 (8.3)) 是绝对稳定的.

解 对于欧拉公式, 由试验方程, 得

$$y_{n+1} = y_n + hf(x_n, y_n) = (1 + h\lambda)y_n.$$

若 y_n 有扰动 ε_n, y_{n+1} 因此产生偏差 ε_{n+1}, 则有

$$y_{n+1} + \varepsilon_{n+1} = (1 + h\lambda)(y_n + \varepsilon_n) \;\Rightarrow\; \varepsilon_{n+1} = (1 + h\lambda)\varepsilon_n.$$

从而, 欧拉公式稳定当且仅当

$$|\varepsilon_{n+1}| = |1 + h\lambda| \cdot |\varepsilon_n| \leqslant |\varepsilon_n| \;\Leftrightarrow\; |1 + h\lambda| \leqslant 1.$$

由

$$|1 + h\lambda| \leqslant 1 \;\Rightarrow\; 1 + h\lambda \geqslant -1 \;\Rightarrow\; h\lambda \geqslant -2 \;\Rightarrow\; h \leqslant -\frac{2}{\lambda}.$$

可知, 欧拉公式是“条件稳定”的, 且 $|\lambda|$ 越大, 稳定区域越小.

又对于隐式欧拉公式, 由试验方程, 得

$$y_{n+1} = y_n + hf(x_{n+1}, y_{n+1}) = y_n + h\lambda y_{n+1} \;\Rightarrow\; y_{n+1} = \frac{y_n}{1 - h\lambda}.$$

若 y_n 有扰动 ε_n, y_{n+1} 因此产生偏差 ε_{n+1}, 则有

$$y_{n+1} + \varepsilon_{n+1} = \frac{y_n + \varepsilon_n}{1 - h\lambda} \;\Rightarrow\; \varepsilon_{n+1} = \frac{\varepsilon_n}{1 - h\lambda} \;\Rightarrow\; |\varepsilon_{n+1}| = \frac{|\varepsilon_n|}{1 - h\lambda} \leqslant |\varepsilon_n|.$$

由此可见, 隐式欧拉公式是“无条件”绝对稳定的.

用类似的方法可以证明, 改进欧拉公式具有与欧拉公式相似的稳定性, 而梯形公式是绝对稳定的. 一般地, 隐格式比显格式具有更好的稳定性.

8.4 亚当斯方法

单步法在计算时只用到前面一步的近似值 (如龙格–库塔公式), 这是单步法的优点. 但正因为如此, 要提高精度, 需要增加中间函数值的计算, 这就加大了计算量. 下面介绍多步法, 它在计算 y_{n+1} 时除了用到 x_n 上的近似值 y_n 外, 还用到 $x_{n-p}\,(p=1,2,\cdots)$ 上的近似值 y_{n-p}.

线性多步法的典型代表是亚当斯 (Adams) 方法, 它直接利用求解节点的斜率值来提高精度. 其中, 将 $y(x)$ 在 $x_n, x_{n-1}, x_{n-2}, \cdots$ 处斜率值的加权平均作为平均斜率值 K^* 的近似值所得到的格式称为显式亚当斯公式; 而将 $y(x)$ 在 $x_{n+1}, x_n, x_{n-1}, \cdots$ 处斜率值的加权平均作为平均斜率值 K^* 的近似值所得到的格式称为隐式亚当斯公式.

为简化讨论, 记

$$f_k = f(x_k, y_k), \quad k = n+1, n, n-1, \cdots$$

定义 8.4 若差分格式

$$y_{n+1} = y_n + h(\alpha_1 f_n + \alpha_2 f_{n-1} + \cdots + \alpha_r f_{n-r+1}) \tag{8.24}$$

为 r 阶格式, 其中 $\alpha_1 + \alpha_2 + \cdots + \alpha_r = 1$, 则称为 r 阶显式亚当斯公式. 又若差分格式

$$y_{n+1} = y_n + h(\alpha_1 f_{n+1} + \alpha_2 f_n + \cdots + \alpha_r f_{n-r+2}) \tag{8.25}$$

为 r 阶格式, 其中 $\alpha_1 + \alpha_2 + \cdots + \alpha_r = 1$, 则称为 r 阶隐式亚当斯公式.

8.4.1 几个常用亚当斯公式的推导

本节推导出几个常用的亚当斯公式.

例 8.9 分别导出二阶显式与隐式亚当斯公式.

解 设 $f_k = y'(x_k)\,(k=1,2,\cdots,n)$.

(1) 由

$$\begin{aligned} y_{n+1} &= y_n + h[(1-\alpha)f_n + \alpha f_{n-1}] \\ &= y(x_n) + h[(1-\alpha)y'(x_n) + \alpha y'(x_{n-1})] \\ &= y(x_n) + h\{(1-\alpha)y'(x_n) + \alpha[y'(x_n) - hy''(x_n) + O(h^2)]\} \\ &= y(x_n) + hy'(x_n) - \alpha h^2 y''(x_n) + O(h^3) \end{aligned}$$

及 $y(x_{n+1}) - y_{n+1} = O(h^3)$, 比较式 (8.5), 得 $\alpha = -1/2$, 从而有二阶显式亚当斯公式:

$$y_{n+1} = y_n + \frac{h}{2}(3f_n - f_{n-1}). \tag{8.26}$$

(2) 为简便计, 分别用 f, f_x, f_y 表示 $f(x_n, y_n), f'_x(x_n, y_n), f'_y(x_n, y_n)$, 由二元函数的泰勒展开式

$$\begin{aligned} f_{n+1} &= f(x_{n+1}, y_{n+1}) \\ &= f + hf_x + f_y \cdot (y_{n+1} - y_n) + O[h^2 + (y_{n+1} - y_n)^2] \end{aligned}$$

利用

$$y_{n+1} = y_n + h[(1-\alpha)f_n + \alpha f_{n+1}],$$

得

$$f_{n+1} = f + hf_x + (1-\alpha)hf \cdot f_y + \alpha h f_{n+1} \cdot f_y + O(h^2).$$

那么

$$\begin{aligned} f_{n+1} &= \frac{f + hf_x + (1-\alpha)hf \cdot f_y + O(h^2)}{1 - \alpha h f_y} \\ &= \left[f + hf_x + (1-\alpha)hf \cdot f_y + O(h^2)\right] \cdot \left[1 + \alpha h f_y + O(h^2)\right] \\ &= f + h(f_x + f \cdot f_y) + O(h^2) \\ &= y'(x_n) + hy''(x_n) + O(h^2). \end{aligned}$$

这样, 由

$$\begin{aligned} y_{n+1} &= y_n + h[(1-\alpha)f_n + \alpha f_{n+1}] \\ &= y(x_n) + h\{(1-\alpha)y'(x_n) + \alpha[y'(x_n) + hy''(x_n) + O(h^2)]\} \\ &= y(x_n) + hy'(x_n) + \alpha h^2 y''(x_n) + O(h^3) \end{aligned}$$

及 $y(x_{n+1}) - y_{n+1} = O(h^3)$, 比较式 (8.5), 得 $\alpha = 1/2$, 从而有三阶隐式亚当斯公式:

$$y_{n+1} = y_n + \frac{h}{2}(f_n + f_{n+1}), \tag{8.27}$$

恰为梯形公式.

例 8.10 导出三阶显式亚当斯公式.

解 设 $f_k = y'(x_k)\,(k = 1, 2, \cdots, n)$, 则

$$\begin{aligned} y_{n+1} &= y_n + h(\alpha_1 f_n + \alpha_2 f_{n-1} + \alpha_3 f_{n-2}) \\ &= y(x_n) + h[\alpha_1 y'(x_n) + \alpha_2 y'(x_{n-1}) + \alpha_3 y'(x_{n-2})] \\ &= y(x_n) + h\Big\{\alpha_1 y'(x_n) + \alpha_2\Big[y'(x_n) - hy''(x_n) + \frac{h^2}{2}y'''(x_n)\Big] \\ &\qquad + \alpha_3\Big[y'(x_n) - 2hy''(x_n) + 2h^2 y'''(x_n)\Big] + O(h^3)\Big\}. \end{aligned}$$

整理得

$$\begin{aligned} y_{n+1} &= y(x_n) + h(\alpha_1+\alpha_2+\alpha_3)y'(x_n) + h^2(-\alpha_2-2\alpha_3)y''(x_n) \\ &\quad + h^3\Big(\frac{\alpha_2}{2}+2\alpha_3\Big)y'''(x_n) + O(h^4). \end{aligned}$$

由上式及 $y(x_{n+1}) - y_{n+1} = O(h^4)$, 比较式 (8.5), 得

$$\alpha_1+\alpha_2+\alpha_3 = 1,\quad -\alpha_2-2\alpha_3 = \frac{1}{2},\quad \frac{\alpha_2}{2}+2\alpha_3 = \frac{1}{6}.$$

解得

$$\alpha_1 = \frac{23}{12},\quad \alpha_2 = -\frac{16}{12},\quad \alpha_1 = \frac{5}{12}.$$

从而有三阶显式亚当斯公式

$$y_{n+1} = y_n + \frac{h}{12}\big(23f_n - 16f_{n-1} + 5f_{n-2}\big). \tag{8.28}$$

例 8.11 用待定系数法导出四阶隐式和显式亚当斯公式.

解 (1) 对于隐式亚当斯公式, 设

$$y_{n+1} = y_n + h(\alpha_1 f_{n+1} + \alpha_2 f_n + \alpha_3 f_{n-1} + \alpha_4 f_{n-2}).$$

局部截断误差

$$\begin{aligned} R[y] &= y(x_{n+1}) - y_{n+1} = y(x_n+h) - y_{n+1} \\ &= y(x_n+h) - y(x_n) - h\big[\alpha_1 y'(x_n+h) \\ &\quad + \alpha_2 y'(x_n) + \alpha_3 y'(x_n-h) + \alpha_4 y'(x_n-2h)\big] \end{aligned}$$

令 $R[x^k] = 0\,(k=1\sim 4)$ 及 $x_n = 0$, 代入上式, 得

$$\begin{cases} \alpha_1+\alpha_2+\alpha_3+\alpha_4-1=0, \\ 2\alpha_1-2\alpha_3-4\alpha_4-1=0, \\ 3\alpha_1+3\alpha_3+12\alpha_4-1=0, \\ 4\alpha_1-4\alpha_3-32\alpha_4-1=0. \end{cases}$$

解得

$$\alpha_1 = \frac{9}{24},\quad \alpha_2 = \frac{19}{24},\quad \alpha_3 = -\frac{5}{24},\quad \alpha_4 = \frac{1}{24}.$$

得四阶隐式格式

$$y_{n+1} = y_n + \frac{h}{24}\big(9f_{n+1} + 19f_n - 5f_{n-1} + f_{n-2}\big). \tag{8.29}$$

式 (8.29) 称为四阶亚当斯内插公式, 它是一个线性三步四阶隐式公式, 应用十分广泛.

(2) 对于显式亚当斯公式, 设

$$y_{n+1} = y_n + h(\alpha_1 f_n + \alpha_2 f_{n-1} + \alpha_3 f_{n-2} + \alpha_4 f_{n-3}).$$

局部截断误差

$$\begin{aligned} R[y] &= y(x_{n+1}) - y_{n+1} = y(x_n + h) - y_{n+1} \\ &= y(x_n + h) - y(x_n) - h\big[\alpha_1 y'(x_n) + \alpha_2 y'(x_n - h) \\ &\quad + \alpha_3 y'(x_n - 2h) + \alpha_4 y'(x_n - 3h)\big] \end{aligned}$$

$R[x^k] = 0\,(k = 1 \sim 4)$ 及 $x_n = 0$, 代入上式, 得

$$\begin{cases} \alpha_1 + \alpha_2 + \alpha_3 + \alpha_4 - 1 = 0, \\ 2\alpha_2 + 4\alpha_3 + 6\alpha_4 + 1 = 0, \\ 3\alpha_2 + 12\alpha_3 + 27\alpha_4 - 1 = 0, \\ 4\alpha_2 + 32\alpha_3 + 108\alpha_4 + 1 = 0. \end{cases}$$

解得

$$\alpha_1 = \frac{55}{24}, \quad \alpha_2 = -\frac{59}{24}, \quad \alpha_3 = \frac{37}{24}, \quad \alpha_4 = -\frac{9}{24}.$$

得 4 阶显式格式

$$y_{n+1} = y_n + \frac{h}{24}(55f_n - 59f_{n-1} + 37f_{n-2} - 9f_{n-3}). \tag{8.30}$$

式 (8.30) 称为四阶亚当斯外推公式, 它是一个四步四阶显式公式.

实际应用中, 常将四阶亚当斯外推公式 (式 (8.30)) 与内插公式 (式 (8.29)) 配套使用, 构成"预报–校正"公式, 即

$$\begin{cases} p_{n+1} = y_n + \dfrac{h}{24}(55f_n - 59f_{n-1} + 37f_{n-2} - 9f_{n-3}), \\ y_{n+1} = y_n + \dfrac{h}{24}\big(f_{n-2} - 5f_{n-1} + 19f_n + 9f(x_{n+1}, p_{n+1})\big). \end{cases} \tag{8.31}$$

式 (8.30) 需要 4 个初值, 通常需要借助于其他差分格式 (如龙格–库塔公式) 计算初值才能启动.

8.4.2 四阶亚当斯公式的 MATLAB 程序

下面给出四阶亚当斯"预报–校正"公式的 MATLAB 通用程序:

- 四阶亚当斯"预报–校正"公式 MATLAB 程序

```
%程序8.3--m4adams.m
function [x, y]=m4adams(df,xspan,y0,h)
%用途: 四阶亚当斯"预报-校正"格式解常微分方程y'=f(x, y), y(x0)=y0
```

```
%格式: [x, y]=m4adams(df,xspan,y0,h)
%df为函数f(x,y)表达式, xspan为求解区间[x0,xn],
%y0为初值, h为步长, x返回节点, y返回数值解
x=xspan(1):h:xspan(2);
[x1,y]=m4rungekutta(df,[x(1),x(4)],y0,h);
for n=4:(length(x)-1)
  p=y(n)+h/24*(55*feval(df,x(n),y(n))-59*feval(df,x(n-1),y(n-1)) ...
      +37*feval(df,x(n-2),y(n-2))-9*feval(df,x(n-3),y(n-3)));
  y(n+1)=y(n)+h/24*(feval(df,x(n-2),y(n-2))-5*feval(df,x(n-1),y(n-1))...
      +19*feval(df,x(n),y(n))+9*feval(df,x(n+1),p));
end
```

例 8.12 取 $h=0.1$, 用四阶亚当斯"预报–校正"公式程序 8.3 (m4adams.m) 求解下列初值问题:

$$\begin{cases} y' = y - \dfrac{2x}{y}, & 0 \leqslant x \leqslant 1, \\ y(0) = 1. \end{cases}$$

并与精确解 $y(x)=\sqrt{1+2x}$ 进行比较.

解 在 MATLAB 命令窗口执行

```
>> df=@(x,y)y-2*x./y;
>> [x, y]=m4adams(df,[0 1],1,0.1);
>> y1=sqrt(1+2*x);  %解析解
>> [x', y', y1']
ans =
         0    1.0000    1.0000
    0.1000    1.0954    1.0954
    0.2000    1.1832    1.1832
    0.3000    1.2649    1.2649
    0.4000    1.3416    1.3416
    0.5000    1.4142    1.4142
    0.6000    1.4832    1.4832
    0.7000    1.5492    1.5492
    0.8000    1.6125    1.6125
    0.9000    1.6733    1.6733
    1.0000    1.7321    1.7321
>> (y-y1)  %误差
ans =
```

```
1.0e-005 *
        0    0.0417    0.0789    0.1164    0.0571    0.0271    0.0127
   0.0042   -0.0013   -0.0054   -0.0088
```

8.5 一阶微分方程组和高阶微分方程*

前面介绍了一阶常微分方程的各种数值方法, 这些方法对常微分方程组和高阶常微分方程同样适用. 为了避免书写上的复杂, 下面以两个未知函数的方程组和二阶常微分方程为例来叙述这些方法的计算公式, 其截断误差和推导过程与一阶方程的情形完全一样, 不再赘述, 只列出计算格式.

8.5.1 一阶常微分方程组

考虑方程组

$$\begin{cases} y' = f(x,y,z), & y(x_0) = y_0, \\ z' = g(x,y,z), & z(x_0) = z_0. \end{cases} \tag{8.32}$$

1. 欧拉公式

对 $n = 0,1,2,\cdots$, 计算

$$\begin{cases} y_{n+1} = y_n + hf(x_n,y_n,z_n), & y(x_0) = y_0, \\ z_{n+1} = z_n + hg(x_n,y_n,z_n), & z(x_0) = z_0. \end{cases} \tag{8.33}$$

2. 改进欧拉公式

对 $n = 0,1,2,\cdots$, 计算

$$\begin{cases} p_{n+1} = y_n + hf(x_n,y_n,z_n), \\ q_{n+1} = z_n + hg(x_n,y_n,z_n), \\ y_{n+1} = y_n + \dfrac{h}{2}\big[f(x_n,y_n,z_n) + f(x_{n+1},p_{n+1},q_{n+1})\big], \\ z_{n+1} = z_n + \dfrac{h}{2}\big[g(x_n,y_n,z_n) + g(x_{n+1},p_{n+1},q_{n+1})\big], \end{cases} \tag{8.34}$$

其中 $y(x_0) = y_0,\ z(x_0) = z_0$.

3. 经典四阶龙格–库塔公式

对 $n = 0,1,2,\cdots$, 计算

$$\begin{cases} y_{n+1} = y_n + \dfrac{h}{6}(K_1 + 2K_2 + 2K_3 + K_4), \\ z_{n+1} = z_n + \dfrac{h}{6}(L_1 + 2L_2 + 2L_3 + L_4), \end{cases} \tag{8.35}$$

其中

$$\begin{cases} K_1 = f(x_n, y_n, z_k), \quad L_1 = g(x_n, y_n, z_n), \\ K_2 = f(x_n + \frac{h}{2}, y_n + \frac{hK_1}{2}, z_n + \frac{hL_1}{2}), \quad L_2 = g(x_n + \frac{h}{2}, y_n + \frac{hK_1}{2}, z_n + \frac{hL_1}{2}), \\ K_3 = f(x_n + \frac{h}{2}, y_n + \frac{hK_2}{2}, z_n + \frac{hL_2}{2}), \quad L_3 = g(x_n + \frac{h}{2}, y_n + \frac{hK_2}{2}, z_n + \frac{hL_2}{2}), \\ K_4 = f(x_n + h, y_n + hK_3, z_n + hL_3), \quad L_4 = g(x_n + h, y_n + hK_3, z_n + hL_3). \end{cases}$$

4. 四阶亚当斯外推格式

记 f_{n-k}, g_{n-k} 分别表示 $f(x_{n-k}, y_{n-k}, z_{n-k}), g(x_{n-k}, y_{n-k}, z_{n-k})$ $(k = 0, 1, 2, 3)$. 对 $n = 0, 1, 2, \cdots$, 计算

$$\begin{cases} y_{n+1} = y_n + \frac{h}{24}(55f_n - 59f_{n-1} + 37f_{n-2} - 9f_{n-3}), \\ z_{n+1} = z_n + \frac{h}{24}(55g_n - 59g_{n-1} + 37g_{n-2} - 9g_{n-3}), \end{cases} \tag{8.36}$$

其中 $y(x_0) = y_0$, $z(x_0) = z_0$.

5. 四阶亚当斯预报-校正格式

记 f_{n-k}, g_{n-k} 分别表示 $f(x_{n-k}, y_{n-k}, z_{n-k}), g(x_{n-k}, y_{n-k}, z_{n-k})$ $(k = 0, 1, 2, 3)$. 对 $n = 0, 1, 2, \cdots$, 计算

$$\begin{cases} p_{n+1} = y_n + \frac{h}{24}(55f_n - 59f_{n-1} + 37f_{n-2} - 9f_{n-3}), \\ q_{n+1} = z_n + \frac{h}{24}(55g_n - 59g_{n-1} + 37g_{n-2} - 9g_{n-3}), \\ y_{n+1} = y_n + \frac{h}{24}(f_{n-2} - 5f_{n-1} + 19f_n + 9f(x_{n+1}, p_{n+1}, q_{n+1})), \\ z_{n+1} = z_n + \frac{h}{24}(g_{n-2} - 5g_{n-1} + 19g_n + 9g(x_{n+1}, p_{n+1}, q_{n+1})), \end{cases} \tag{8.37}$$

其中 $y(x_0) = y_0$, $z(x_0) = z_0$.

下面给出用经典四阶龙格–库塔公式解常微分方程组的 MATLAB 通用程序:

```
%i程序8.4--m4rkodes.m
function [x,y]=m4rkodes(df,xspan,y0,h)
%用途: 四阶经典龙格-库塔公式解常微分方程组y'=f(x,y), y(x0)=y0
%格式: [x,y]=m4rkodes(df,xspan,y0,h)
%df为向量函数f(x,y)表达式, xspan为求解区间[x0,xn],
%y0为初值向量, h为步长, x返回节点, y返回数值解向量
x=xspan(1):h:xspan(2);
y=zeros(length(y0),length(x));
```

```
y(:,1)=y0(:);
for n=1:(length(x)-1)
    k1=feval(df,x(n),y(:,n));
    k2=feval(df,x(n)+h/2,y(:,n)+h/2*k1);
    k3=feval(df,x(n)+h/2,y(:,n)+h/2*k2);
    k4=feval(df,x(n+1),y(:,n)+h*k3);
    y(:,n+1)=y(:,n)+h*(k1+2*k2+2*k3+k4)/6;
end
```

例 8.13 取 $h=0.02$, 利用程序 m4rkodes.m 求刚性微分方程组

$$\begin{cases} y'=-0.01y-99.99z, \quad y(0)=2, \\ z'=-100z, \quad z(0)=1 \end{cases}$$

的数值解, 其解析解为 $y=\mathrm{e}^{-0.01x}+\mathrm{e}^{-100x}$, $z=\mathrm{e}^{-100x}$.

解 在 MATLAB 命令窗口依次执行下列程序语句:

```
>> df=@(x,y)[-0.01*y(1)-99.99*y(2);-100*y(2)];
>> [x,y]=m4rkodes(df,[0 500],[2 1],0.02);
>> plot(x,y,'k');
>> axis([-50 500 -0.5 2]);
>> text(120,0.4,'y(x)');
>> text(70,0.1,'z(x)');
```

得到如图 8.1 所示的结果.

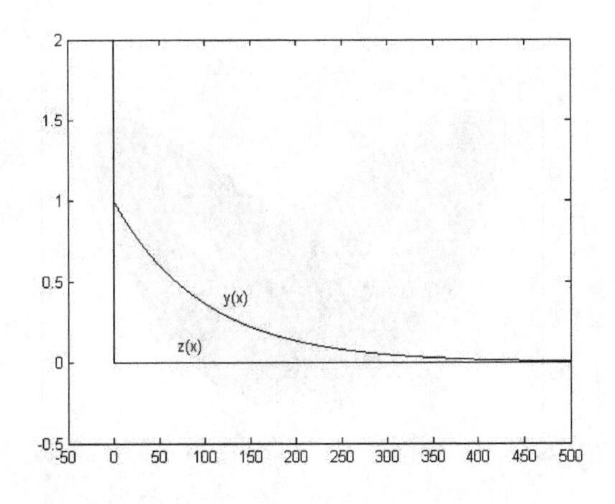

图 8.1 刚性微分方程组的数值解

例 8.14 考虑下面的 Lornez 方程组

$$\begin{cases} \dfrac{\mathrm{d}x}{\mathrm{d}t} = -\sigma x + \sigma y, \\ \dfrac{\mathrm{d}y}{\mathrm{d}t} = \alpha x - y - xz, \\ \dfrac{\mathrm{d}z}{\mathrm{d}t} = xy - \beta z. \end{cases}$$

参数 α,β,σ 适当的取值会使系统趋于混沌状态. 取 $\alpha=30$, $\beta=2.8$, $\sigma=12$, 利用经典四阶龙格–库塔法求其数值解, 并绘制 z 随 x 变化的曲线.

解 首先编写 M 函数 mdf.m:

```
%mdf.m
function df=mdf(t,y)
a=30; b=2.8; sigma=12;
df(1)=-sigma*y(1)+sigma*y(2);
df(2)=a*y(1)-y(2)-y(1)*y(3);
df(3)=y(1)*y(2)-b*y(3);
df=df(:);
```

再在 MATLAB 命令窗口执行:

```
>> [t,y]=m4rkodes(@mdf,[0 500],[0 1 2],0.005);
>> plot(y(:,1), y(:,3),'r');
```

得到如图 8.2 所示的结果.

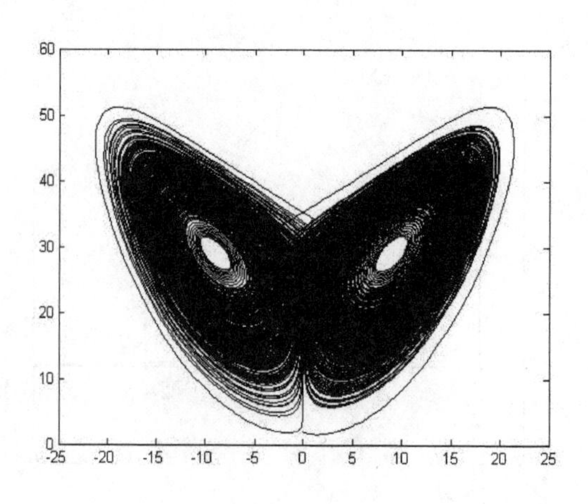

图 8.2 刚性微分方程组的数值解

8.5.2 高阶常微分方程

对于高阶常微分方程, 它总可以化成方程组的形式. 例如, 二阶方程

$$
\begin{cases} y'' = g(x, y, y'), \\ y(x_0) = y_0, \quad y'(x_0) = y'_0, \end{cases} \tag{8.38}
$$

总可以化为一阶方程组

$$
\begin{cases} y' = z, \\ z' = g(x, y, z), \\ y(x_0) = y_0, \quad z(x_0) = y'_0 = z_0. \end{cases} \tag{8.39}
$$

所以没有必要再对高阶方程给出计算公式. 但应注意到, 把高阶方程化为方程组时, 其函数取特定的形式. 因此, 这时的计算公式可以化简. 例如, 对改进欧拉公式, 因 $f(x, y, z) = z$, 故式 (8.34) 可表示为如下格式.

对 $n = 0, 1, 2, \cdots$, 计算

$$
\begin{cases} p_{n+1} = y_n + h z_n, \\ q_{n+1} = z_n + h g(x_n, y_n, z_n), \\ y_{n+1} = y_n + \dfrac{h}{2}(z_n + q_{n+1}), \\ z_{n+1} = z_n + \dfrac{h}{2}\left[g(x_n, y_n, z_n) + g(x_{n+1}, p_{n+1}, q_{n+1})\right], \end{cases} \tag{8.40}
$$

其中 $y(x_0) = y_0$, $z(x_0) = y'_0 = z_0$.

例 8.15 取 $h = 0.1$, 利用程序 8.4 (m4rkodes.m) 求二阶方程

$$
\begin{cases} y'' = 2y^3, \quad 1 \leqslant x \leqslant 1.5, \\ y(1) = y'(1) = -1 \end{cases}
$$

的数值解, 其解析解为

$$
y = \frac{1}{x-2}.
$$

解 首先将二阶方程写成一解方程组的形式

$$
\begin{cases} y' = z, \quad y(1) = 1, \\ z' = 2y^3, \quad z(1) = 1. \end{cases}
$$

然后在 MATLAB 命令窗口执行:

```
>> df=@(x,y)[y(2);2*y(1)^3];
>> [x,y]=m4rkodes(df,[1 1.5],[-1 -1],0.1);
>> y1=1./(x-2);  %精确解
```

```
>> [x,y(:,1),y1]
ans =
    1.0000   -1.0000   -1.0000
    1.1000   -1.1111   -1.1111
    1.2000   -1.2500   -1.2500
    1.3000   -1.4285   -1.4286
    1.4000   -1.6666   -1.6667
    1.5000   -1.9998   -2.0000
```

上面的显示结果, 第 1 列是节点, 第 2 列是数值解, 第 3 列是精确解.

8.6 常微分方程的 MATLAB 解法*

MATLAB 系统提供了多个求常微分方程数值解的函数, 其一般调用格式为

[x,y]=solver(fname,xspan,y0[,options])

其中: x 和 y 分别是节点向量和相应的数值解向量; solver 是求常微分方程数值解的函数 ode23, ode45, ode113, ode23t, ode15s, ode23s, ode23tb, ode15i 之一; fname 是定义 f(x,y) 的函数文件名, 该函数文件必须返回一个列向量; xspan 是求解区间, 形式为 [x0,xf]; options 是可选参数, 用于设置求解属性 (可用命令 odeset 生成), 常用的属性包括相对误差值“RelTol” (默认为 10^{-3}) 和绝对误差值“AbsTol” (默认为 10^{-6}). 表 8.1 列出了求常微分方程数值解的 MATLAB 各函数的采用方法和适用范围.

表 8.1 求常微分方程数值解的 MATLAB 函数

求解器	采用的方法	适用场合
ode23	二阶~三阶龙格–库塔方法, 低精度	非刚性方程
ode45	四阶~五阶龙格–库塔方法, 中精度	非刚性方程
ode113	亚当斯方法, 精度可达$10^{-3} \sim 10^{-6}$	非刚性方程, 计算时间比ode45少
ode23t	梯形算法	适度刚性方程
ode15s	Gear's 反向数值微分法, 中精度	刚性方程
ode23s	二阶 Rosebrock 算法, 低精度	刚性, 精度较低时计算时间比ode15s少
ode23tb	梯形算法, 低精度	刚性, 精度较低时计算时间比ode15s少
ode15i	可变秩方法	完全隐式微分方程

选取方法时, 可综合考虑精度要求和复杂度控制要求等实际需要, 选择适当的方法求解. 若微分方程描述的一个变化过程包含着多个相互作用但变化速度相差十分悬殊的因素, 这种类型的微分方程 (组) 被认为具有“刚性”, 其特征值的分布是十分分散的. 求刚性方程 (组) 初值问题的数值解要比非刚性问题困难得多, 常采用表 8.1 中的函数 ode15s, ode23s 和 ode23tb 求解. 至于非刚性问题, 通常采用函数 ode23 或 ode45

来求解, 其中 ode23 采用二阶龙格–库塔算法, 用三阶公式做误差估计来调节步长, 具有低等的精度; 而其中 ode45 采用四阶龙格–库塔算法, 用五阶公式做误差估计来调节步长, 具有中等的精度.

例 8.16 求解微分方程初值问题

$$\begin{cases} y' = y + 2x, & 0 \leqslant x \leqslant 3, \\ y(0) = 1, \end{cases}$$

画出解的图形, 并与解析解 $y = 3\mathrm{e}^x - 2x - 2$ 进行比较.

解 在 MATLAB 命令窗口执行:

```
>> f=@(x,y)y+2*x;  %定义匿名函数
>> [x,y]=ode45(f,[0,5],1); %数值解
>> plot(x,y,'r*'); hold on
>> x1=0:0.2:5;
>> y1=3*exp(x1)-2*x1-2; %解析解
>> plot(x1,y1)
>> legend('数值解','解析解')
```

图形化结果如图 8.3 所示.

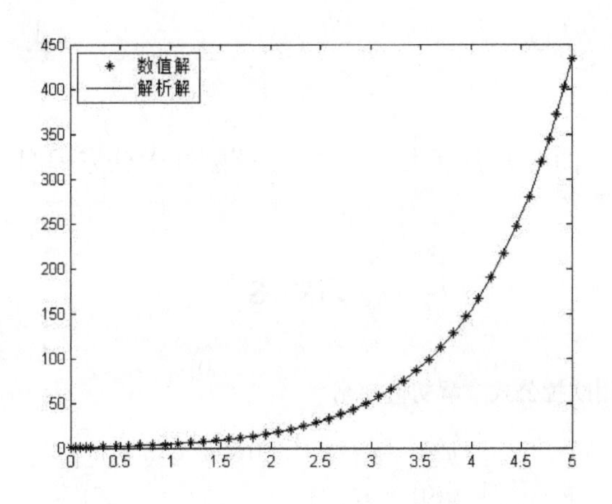

图 8.3 用函数 ode45 求解一阶微分方程

例 8.17 求 van der Pol 方程

$$\begin{cases} y'' - 1000(1 - y^2)y' + y = 0, \\ y(0) = 2, \ y'(0) = 0 \end{cases}$$

的数值解并画出其图形, 这里的方程是刚性的.

解 (1) 化成一阶常微分方程组: 设 $y_1=y$, $y_2=y'$, 则

$$\begin{cases} y_1'=y_2, \quad y_1(0)=2, \\ y_2'=1000(1-y_1^2)y_2-y_1,\ y_2(0)=0. \end{cases}$$

(2) 在 MATLAB 命令窗口执行:

```
>> f=@(t,y)[y(2);1000*(1-y(1)^2)*y(2)-y(1)];
>> [t,y]=ode15s(f,[0,3000],[2;0]);
>> plot(t,y(:,1),'k')
```

图形化结果如图 8.4 所示.

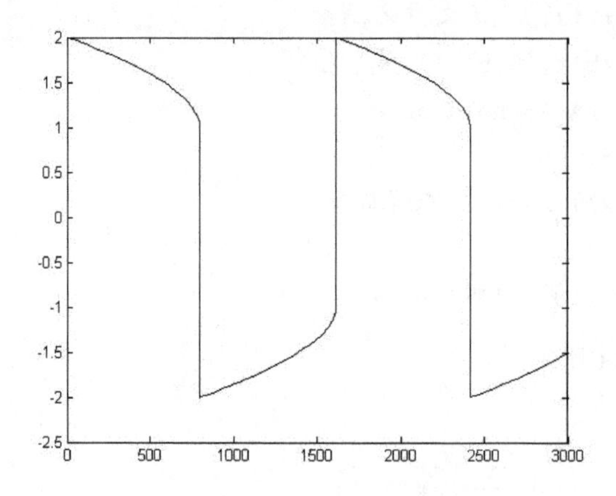

图 8.4 用函数 ode15s 求解刚性微分方程组

习题 8

8.1 取 $h=0.1$, 用欧拉公式求解初值问题

$$\begin{cases} y'=-y-xy^2, \quad 0\leqslant x\leqslant 0.5, \\ y(0)=1. \end{cases}$$

8.2 取步长 $h=0.1$, 用隐式欧拉法解初值问题

$$\begin{cases} y'=-2y-4x, \quad 0\leqslant x\leqslant 0.5 \\ y(0)=2. \end{cases}$$

8.3 用梯形公式和改进欧拉公式求解初值问题:

$$\begin{cases} y'=x^2+x-y, \\ y(0)=2. \end{cases}$$

取步长 $h=0.1$, 计算到 $x=0.5$, 并与准确值 $y=\mathrm{e}^{-x}+x^2-x+1$ 相比较.

8.4 取 $h=0.1$, 用改进欧拉公式求解初值问题

$$\begin{cases} y'=\dfrac{1}{2}(x-y), \quad 0\leqslant x\leqslant 0.5, \\ y(0)=1. \end{cases}$$

8.5 考虑初值问题:

$$\begin{cases} y'=-y, \\ y(0)=1. \end{cases}$$

(1) 写出用梯形公式求解上述初值问题的计算格式;

(2) 取步长 $h=0.1$, 求 $y(0.2)$ 的近似值;

(3) 证明用梯形公式求得的近似解为

$$y_n=\left(\frac{2-h}{2+h}\right)^n,$$

并且当 $h\to 0$ 时, $y_n\to \mathrm{e}^{-x}$.

8.6 取步长 $h=0.2$, 用四阶经典龙格–库塔法求解下面的初值问题:

$$\begin{cases} y'=8-3y, \quad 1\leqslant x\leqslant 2, \\ y(1)=2. \end{cases}$$

8.7 初值问题 $y'=ax+b$, $y(0)=0$ 的解为

$$y=\frac{1}{2}ax^2+bx,$$

y_n 是用欧拉法求得的近似解, 证明:

$$y(x_n)-y_n=\frac{1}{2}ahx_n.$$

8.8 证明对任意参数 t, 下列龙格–库塔方法是二阶的:

$$\begin{cases} y_{n+1}=y_n+\dfrac{h}{2}(K_2+K_3), \\ K_1=f(x_n,y_n), \\ K_2=f(x_n+th, y_n+thK_1), \\ K_3=f(x_n+(1-t)h, y_n+(1-t)hK_1). \end{cases}$$

8.9 设 $f(x,y)$ 满足 Lipschitz 条件, 试证明改进欧拉法和四阶经典龙格–库塔方法都是收敛的.

8.10 试用数值积分公式 (中矩形公式) 推导求解初值问题 $y'=f(x,y)$, $y(x_0)=y_0$ 的如下中点公式

$$y_{n+1}=y_n+2hf(x_n,y_n)$$

及其局部截断误差

$$T_{n+1}=\frac{1}{3}h^3y'''(\xi).$$

8.11 试用数值积分公式推导求解初值问题 $y'=f(x,y)$, $y(x_0)=y_0$ 的如下公式:

(1) 梯形公式：$y_{n+1}=y_n+\frac{h}{2}(f_n+f_{n+1})$；

(2) 辛普森公式：$y_{n+1}=y_{n-1}+\frac{h}{3}(f_{n-1}+4f_n+f_{n+1})$

并给出相应公式的局部截断误差.

8.12 对于初值问题

$$y'=-100(y-x^2)+2x,\quad y(0)=1.$$

(1) 用欧拉法求解, 步长 h 取什么范围的值才能使计算稳定?

(2) 若用梯形公式计算, 步长 h 有无限制?

8.13 证明如下中点公式

$$\begin{cases} y_{n+1}=y_n+hK_2, \\ K_1=f(x_n,y_n), \\ K_2=f\left(x_n+\frac{h}{2},y_n+\frac{h}{2}K_1\right) \end{cases}$$

是二阶的, 并求其绝对稳定域.

8.14 证明解 $y'=f(x,y)$ 的下列差分公式：

$$y_{n+1}=\frac{1}{2}(y_{n-1}+y_n)+\frac{h}{4}(3y'_{n-1}-y'_n+4y'_{n+1})$$

是二阶的, 并求其局部截断误差.

8.15 已知初值问题

$$\begin{cases} y'=f(x,y), \\ y(x_0)=y_0 \end{cases}$$

的单步数值求解格式

$$y_{n+1}=y_n+\frac{h}{3}\left[f(x_n,y_n)+2f(x_{n+1},y_{n+1})\right].$$

求其局部截断误差和阶数, 并证明该方法是是无条件稳定的.

8.16 取 $h=0.1$, 试用欧拉公式求解下面的方程组

$$\begin{cases} y'=3y+2z, & y(0)=0, \\ z'=4y+z, & z(0)=1, \end{cases}\quad 0\leqslant x\leqslant 0.2.$$

8.17 对二阶常微分方程初值问题

$$\begin{cases} y''=f(x,y,y'), & x_0\leqslant x\leqslant x_1, \\ y(x_0)=a, & y'(x_0)=b, \end{cases}$$

写出用欧拉公式求解的计算公式.

8.18 取 $h=0.1$, 试用欧拉公式求解下面的二阶常微分方程初值问题

$$\begin{cases} y''+4xyy'+2y^2=0, & 0\leqslant x\leqslant 0.2, \\ y(0)=1, & y'(0)=0. \end{cases}$$

实验题

8.1 取 $h=0.02$, 编制改进欧拉公式的 MATLAB 程序, 求下列常微分方程初值问题的数值解：

$$\begin{cases} y' = -\dfrac{0.9}{1+2x}, & 0 \leqslant x \leqslant 1, \\ y(0) = 1. \end{cases}$$

8.2 取 $h=0.1$, 编制四阶经典龙格–库塔公式的 MATLAB 程序, 求下列常微分方程初值问题的数值解：

$$\begin{cases} y' = -\dfrac{2}{y-x}, & 0 \leqslant x \leqslant 1, \\ y(0) = 1. \end{cases}$$

8.3 取 $h=0.1$, 编制四阶亚当斯"预报–校正"公式的 MATLAB 程序, 求下列常微分方程初值问题的数值解:

$$\begin{cases} y' = \sqrt{x+y}, & 0 \leqslant x \leqslant 1, \\ y(0) = 1. \end{cases}$$

8.4 考虑刚性问题

$$\begin{cases} y' = \mathrm{e}^{5x}(y-x)^2 + 1, & 0 \leqslant x \leqslant 1, \\ y(0) = -1. \end{cases}$$

该问题的解析解为 $y(x) = x - \mathrm{e}^{-5x}$. 分别取步长 $h=0.2$ 和 0.25, 用改进欧拉公式和标准四阶龙格–库塔方法求解该初值问题, 并对计算结果进行分析.

8.5 考虑刚性微分方程组:

$$\begin{cases} y' = -1000.25y + 999.75z + 0.5, & y(0) = 1, \\ z' = 999.75y - 1000.25z + 0.5, & z(0) = -1, \end{cases} \quad 0 \leqslant x \leqslant 50.$$

(1) 编制改进欧拉公式的 MATLAB 程序, 试验得到最小稳定步长;

(2) 编制四阶经典龙格–库塔公式的 MATLAB 程序, 试验得到最小稳定步长.

第 9 章 蒙特卡洛方法简介*

9.1 蒙特卡洛方法的基本原理*

9.1.1 蒙特卡洛方法与随机模拟实验

蒙特卡洛方法也称为随机模拟方法或统计试验方法, 它源于世界著名的赌城—摩洛哥的蒙特卡洛城. 它是基于大量事件的统计结果来实现一些确定性问题的计算. 早在 1777 年法国科学家蒲丰 (Puffon) 就做了一个著名的实验—蒲丰试验, 即提出了计算圆周率 π 的一种统计试验方法. 20 世纪 40 年代以来, 随着科学技术和电子计算机技术的发展, 该方法被作为一种独立的数值模拟方法而被重新提出来用以求解数学物理和工程技术问题的近似解. 近年来, 蒙特卡洛方法在计算物理、大型系统可靠性分析、多元统计分析、非线性规划问题、高维数学问题 (如多重积分、偏微分方程边值问题和大型线性方程组等) 以及地震波模拟试验等方面得到了广泛而有效的应用.

下面用“投针问题”来说明蒙特卡洛方法的基本特征. 如图 9.1 所示, 在圆心为原

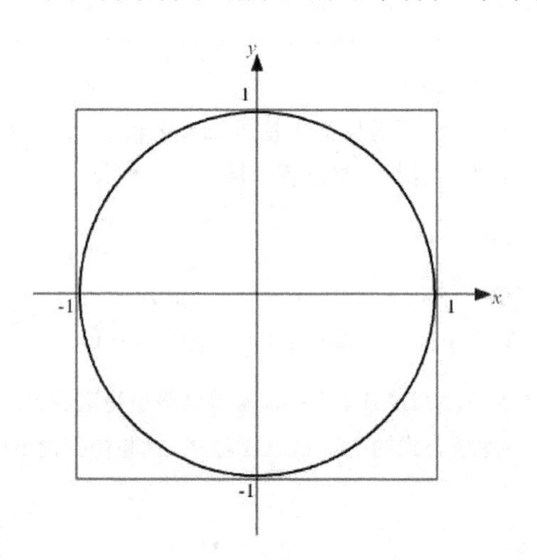

图 9.1 蒙特卡洛试验

点的单位圆有一外切正方形. 若均匀地将针投入正方形内, 则针命中圆内的概率为

$$p=\frac{\text{圆面积}}{\text{正方形面积}}=\frac{\pi}{4}.$$

假定投针 n 次, 经统计, 有 m 次命中圆内, 则当 n 充分大时, 有

$$p\approx\frac{m}{n},$$

故可获得圆周率 π 的近似值:

$$\pi=4p\approx 4\frac{m}{n}, \tag{9.1}$$

并且 n 越大, 由式 (9.1) 得到的近似值越精确. 这是蒙特卡洛方法求解问题的一个简单例子. 当然, 这里并不是做真正的"投针"实验, 而是通过利用电子计算机进行随机模拟实验: "均匀地"向正方形内投针一次等价于在正方形内"均匀地"选择一点 (x,y), 这等价于在一维区间 $(-1,1)$ 内"均匀地"选择一点 x 和一点 y. 这就需要用电子计算机产生一对服从 $(-1,1)$ 上均匀分布且相互独立的随机变量抽样值 (x,y), 并检验是否满足

$$x^2+y^2 \leqslant 1$$

来判定 (x,y) 是否落入圆内. 该实验的 MATLAB 程序如下:

```
%程序9.1--montcpi.m
function [api]=montcpi(n)
%用途: 用蒙特卡洛方法计算pi的近似值
format long;
m=0;  X=2*rand(n,2)-1;  %产生服从均匀分布的随机数
for(i=1:n) %判定是否落于圆内
   if(X(i,1)^2+X(i,2)^2<=1)
      m=m+1;
   end
end
api=4*m/n;
```

在 MATLAB 命令窗口执行该程序 3 次, 并得到实验结果:

```
>> api=montcpi(500000)
api =
   3.142024000000000
>> api=montcpi(500000)
api =
   3.141456000000000
>> api=montcpi(500000)
api =
   3.140824000000000
```

9.1.2 概率论的相关基础理论

1. 随机事件和样本空间

对随机现象进行的观察或试验称为随机试验. 在一次随机试验中, 某事件可能发生, 也可能不发生, 而在大量的重复试验中该事件的发生具有某种统计规律, 这样的事件称为随机事件, 简称事件.

随机试验的每一个可能结果称为一个基本事件, 也称为一个"样本点". 所有的样本点组成的集合称为"样本空间".

从样本空间的角度看, 事件可以认为是样本空间的某个子集, 它是样本点的某个集合. 称某事件发生当且仅当它所包含的某一个样本点出现.

例如, 做抛掷一枚硬币两次的试验. 根据正面朝上 (用 1 表示) 或反面朝上 (用 0 表示) 的结果, 其样本空间为

$$\{(1,1),\ (1,0),\ (0,1),\ (0,0)\},$$

共有 4 个样本点. "第一次反面朝上" 就是一个事件, 它所对应的样本点的集合为: $\{(0,1),\ (0,0)\}$. 它发生当且仅当两个样本点 $(0,1)$ 和 $(0,0)$ 中的某一个出现.

通常, 事件 A 发生的概率用 $P(A)$ 表示. 显然有 $0 \leqslant P(A) \leqslant 1$.

2. 随机变量和概率分布

用来表示随机试验的结果的变量称为随机变量. 如表示上述抛掷一次硬币试验结果的随机变量 ξ 可取两个值: $\xi = 1$ 和 $\xi = 0$. 随机变量按照其取值情况可分为离散型和连续型两大类. 只能取有限个或可数个值的随机变量 ξ 称为离散型随机变量, 其概率分布可表示为

ξ	x_1	x_2	$\cdots$	x_n	$\cdots$
p_n	p_1	p_2	$\cdots$	p_n	$\cdots$

即随机变量 ξ 取值 $x_k\,(k = 1, 2, \cdots)$ 的概率为 $P(\xi = x_k) = p_k$.

连续型随机变量则是指其取值布满某个区间而不能一一例举出来. 设连续型随机变量 ξ 落在区间 $[x, x + \Delta x]$ 上的概率表示为 $P(x \leqslant \xi \leqslant x + \Delta x)$, 若极限

$$\lim_{\Delta x \to 0} \frac{P(x \leqslant \xi \leqslant x + \Delta x)}{\Delta x} = f(x)$$

存在, 则称函数 $f(x)$ 为随机变量 ξ 的概率分布密度. 由此可利用概率密度函数计算连续型随机变量 ξ 落在某区间 $[\alpha, \beta]$ 上的概率:

$$P(\alpha \leqslant \xi \leqslant \beta) = \int_{\alpha}^{\beta} f(x)\mathrm{d}x. \tag{9.2}$$

下面给出随机变量的分布函数及数学期望和方差等概念.

定义 9.1 称非负函数 $F(x) = P(\xi \leqslant x)$ 为随机变量 ξ 的分布函数.

由定义 9.1, 显然有 $P(-\infty) = 0$, $P(+\infty) = 1$. 进一步, 对于离散型随机变量 ξ, 其分布函数为

$$F(x) = P(\xi \leqslant x) = \sum_{x_k \leqslant x} p_k.$$

而对于连续型随机变量 ξ, 其分布函数为

$$F(x) = P(\xi \leqslant x) = \int_{-\infty}^{x} f(t)\mathrm{d}t.$$

定义 9.2 设离散型随机变量 ξ 的概率分布为 $P(\xi = x_k) = p_k, (k = 1, 2, \cdots, n)$. 若记

$$E\xi = \sum_{k=1}^{n} x_k p_k, \qquad D\xi = \sum_{k=1}^{n} (x_k - E\xi)^2 p_k,$$

则分别称 $E\xi$ 和 $D\xi$ 为随机变量 ξ 的数学期望和方差. 对于连续型随机变量 ξ, 其数学期望和方差分别定义为

$$E\xi = \int_{-\infty}^{+\infty} x f(x)\mathrm{d}x, \qquad D\xi = \int_{-\infty}^{+\infty} (x - E\xi)^2 f(x)\mathrm{d}x,$$

式中: $f(x)$ 是 ξ 的概率密度函数.

3. 大数定律和中心极限定理

蒙特卡洛方法的数学基础是概率论中的大数定理和中心极限定理.

定理 9.1 (大数定理) 设有独立同分布的随机变量序列 $\xi_1, \xi_2, \cdots, \xi_n, \cdots$, 其数学期望 $E\xi_k = \mu\,(k = 1, 2, \cdots)$ 存在, 则对任意给定的 $\varepsilon > 0$, 有

$$\lim_{n\to\infty} P\Big(\Big|\frac{1}{n}\sum_{k=1}^{n} \xi_k - a\Big| < \varepsilon\Big) = 1,$$

即当 $n \to \infty$ 时, 随机变量序列的算术平均值收敛到数学期望值.

中心极限定理可以进一步分析大数定理中算术平均值和数学期望值的误差.

定理 9.2 (中心极限定理) 设独立同分布的随机变量序列 $\xi_1, \xi_2, \cdots, \xi_n, \cdots$ 具有有限的数学期望和方差: $E\xi_k = \mu$, $D\xi_k = \sigma^2 > 0$, $k = 1, 2, \cdots$. 则当 $n \to \infty$ 时, 随机变量

$$\zeta_n = \frac{\dfrac{1}{n}\sum\limits_{k=1}^{n} \xi_k - \mu}{\sigma/\sqrt{n}}$$

的分布函数 $F_n(x)$ 收敛到标准正态分布函数, 即对于任意的实数 x_α, 有

$$\lim_{n\to\infty} F_n(x_\alpha) = \lim_{n\to\infty} P(\zeta_n \leqslant x_\alpha) = \frac{1}{\sqrt{2\pi}} \int_{-\infty}^{x_\alpha} \mathrm{e}^{-\frac{x^2}{2}}\mathrm{d}x.$$

上述中心极限定理表明, 当 $n \to \infty$ 时, 有

$$\lim_{n\to\infty} P(|\zeta_n| \leqslant x_\alpha) = \frac{2}{\sqrt{2\pi}} \int_{0}^{x_\alpha} \mathrm{e}^{-\frac{x^2}{2}}\mathrm{d}x.$$

这表明, 当 $n \to \infty$ 时, 不等式

$$\left|\frac{1}{n}\sum_{k=1}^{n}\xi_k - \mu\right| \leqslant \frac{\sigma}{\sqrt{n}}x_\alpha \tag{9.3}$$

成立的概率为 $1-\alpha$, 其中

$$\alpha = 1 - \frac{2}{\sqrt{2\pi}}\int_0^{x_\alpha} \mathrm{e}^{-\frac{x^2}{2}}\mathrm{d}x = 2\left(1 - \frac{1}{\sqrt{2\pi}}\int_{-\infty}^{x_\alpha} \mathrm{e}^{-\frac{x^2}{2}}\mathrm{d}x\right),$$

它与 x_α 的关系可在正态分布的积分表中查到, 常用的几组数如下:

α	0.01	0.02	0.05	0.1	0.5
x_α	2.5758	2.3263	1.9600	1.6449	0.6745

从式 (9.3) 可以看出, 蒙特卡洛方法的收敛阶仅为 $O(n^{-\frac{1}{2}})$, 收敛速度是相当缓慢的. 当取定 $\alpha = 0.05$ 时, 误差由标准差和试验次数决定: $\varepsilon = 1.96\sigma/\sqrt{n}$. 这表明在固定标准差 σ 的前提下, 要提高 1 位精度需要增加 100 倍试验次数. 相反地, 若标准差 σ 减少到原来的 1/10, 工作量就可以减少到原来的 1/100. 因此控制方差 (标准差) 是蒙特卡洛方法应用中的重要环节. 此外, 式 (9.3) 还表明, 误差与问题的空间维数无关, 这是蒙特卡洛方法最主要的优点之一.

9.1.3 蒙特卡洛方法的基本特征

一般来说, 用蒙特卡洛方法可以处理两类问题: 随机性问题和确定性问题. 前者如中子在介质内的传播问题, 后者如偏微分方程的求解等. 我们分别讨论用蒙特卡洛方法处理这两类问题的算法基本结构.

1. 处理随机性问题的蒙特卡洛方法

用蒙特卡洛方法处理随机性问题的基本思路是对所要处理的问题直接采取随机模拟的方法, 即首先根据问题的内在规律, 建立一个概率模型, 然后用电子计算机进行随机抽样试验, 最后统计、分析对应于该问题的随机变量的分布.

假定要研究的对象是随机变量 ζ, 它是 m 个随机变量 $\xi_1,\xi_2,\cdots,\xi_m$ 的函数: $\zeta = g(\xi_1,\xi_2,\cdots,\xi_m)$, ξ_k 的概率分布密度为 $f_k(x)$, 则蒙特卡洛方法的计算步骤如下:

(1) 用计算机从 $f_k(x)\,(k=1,2,\cdots,m)$ 中随机抽样, 产生随机变量 ξ_k 的一个值 ξ'_k, $k=1,2,\cdots,m$.

(2) 计算随机变量 ζ 的值 $\zeta = g(\xi'_1,\xi'_2,\cdots,\xi'_m)$.

(3) 重复步骤 (1) 和 (2) N 次, 得到 ζ 的 N 个样本值.

(4) 分析、统计这 N 个样本值及其分布规律, 并将该分布规律作为随机变量 ζ 的近似分布函数.

由上述计算过程可见, 用数学的方法来模拟实际的物理过程, 用由计算机产生的具有已知分布的随机变量样本来代替昂贵的甚至难以实现的物理实验, 是蒙特卡洛方法的主要特征之一.

2. 处理确定性问题的蒙特卡洛方法

用蒙特卡洛方法处理确定性问题时, 同样首先是要构建一个相关的概率统计模型, 使所求的解就是这个模型的概率分布或者数学期望. 然后对这个模型做随机抽样, 最后用所抽取样本的算术平均值作为所求解的近似值.

下面用求解拉普拉斯方程边值问题为例来说明蒙特卡洛方法求解确定性问题的一般步骤.

例 9.1 用蒙特卡洛方法求解

$$\begin{cases} \dfrac{\partial^2 u}{\partial x^2}+\dfrac{\partial^2 u}{\partial y^2}+\dfrac{\partial^2 u}{\partial z^2}=0, \quad (x,y,z)\in\Omega, \\ u(x,y,z)|_\Gamma=\varphi(x,y,z), \quad (x,y,z)\in\Gamma, \end{cases} \tag{9.4}$$

式中: Γ 是 Ω 的边界; φ 是已知函数.

蒙特卡洛方法求解此问题的步骤如下:

(1) 用步长为 $\Delta x=\Delta y=\Delta z=h$ 的正方体网格对求解区域 Ω 作剖分, 记 Ω_h 为内部节点的集合, Γ_h 为边界节点的集合. 节点 (ih,jh,kh) 简记为 (i,j,k), $u(ih,jh,kh)$ 简记为 $u_{i,j,k}$.

(2) 取一均匀的正方体骰子, 在它的六个侧面分别标上 1,2,3,4,5,6 表示向左、向右、向前、向后、向上、向下移动一步, 即相当于

$$i\to i-1,\ \ i\to i+1,\ \ j\to j+1,\ \ j\to j-1,\ \ k\to k+1,\ \ k\to k-1.$$

(3) 从点 $Z(i,j,k)$ 出发, 每掷一次骰子, 根据得到的一个数字, 按上述规则移动一步, 直到边界 Γ_h 为止. 设达到边界 Γ_h 上的点为 W_1, 则取 $u_1=\varphi(W_1)$. 再从 $Z(i,j,k)$ 出发, 又掷骰子得到一个数字, 按上面的方法移动, 直到边界 Γ_h 为止. 设到达点 $W_2\in\Gamma_h$, 得到 $u_2=\varphi(W_2)$. 如此继续这一过程, 便可依次得到 $u_1,u_2,\cdots,u_n,\cdots$.

(4) 计算平均值 $\dfrac{1}{n}\sum\limits_{i=1}^{n}u_i$, 其极限就是 $u_{i,j,k}$. 从而当 n 充分大时, $\dfrac{1}{n}\sum\limits_{i=1}^{n}u_i$ 就是 $u_{i,j,k}$ 的近似解.

下面以概率论的观点来解释上述算法. 令 $\Delta x=\Delta y=\Delta z=h$, 对式 (9.4) 进行有限差分离散, 得

$$\begin{aligned}&\frac{1}{h^2}(u_{i+1,j,k}-2u_{i,j,k}+u_{i-1,j,k})+\frac{1}{h^2}(u_{i,j+1,k}-2u_{i,j,k}+u_{i,j-1,k})\\&\quad+\frac{1}{h^2}(u_{i,j,k+1}-2u_{i,j,k}+u_{i,j,k-1})=0.\end{aligned}$$

整理上式, 得

$$u_{i,j,k}=\frac{1}{6}(u_{i+1,j,k}+u_{i-1,j,k}+u_{i,j+1,k}+u_{i,j-1,k}+u_{i,j,k+1}+u_{i,j,k-1}). \tag{9.5}$$

设想有一游动质点, 它以 1/6 的概率随机地向与它相邻的六个格点游动, 游到某个邻点后继续作随机游动, 直到游动到某边界点 $W \in \Gamma_h$ 被吸收为止.

定义随机变量 $\xi(Z)$, 当从 Z 点出发的质点按上述方式游动到边界点 W 并被吸收时, $\xi(Z)$ 取值 $\varphi(W)$. 又记 $P(Z,W)$ 表示游动质点从 Z 点出发最终游至边界点的概率, 于是当 $Z \in \Gamma_h$ 时, 有

$$P(Z,W) = \begin{cases} 1, & Z = W, \\ 0, & Z \neq W. \end{cases} \tag{9.6}$$

当 $Z \in \Omega_h$ 时, 由于质点以 1/6 的概率游至邻点 Z_r, 故

$$P(Z,W) = \frac{1}{6}\sum_{r=1}^{6} P(Z_r, W). \tag{9.7}$$

记 $u(Z)$ 为 $\xi(Z)$ 的数学期望, 并假定 $\{W_1, W_2, \cdots, W_s\}$ 是边界节点的集合, 则

$$u(Z) = \sum_{t=1}^{s} P(Z,W_t)\varphi(W_t) = \frac{1}{6}\sum_{r=1}^{6}\sum_{t=1}^{s} P(Z_r,W_t)\varphi(W_t) = \frac{1}{6}\sum_{r=1}^{6} u(Z_r).$$

而当 $Z \in \Gamma_h$ 时, 由式 (9.6), 有

$$u(Z) = \sum_{t=1}^{s} P(Z,W_t)\varphi(W_t) = \varphi(W).$$

这表明 $u(Z)$ 满足式 (9.5) 和式 (9.4) 中的边界条件, 从而可以作为式 (9.4) 的近似解.

进一步, 若记 $\xi_r(Z)$ 是第 r 次 “从 Z 点出发游至边界点并被吸收” 的试验的随机变量, 其值记为 u_r, 则由大数定理 (定理 9.1), 有

$$\frac{1}{n}\sum_{r=1}^{n}\xi_r(Z) = \frac{1}{n}\sum_{r=1}^{n} u_r \to E\xi_r(Z) = u(Z).$$

这说明了上述蒙特卡洛方法在数学上可以得到合理的解释.

9.2 随机数与随机变量的抽样*

所谓随机变量的抽样就是用适当的方法抽取符合某种概率分布的随机变量的样本点, 其抽样值就称为随机数. 最简单也最常用的随机数是在 $[0,1]$ 上服从均匀分布的随机数. 通常产生随机数的方法有 3 类. 第 1 类是利用随机数表, 将其存入计算机内以备用. 但这类方法耗费内存太多, 一般不采用. 第 2 类是随机数发生器 (如用产生随即脉冲的信号源做成的随机数发生器) 产生真正的随机数, 这类方法也是因为耗费太大而不被采用. 第 3 类方法是用数学方法产生伪随机数. 由于这类方法是按某个确定的数学递推式直接产生的, 占用内存少, 速度快, 并且能对模拟的问题进行反复检查, 所以被广泛使用. 虽然用这种方法产生的不是真正意义上的随机数, 但由于这些方法都经过统计试验, 具有较好的性质, 实践中可以放心使用.

MATLAB 系统中提供了一些用以产生伪随机数的函数或命令, 可以直接产生满足各种分布的随机数. 下面分别予以介绍.

1. rand(m,n)

产生 $m \times n$ 阶 $[0,1]$ 均匀分布的随机数矩阵. 当 $m=n$ 时可以省略一个参数, 即 rand(n) 表示产生 n 阶 $[0,1]$ 均匀分布的随机数方阵. 特别地, 产生一个 $[0,1]$ 均匀分布的随机数: rand.

2. unifrnd(a,b,m,n)

产生 $m \times n$ 阶 $[a,b]$ 均匀分布的随机数矩阵. 当 $m=n$ 时可以省略一个参数, 即 unifrnd(a,b,n) 表示产生 n 阶 $[a,b]$ 均匀分布随机数方阵. 特别地, 产生一个 $[a,b]$ 均匀分布的随机数: unifrnd(a,b).

3. normrnd(μ,σ,m,n)

产生 $m \times n$ 阶均值为 μ, 方差为 σ^2 的正态分布的随机数矩阵. 当 $m=n$ 时可以省略一个参数, 即 normrnd(μ,σ,m,n) 表示产生 n 阶均值为 μ , 方差为 σ^2 的正态分布的随机数方阵. 特别地, 产生一个均值为 μ, 方差为 σ^2 的正态分布的随机数: normrnd(μ,σ).

4. exprnd(1/λ,m,n)

产生 $m \times n$ 阶参数为 λ 的指数分布的随机数矩阵. 当 $m=n$ 时可以省略一个参数, 即 exprnd(1/λ, n) 表示产生 n 阶参数为 λ 的指数分布的随机数方阵. 特别地, 产生一个参数为 λ 的指数分布的随机数: exprnd(1/λ).

5. poissrnd(λ,m,n)

产生 $m \times n$ 阶均值为 λ 的泊松分布的随机数矩阵. 当 $m=n$ 时可以省略一个参数, 即 poissrnd(λ, n) 表示产生 n 阶均值为 λ 的泊松分布的随机数方阵. 特别地, 产生一个均值为 λ 的泊松分布的随机数: exprnd(λ).

下面对负指数分布和泊松分布作一简单介绍.

(1) 若连续型随机变量 ξ 的概率密度为

$$f(x)=\begin{cases}\lambda \mathrm{e}^{-\lambda x}, & x \geqslant 0,\\ 0, & x<0,\end{cases}$$

式中: $\lambda>0$ 为常数, 则称 ξ 服从参数为 λ 的指数分布. 注意, 参数为 λ 的指数分布的数学期望值为 $1/\lambda$, 故在 MATLAB 中产生服从参数为 λ 的指数分布的命令是: exprnd($1/\lambda$).

(2) 设离散型随机变量 ξ 的所有可能取值为 $0,1,2,\cdots$, 且取各个值的概率为

$$P(\xi=k)=\frac{\lambda^k}{k!}\mathrm{e}^{-\lambda}, \quad k=0,1,\cdots,$$

式中: $\lambda>0$ 为常数, 则称 ξ 服从参数为 λ 的泊松分布. 参数为 λ 的泊松分布的数学期望值为 λ.

(3) 指数分布与泊松分布具有如下关系: 若相继两个事件发生的时间间隔服从指数分布, 则在某一时间间隔内事件出现的次数服从同一参数的泊松分布. 反之亦然.

9.3 蒙特卡洛方法的应用实例*

9.1 节介绍了用蒙特卡洛方法求解偏微分方程边值问题, 本节再介绍这一方法在求解非线性方程组、约束非线性规划以及定积分 (重积分) 计算中的应用.

9.3.1 用蒙特卡洛方法求解非线性方程组

考虑非线性方程组

$$\begin{cases} f_1(x_1, x_2, \cdots, x_n) = 0, \\ f_2(x_1, x_2, \cdots, x_n) = 0, \\ \qquad \vdots \\ f_m(x_1, x_2, \cdots, x_n) = 0, \end{cases} \tag{9.8}$$

其求解区域为 $x = (x_1, x_2, \cdots, x_n) \in \Omega$.

通常的处理方法是将式 (9.8) 转化为非线性最小二乘问题来求解, 即求如下极小化问题:

$$\min \theta(x) = \sum_{i=1}^{m} f_i^2(x). \tag{9.9}$$

若求得某个 $x^* = (x_1^*, x_2^*, \cdots, x_n^*) \in \Omega$, 使得对预先给定的 $\varepsilon > 0$, 满足 $\theta(x^*) < \varepsilon$, 则认为 x^* 为式 (9.8) 的近似解.

若用随机模拟方法求解式 (9.8), 最简单的方法是在求解区域 Ω 中逐个选取服从某种分布的随机点 x (从预先选定的初始点 $x^{(0)}$ 开始), 若满足精度要求, 则停止试探, 取 x 作为近似解; 否则继续试探下去. 显然这种方法的工作量太大.

下面介绍一种比较有效的方法, 其具体步骤如下:

(1) 选取初始点 x^0 和一组随机搜索参数: 初始增量 $\Delta x^{(1)}$, 初始步长 α_1, 步长改变参数 $0 < \gamma_2 < 1 < \gamma_1$, 搜索失败控制次数 M. 置 $z^* := \theta(x^{(0)})$, $k := 1$.

(2) 取 $x^{(k)} := x^{(k-1)} + \Delta x^{(k)}$, 计算第 k 步的目标函数 $\theta(x^{(k)})$. 若 $\theta(x^{(k)}) \leqslant \varepsilon$, 停算, 输出 $x^{(k)}$ 作为近似解. 否则, 转步骤 (3).

(3) 确定第 $k+1$ 步的增量 $\Delta x^{(k+1)}$: 计算 $\bar{\theta} := \min\limits_{0 \leqslant i \leqslant k-1} \{\theta(x^{(i)})\}$. 若 $\theta(x^{(k)}) < \bar{\theta}$ (称为搜索成功), 置 $z^* := \theta(x^{(k)})$, 且 $\alpha_{k+1} := \gamma_1 \alpha_k$; 否则 (称为搜索失败), $\alpha_{k+1} := \gamma_2 \alpha_k$. 第 $k+1$ 步的增量取为

$$\Delta x^{(k+1)} := \begin{cases} r \cdot \alpha_{k+1}, & \text{当第 } k \text{ 步搜索成功时}, \\ r \cdot \alpha_{k+1} - \Delta x^{(k)}, & \text{当第 } k \text{ 步搜索失败时}, \end{cases}$$

式中: $r = (r_1, r_2, \cdots, r_n)$, $r_i\,(i = 1, 2, \cdots, n)$ 是 $[-1, 1]$ 上均匀分布的随机数. 置 $k := k+1$ 转步骤 (2).

9.3.2 用蒙特卡洛方法求解非线性规划

设有约束的非线性规划问题为

$$\begin{aligned} \min \quad & f(x), \\ \text{s.t.} \quad & g_i(x) \geqslant 0,\ i=1,2,\cdots,m, \\ & a_j \leqslant x_j \leqslant b_j, \quad j=1,2,\cdots,n. \end{aligned}$$

用蒙特卡洛方法求解非线性规划的基本思想是: 在估计的区域 $\{(x_1,x_2,\cdots,x_n)|x_j \in [a_j,b_j],\ j=1,2,\cdots,n\}$ 内随机取若干试验点, 然后从试验点中找出可行点, 再从可行点中找出最小点.

令试验点的第 j 个分量 x_j 服从 $[a_j,b_j]$ 上的均匀分布, 即

$$x_j = a_j + r_j \cdot (b_j - a_j), \quad j=1,2,\cdots,n, \tag{9.10}$$

式中: r_j 是一个 $[0,1]$ 均匀分布的随机数. 设 x^*是迭代产生的最优点, z^* 是迭代产生的最小值 $f(x^*)$. 详细的求解步骤如下:

(1) 初始化. 给有关参数赋初值.

(2) 按式 (9.10) 选取随机数 $x_j,\ j=1,2,\cdots,n$, 得到试验点 $x=(x_1,x_2,\cdots,x_n)$.

(3) 检查是否满足可行性条件. 如果 $g_i(x)\geqslant 0,\ i=1,2,\cdots,n$, 令 $x^*:=x,\ z^*=f(x)$, 转步骤 (4); 否则转步骤 (2), 重新产生试验点.

(4) 检验是否达到最大试验点数或最大可行点数. 若是, 停止迭代, 输出 x^*, z^* 作为近似最优点和最小值. 否则, 返回步骤 (2) 继续迭代.

下面看一个具体的例子.

例 9.2 用蒙特卡洛方法求解下列非线性规划问题

$$\begin{aligned} \min \quad & 1000 - x_1^2 + 2x_2^2 - x_3^2 - x_1x_2 - x_1x_3, \\ \text{s.t.} \quad & 8x_1 + 14x_2 + 7x_3 - 56 = 0, \\ & x_1^2 + x_2^2 + x_3^2 - 25 = 0, \\ & x_1 \geqslant 0,\ x_2 \geqslant 0,\ x_3 \geqslant 0. \end{aligned}$$

编制 MATLAB 程序如下:

```
%程序9.2--montcnlp.m
function [sol,zstar]=montcnlp(n)
%用蒙特卡洛方法求解非线性规划问题
a=0; b=10;    %试验点下界和上界
%n=1000000;    %试验点个数
r1=unifrnd(a,b,n,1);
r2=unifrnd(a,b,n,1);
```

```
r3=unifrnd(a,b,n,1);
sol=[r1(1), r2(1), r3(1)];
zstar=inf;
for i=1:n
    x=[r1(i), r2(i), r3(i)];
    nlpc=nlpconst(x);
    if nlpc==1,
        z=mynlp(x);
        if z<=zstar
            zstar=z; sol=x;
        end
    end
end
%目标函数
function z=mynlp(x)
z=1000-x(1)^2-2*x(2)^2-x(3)^2-x(1)*x(2)-x(1)*x(3);
%约束函数
function nlpc=nlpconst(x)
t1=8*x(1)+14*x(2)+7*x(3)-56;
t2=x(1)^2+x(2)^3+x(3)^3-25;
if (abs(t1)<=0.2&abs(t2)<=0.2)
    nlpc=1;
else
    nlpc=0;
end
```

在 MATLAB 命令窗口执行该程序 3 次, 并得到实验结果:

```
>> [sol,zstar]=montnlp(1000000)
sol =
    4.5793    0.5913    1.5729
zstar =
    965.9458
>> [sol,zstar]=montnlp(1000000)
sol =
    4.6482    0.5933    1.4780
zstar =
    965.8774
```

```
>> [sol,zstar]=montnlp(1000000)
sol =
    4.7134    0.6383    1.3551
zstar =
    965.7372
```

9.3.3 用蒙特卡洛方法计算定积分和重积分

1. 定积分的计算

考虑定积分

$$I = \int_a^b f(x)\mathrm{d}x \tag{9.11}$$

的近似计算. 根据蒙特卡洛方法的基本思想, 可以按如下步骤计算上述定积分的近似值.

(1) 任取 $[0,1]$ 区间上 N 个均匀分布的随机数 r_i, 并计算相应的函数值 $f(a+(b-a)r_i)(i=1,2,\cdots,N)$.

(2) 计算 N 次试验的平均值: $\bar{E} = \dfrac{1}{N}\displaystyle\sum_{i=1}^{N} f(a+(b-a)r_i)$.

(3) 定积分式 (9.11) 的值可近似地取为

$$I \approx (b-a)\bar{E} = \frac{b-a}{N}\sum_{i=1}^{N} f(a+(b-a)r_i). \tag{9.12}$$

下面对上述方法的合理性进行解释. 设 ξ 是区间 $[a,b]$ 上具有概率分布密度 $h(x)$ 的连续型随机变量, $g(x)$ 是 $[a,b]$ 上的连续函数, 则随机变量 $\eta = g(\xi)$ 的数学期望为

$$E[g(\xi)] = \int_a^b g(x)h(x)\mathrm{d}x. \tag{9.13}$$

对 ξ 的随机抽样值 $x_1, x_2, \cdots, x_N$, 可得 η 的抽样值 $y_i = g(x_i)$, $i=1,2,\cdots,N$, 它们独立同分布. 于是根据大数定理, 有

$$\lim_{N\to\infty} P\left(\left|\frac{1}{N}\sum_{i=1}^{N} y_i - E[g(\xi)]\right|\right) = 1.$$

这表明当 N 充分大时, 式 (9.13) 有近似值

$$\bar{E} = \frac{1}{N}\sum_{i=1}^{N} g(x_i), \tag{9.14}$$

其误差可由式 (9.3) 估计, 即误差随着 N 的增大以速度 $O(N^{-\frac{1}{2}})$ 收敛于零.

现取 $h(x)$ 为 $[a,b]$ 上均匀分布的随机变量 ξ 的密度函数:

$$h(x) = \begin{cases} \dfrac{1}{b-a}, & x \in (a,b), \\ 0, & x \notin (a,b). \end{cases}$$

则式 (9.11) 可以改写成式 (9.13) 的形式, 即

$$I=(b-a)\int_a^b \frac{f(x)}{b-a}\mathrm{d}x=\int_a^b [(b-a)f(x)]h(x)\mathrm{d}x.$$

从而由 $[0,1]$ 上的随机数 r_i 可得 ξ 的随机抽样值 $x_i=a+(b-a)r_i$, 并进一步得到 $\eta=g(\xi)=(b-a)f(\xi)$ 的随机抽样值 $y_i=(b-a)f(a+(b-a)r_i)$. 由式 (9.14), 得

$$I\approx\bar{E}=\frac{1}{N}\sum_{i=1}^{N}y_i=\frac{b-a}{N}\sum_{i=1}^{N}f(a+(b-a)r_i).$$

例 9.3 用蒙特卡洛方法计算积分

$$I=\int_0^1 \frac{4}{1+x^2}\mathrm{d}x.$$

编制 MATLAB 程序如下:

```
%程序9.3--montcint1.m
function s=montcint1(n)
%用蒙特卡洛方法计算定积分
%n=100000;     %试验点个数
format long;
a=0; b=1; r=rand(n,1);
f=@(x)4./(1+x.^2);
x=a+(b-a)*r;
y=f(x);
s=(b-a)*sum(y)/n;
```

在 MATLAB 命令窗口执行该程序 3 次, 并得到实验结果:

```
>> s=montcint1(100000)
s =
   3.142841504917746
>> s=montcint1(100000)
s =
   3.140247480361686
>> s=montcint1(100000)
s =
   3.140581523820014
```

还可以编制程序测试蒙特卡洛方法计算定积分的收敛速度. 程序如下:

```
%程序9.4--montc_rate.m
function montc_rate( )
%测试蒙特卡洛方法计算定积分的收敛速度
%n=100000;    %试验点个数
N=[50 100 200 500 1000 2000 5000 10000 20000 50000 100000 200000 500000];
a=0; b=1; In=0;
f=@(x)4./(1+x.^2);
I=quad('4./(1+x.^2)',0,1,1.e-16);
for i=1:length(N);
    r=rand(N(i),1);
    x=a+(b-a)*r;   z=f(x);
    In=(b-a)*sum(z)/N(i);
    y(i)=abs(In-I);
end
N=log(N); y=log(y);
plot(N,y,'k.-')
xlabel('ln N'); ylabel('ln Err');
```

运行上述程序即得到误差 Err 随 N 的变换规律 (图 9.2), 其中横坐标取 $\ln N$, 纵坐标取 $\ln \mathrm{Err}$.

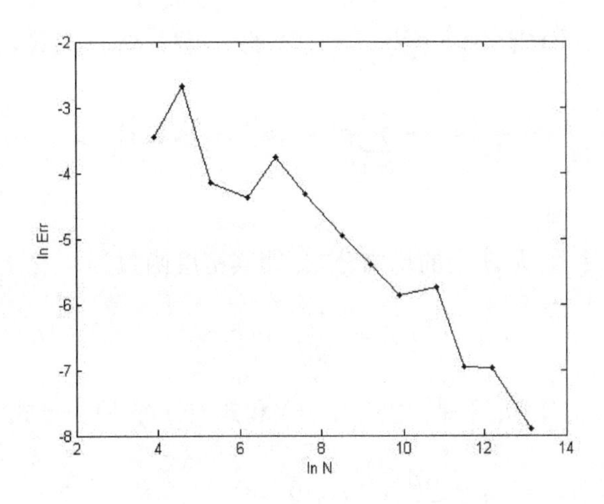

图 9.2 蒙特卡洛方法计算定积分的收敛速度

从图 9.2 可以看出蒙特卡洛方法的收敛性和收敛速度, 即当随机数个数为 N 时, 误差与 $N^{-1/2}$ 成正比. 但与复化辛普森公式相比较, 蒙特卡洛方法在计算定积分时没有任何优势. 计算实践表明, 蒙特卡洛方法的优势只有在计算高维积分 (一般维数大于

4) 时才体现出来.

2. 多重积分的计算

考虑 n 重积分

$$I = \int \cdots \int_{\Omega} f(x_1, x_2, \cdots, x_n) \mathrm{d}x_1 \mathrm{d}x_2 \cdots \mathrm{d}x_n, \tag{9.15}$$

式中: Ω 是 n 维有界闭区域, 被积函数 f 在 Ω 上有界. 在利用蒙特卡洛方法求解上述积分时, 通常将被积函数 f 改写为

$$f(x_1, x_2, \cdots, x_n) = g(x_1, x_2, \cdots, x_n) \cdot h(x_1, x_2, \cdots, x_n),$$

式中: h 是随机向量 $\boldsymbol{\xi} = (\xi_1, \xi_2, \cdots, \xi_n)$ 在 Ω 中的概率密度函数, $g = f/h$. 于是, 随机变量 $\eta = g(\xi_1, \xi_2, \cdots, \xi_n)$ 的数学期望为

$$E[g(\xi)] = \int \cdots \int_{\Omega} g(x_1, x_2, \cdots, x_n) \cdot h(x_1, x_2, \cdots, x_n) \mathrm{d}x_1 \mathrm{d}x_2 \cdots \mathrm{d}x_n, \tag{9.16}$$

若 $\xi^{(i)} = (\xi_1^{(i)}, \xi_2^{(i)}, \cdots, \xi_n^{(i)})$ 是 Ω 中独立同分布的随机向量, 则 $\eta^{(i)} = g(\xi_1^{(i)}, \xi_2^{(i)}, \cdots, \xi_n^{(i)})$ 也是一组独立同分布的随机变量, 根据大数定理, 有

$$\lim_{N \to \infty} P\left\{ \left| \frac{1}{N} \sum_{i=1}^{N} g(x_1^{(i)}, x_2^{(i)}, \cdots, x_n^{(i)}) - E \right| < \varepsilon \right\} = 1,$$

这里 $(x_1^{(i)}, x_2^{(i)}, \cdots, x_n^{(i)})$ 是 $(\xi_1^{(i)}, \xi_2^{(i)}, \cdots, \xi_n^{(i)})$ 的一组样本值. 上式表明

$$\bar{E} = \frac{1}{N} \sum_{i=1}^{N} g(x_1^{(i)}, x_2^{(i)}, \cdots, x_n^{(i)}) \tag{9.17}$$

就是式 (9.16) 的近似值.

现设随机向量 $\boldsymbol{\xi}$ 服从 Ω 上的均匀分布, 即其密度函数为

$$h(x_1, x_2, \cdots, x_n) = \frac{1}{|\Omega|}, \quad (x_1, x_2, \cdots, x_n) \in \Omega,$$

式中: $|\Omega|$ 为区域 Ω 的体积. 于是, 由式 (9.16) 和式 (9.17), 原积分式 (9.15) 的近似值为

$$I \approx \frac{|\Omega|}{N} \sum_{i=1}^{N} f(x_1^{(i)}, x_2^{(i)}, \cdots, x_n^{(i)}) \tag{9.18}$$

式中: $x^{(i)} = (x_1^{(i)}, x_2^{(i)}, \cdots, x_n^{(i)})$ 是 Ω 上均匀分布的随机点列.

值得特别说明的是, 上述计算积分的方法, 其计算量与积分的重数无关, 误差阶 $O(N^{-1/2})$ 也与积分的重数无关, 这是用蒙特卡洛方法计算多重积分的独特优势之处.

下面给出几个用蒙特卡洛方法计算高维积分的例子.

例 9.4 用蒙特卡洛方法计算积分

$$I=\iiiint\limits_{\Omega} \mathrm{e}^{x_1x_2x_3x_4}\mathrm{d}x_1\mathrm{d}x_2\mathrm{d}x_3\mathrm{d}x_4,$$

式中: Ω 是四维单位超立方体.

该积分的精确值为 $1.069397\cdots$. 编制 MATLAB 程序如下:

```
%程序9.5--montcintn1.m
function In=montcintn1( )
%用蒙特卡洛方法计算高维积分
format long;
f=@(x)exp(prod(x,2)); %定义被积函数表达式, prod(x,2)表示x的元素按行连
乘积
n=10000;   %选取随即点的个数
x=rand(n,4);  %随机生成n个四维单位超立方体内的点
In=sum(f(x))/n;
```

在 MATLAB 命令窗口执行该程序 3 次, 并得到实验结果:

```
>> In=montcintn1
In =
   1.069178042820739
>> In=montcintn1
In =
   1.069840982686524
>> In=montcintn1
In =
   1.069128406613908
```

例 9.5 用蒙特卡洛方法计算积分

$$I=\int_1^2\mathrm{d}x_1\int_{x_1}^{x_2}\mathrm{d}x_2\int_{x_1x_2}^{2x_1x_2}x_1x_2x_3\mathrm{d}x_3.$$

这是不规则区域上的三重积分, 其精确值为 $179.2969\cdots$. 编制 MATLAB 程序如下:

```
%程序9.6--montcintn2.m
function In=montcintn2( )
%用蒙特卡洛方法计算不规则区域上的高维积分
format long;
```

```
f=@(x)prod(x); %定义被积函数表达式, prod(x)表示x的元素按列连乘积
n=100000;   %选取随即点的个数
x1=unifrnd(1,2,1,n);  %随机生成区间[1,2]上n个均匀分布随机数
x2=unifrnd(1,4,1,n);  %随机生成区间[1,4]上n个均匀分布随机数
x3=unifrnd(1,16,1,n);  %随机生成区间[1,16]上n个均匀分布随机数
ind=(x2>=x1)&(x2<=2*x1)&(x3>=x1.*x2)&(x3<=2*x1.*x2);
x=[x1;x2;x3];
In=(4-1)*(16-1)*sum(f(x(:,ind)))/n;
```

在 MATLAB 命令窗口执行该程序 3 次, 并得到实验结果:

```
>> In=montcintn2
In =
    1.795792049112575e+002
>> In=montcintn2
In =
    1.809047063314516e+002
>> In=montcintn2
In =
    1.794406840109707e+002
```

习题 9

9.1 用蒙特卡洛方法求解下列非线性规划问题:

$$\max \quad x_1x_2x_3$$

$$\text{s.t.} \quad \begin{cases} -x_1+2x_2+x_3 \geqslant 0, \\ x_1+2x_2+2x_3 \leqslant 72, \\ 10 \leqslant x_2 \leqslant 20, \\ x_1-x_2=10. \end{cases}$$

9.2 用蒙特卡洛方法计算下列二重积分:

$$I=\int_{10}^{20}\int_{5x}^{x^2} \mathrm{e}^{\sin(x)}\ln(y)\mathrm{d}y\mathrm{d}x.$$

9.3 用蒙特卡洛方法计算下列四重积分:

$$I=\int_1^2\int_{x_1}^{3x_1}\int_{x_1x_2}^{2x_1x_2}\int_{x_1+x_1x_3}^{x_1+2x_1x_3}\left(\sqrt{x_1x_2}\ln(x_3)+\sin\left(\frac{x_4}{x_2}\right)\right)\mathrm{d}x_4\mathrm{d}x_3\mathrm{d}x_2\mathrm{d}x_1.$$

9.4 用蒙特卡洛方法计算下列五重积分:

$$I = \iiiint\!\!\int_{\Omega} \left(\sin\left(x_1 \mathrm{e}^{x_2\sqrt{x_3}} \right) + {x_4}^{x_5} \right) \mathrm{d}x_5 \mathrm{d}x_4 \mathrm{d}x_3 \mathrm{d}x_2 \mathrm{d}x_1,$$

其中

$$\Omega = \left\{ x \in \mathbf{R}^5 \;\middle|\; \begin{array}{c} 0 \leqslant x_1 \leqslant 1;\ \dfrac{1}{2}\mathrm{e}^{x_1} \leqslant x_2 \leqslant \mathrm{e}^{x_1};\ \dfrac{1}{2}(x_1 + \sin x_2) \leqslant x_3 \leqslant x_1 + \sin x_2; \\ \dfrac{1}{2}(x_1 + x_3) \leqslant x_4 \leqslant (x_1 + x_3);\quad x_4 \leqslant x_5 \leqslant 2x_4; \end{array} \right\}.$$

附录 A 数值实验

数值实验是“数值分析”或“数值计算方法”课程中不可缺少的组成部分. 通过对典型算法的数值实验, 能有效地回顾相应章节的主要内容, 加深对实验所涉及的基本理论和方法的理解, 以及对相关数值算法的优缺点和使用范围的进一步了解.

每个数值实验都应该以实验报告的形式完成. 每个实验者应以认真的态度来对待每个实验, 实验之前要进行必要的实验准备工作, 并选用一种计算机语言 (推荐使用数学软件 MATLAB), 独立完成算法的程序编制和调试, 并在计算机上实现或演示实验结果. 值得指出的是, 实验结果是数值实验的重要环节, 获得实验结果, 并不意味着该实验的结束, 还需要对实验结果进行认真的分析. 只有这样, 才能对实验的目的和方法获得进一步的理解, 才能对该实验的重要性获得全面而充分的认识.

A.1 数值实验报告的格式

做数值实验, 做好实验报告是必要的. 每个数值实验都应该以实验报告的形式完成. 那么, 一个完整的数值实验报告应包括哪些内容呢? 粗略地说, 它应该由以下几个部分组成: 实验目的、实验题目、实验原理与基础理论、实验内容、实验结果和实验结果分析. 换言之, 一份完整的数值实验报告, 应该包括数据准备、基础理论、实验内容与方法, 最终要对实验的结果进行必要的分析, 以期达到对算法基本原理的感性认识, 进一步加深相关算法的效用和使用范围的全面理解.

实验报告格式如下:

实验报告

专业_______ 年级_______ 班级_______ 学号_________ 姓名_________

一、实验目的

(写清楚为什么要做这个实验, 其目的是什么, 做完这个实验要达到什么结果, 实验的注意事项是什么等.)

二、实验题目

(填写实验题目.)

三、实验原理

(将实验所涉及的基础理论、算法原理详尽列出.)

四、实验内容

(列出实验的实施方案、步骤、数据准备、算法流程图以及可能用到的实验设备, 包括硬件和软件.)

五、实验结果

(实验结果应包括试验的原始数据、中间结果及最终结果, 复杂的结果可以用表格或图形形式实现, 较为简单的结果可以与实验结果分析合并出现.)

六、实验结果分析

(对实验结果进行认真地分析, 进一步明确实验所涉及的算法的优缺点和使用范围. 要求实验结果应能在计算机上实现或演示, 由实验者独立编程实现, 程序清单以附录的形式给出.)

A.2 数值实验

实验一 非线性方程求根实验

1. 迭代函数对收敛性的影响

实验题目: 用简单迭代法求方程 $f(x)=3x^3-4x+1=0$ 的根.

方案一 化方程为等价不动点方程

$$x=\sqrt[3]{\frac{4x-1}{3}}=\varphi(x),$$

取初值 $x_0=0.5$, 迭代 8 次.

方案二 化方程为等价方程

$$x=\frac{3x^3+1}{4}=\varphi(x),$$

取初值 $x_0=0.5$, 迭代 8 次, 观察其计算结果, 并加以分析.

2. 初值的选择对收敛性的影响

实验题目: 用牛顿法求方程 $f(x)=x^3+x-1=0$ 在 $x=0.5$ 附近的根.

方案一 使用牛顿法并取初值 $x_0=0.5$, 由

$$x_{k+1}=x_k-\frac{f(x_k)}{f'(x_k)}$$

得

$$x_{k+1}=x_k-\frac{x_k^3+x_k-1}{3x_k^2+1}=\frac{2x_k^3+1}{3x_k^2+1},$$

迭代 6 次.

方案二 取初值 $x_0=0.0$, 使用同样的公式

$$x_{k+1}=x_k-\frac{x_k^3+x_k-1}{3x_k^2+1}=\frac{2x_k^3+1}{3x_k^2+1},$$

迭代 6 次. 观察并比较计算结果, 分析原因.

3. 几种经典算法的比较

实验题目: 求方程 $f(x)=x^3-\cos x-5x-1=0$ 的全部根.

方案一 用牛顿法求解:

$$x_{k+1}=x_k-\frac{f(x_k)}{f'(x_k)}=x_k-\frac{x_k^3-\cos x_k-5x_k-1}{3x_k^2+\sin x_k-5};$$

方案二 用简单迭代法求解:

$$x_{k+1}=\sqrt[3]{\cos x_k+5x_k+1};$$

方案三 用埃特金迭代加速法求解:

$$\begin{aligned}&y_k=\varphi(x_k),\quad z_k=\varphi(y_k),\\&x_{k+1}=x_k-\frac{(y_k-x_k)^2}{z_k-2y_k+x_k},\quad k=0,1,\cdots\end{aligned}$$

其中

$$\varphi(x)=\sqrt[3]{\cos x+5x+1}.$$

取相同的迭代初始值, 比较各方法的收敛速度.

实验二 解线性方程组直接法实验

1. 高斯消去法选主元的必要性

实验题目一: 用列主元法求解线性方程组:

$$\begin{pmatrix}0.001 & 2.000 & 3.000\\-2.000 & 1.072 & 5.643\\-1.000 & 3.712 & 4.623\end{pmatrix}\begin{pmatrix}x_1\\x_2\\x_3\end{pmatrix}\begin{pmatrix}1.000\\3.000\\2.000\end{pmatrix}.$$

实验题目二: 分别用列主元法和顺序高斯消去法求解下面的线性方程组, 分析对结果的影响:

$$\begin{pmatrix}0.3\times10^{-16} & 59.14 & 3 & 1\\1 & 2 & 1 & 1\\11.2 & 9 & 5 & 2\\5.291 & -6.13 & -1 & 2\end{pmatrix}\begin{pmatrix}x_1\\x_2\\x_3\\x_4\end{pmatrix}\begin{pmatrix}51.97\\2\\1\\46.78\end{pmatrix}.$$

2. LU 分解的优点

实验题目: 给定矩阵 $\boldsymbol{A}$ 和向量 $\boldsymbol{b}$:

$$\boldsymbol{A}=\begin{pmatrix} n & n-1 & \cdots & 2 & 1 \\ & n & \cdots & 3 & 2 \\ & & \ddots & \vdots & \vdots \\ & & & n & n-1 \\ & & & & n \end{pmatrix}, \qquad \boldsymbol{b}=\begin{pmatrix} 0 \\ 0 \\ \vdots \\ 0 \\ 1 \end{pmatrix}.$$

(1) 求 $\boldsymbol{A}$ 的 LU 分解, n 的值自己确定.

(2) 利用 $\boldsymbol{A}$ 的 LU 分解求解下列方程组:

① $\boldsymbol{Ax}=\boldsymbol{b}$; ② $\boldsymbol{A}^2\boldsymbol{x}=\boldsymbol{b}$; ③ $\boldsymbol{A}^3\boldsymbol{x}=\boldsymbol{b}$.

对方程组 ③ , 若先求 $\boldsymbol{LU}=\boldsymbol{A}^3$, 再解 $(\boldsymbol{LU})\boldsymbol{x}=\boldsymbol{b}$ 有何缺点?

3. 追赶法的优点

实验题目: 用追赶法分别对 $n=10$, $n=100$, $n=1000$ 解方程组 $Ax=b$, 其中

$$\boldsymbol{A}=\begin{pmatrix} 4 & -1 & & & \\ -1 & 4 & -1 & & \\ & \ddots & \ddots & \ddots & \\ & & -1 & 4 & -1 \\ & & & -1 & 4 \end{pmatrix}, \qquad \boldsymbol{b}=\begin{pmatrix} 6 \\ 5 \\ \vdots \\ 5 \\ 5 \end{pmatrix}.$$

再用 LU 分解法解此方程组, 并对二者进行比较.

实验三 解线性方程组迭代法实验

1. 迭代法的收敛速度

实验题目: 用迭代法分别对 $n=20$, $n=200$ 解方程组 $\boldsymbol{Ax}=\boldsymbol{b}$, 其中

$$\boldsymbol{A}=\begin{pmatrix} 4 & -\frac{1}{3} & -\frac{1}{5} & & & & \\ -\frac{1}{3} & 4 & -\frac{1}{3} & -\frac{1}{5} & & & \\ -\frac{1}{5} & -\frac{1}{3} & 4 & -\frac{1}{3} & -\frac{1}{5} & & \\ & \ddots & \ddots & \ddots & \ddots & \ddots & \\ & & -\frac{1}{5} & -\frac{1}{3} & 4 & -\frac{1}{3} & -\frac{1}{5} \\ & & & -\frac{1}{5} & -\frac{1}{3} & 4 & -\frac{1}{3} \\ & & & & -\frac{1}{5} & -\frac{1}{3} & 4 \end{pmatrix}_{n\times n}$$

(1) 选取不同的初值 $\boldsymbol{x}^{(0)}$ 和不同的右端向量 $\boldsymbol{b}$, 给定迭代误差, 用两种迭代法计算, 观测得到的迭代向量并分析计算结果给出结论;

(2) 取定初值 $\boldsymbol{x}^{(0)}$ 和右端向量 $\boldsymbol{b}$, 给定迭代误差, 将 $\boldsymbol{A}$ 的主对角元成倍放大, 其余元素不变, 用雅可比迭代法计算多次, 比较收敛速度, 分析计算结果并给出结论.

2. SOR 迭代法松弛因子的选取

实验题目: 用逐次超松弛 (SOR) 迭代法求解解方程组 $\boldsymbol{Ax}=\boldsymbol{b}$, 其中

$$A=\begin{pmatrix} 12 & -2 & 1 & & & & \\ -2 & 12 & -2 & 1 & & & \\ 1 & -2 & 12 & -2 & 1 & & \\ & \ddots & \ddots & \ddots & \ddots & \ddots & \\ & & 1 & -2 & 12 & -2 & 1 \\ & & & 1 & -2 & 12 & -2 \\ & & & & 1 & -2 & 12 \end{pmatrix}\begin{pmatrix} x_1 \\ x_2 \\ x_3 \\ \vdots \\ x_{198} \\ x_{199} \\ x_{200} \end{pmatrix}=\begin{pmatrix} 5 \\ 5 \\ 5 \\ \vdots \\ 5 \\ 5 \\ 5 \end{pmatrix}.$$

(1) 给定迭代误差, 选取不同的超松弛因子 $\omega>1$ 进行计算, 观测得到的近似解向量并分析计算结果, 给出你的结论;

(2) 给定迭代误差, 选取不同的低松弛因子 $\omega<1$ 进行计算, 观测得到的近似解向量并分析计算结果, 给出你的结论.

实验四 插值法与最小二乘拟合实验

1. 插值效果的比较

实验题目: 将区间 $[-5,5]$ 10 等分, 对下列函数分别计算插值节点 x_k 的值, 进行不同类型的插值, 作出插值函数的图形并与 $y=f(x)$ 的图形进行比较:

$$f(x)=\frac{1}{1+x^2};\qquad f(x)=\arctan x;\qquad f(x)=\frac{x^2}{1+x^4}.$$

(1) 做拉格朗日插值;

(2) 做分段线性插值;

(3) 做三次样条插值.

2. 拟合多项式实验

实验题目: 给定数据点如下:

x_i	-1.5	-1.0	-0.5	0.0	0.5	1.0	1.5
y_i	-4.45	-0.45	0.55	0.05	-0.44	0.54	4.55

分别对上述数据作三次多项式和五次多项式拟合, 并求平方误差, 作出离散函数 (x_i, y_i) 和拟合函数的图形.

实验五 数值微积分实验

1. 复化求积公式计算定积分

实验题目: 用复化梯形公式、复化辛普生公式、龙贝格公式求下列定积分, 要求绝对误差为 $\varepsilon = 0.5 \times 10^{-8}$, 并将计算结果与精确解进行比较:

$$(1)\ \ \mathrm{e}^4 = \int_1^2 \frac{2}{3}x^3\mathrm{e}^{x^2}\mathrm{d}x; \qquad (2)\ \ \ln 6 = \int_2^3 \frac{2x}{x^2-3}\mathrm{d}x.$$

2. 比较一阶导数和二阶导数的数值方法

实验题目: 利用等距节点的函数值和端点的导数值, 用不同的方法求下列函数的一阶和二阶导数, 分析各种方法的有效性, 并用绘图软件绘出函数的图形, 观察其特点.

$$(1)\ \ y = \frac{1}{20}x^5 - \frac{11}{6}x^3, \quad x \in [0,2]; \qquad (2)\ \ y = \mathrm{e}^{-\frac{1}{x}}, \quad x \in [-2.5, -0.5].$$

实验六 矩阵特征值计算实验

1. 乘幂法的收敛性

实验题目: (1) 用幂法求下列矩阵的模最大特征值和相应的特征向量, 精确到 6 位有效数字:

$$\boldsymbol{A} = \begin{pmatrix} -2 & 1 & -2 \\ 9 & -2 & 7 \\ 4 & -1 & 3 \end{pmatrix}.$$

(2) 用反幂法求下列矩阵的模最小特征值和相应的特征向量, 精确到 7 位有效数字:

$$\boldsymbol{A} = \begin{pmatrix} 6 & 2 & 1 \\ 2 & 3 & 1 \\ 1 & 1 & 1 \end{pmatrix}.$$

2. 求矩阵的特征值和特征向量

实验题目: 分别用乘幂法、反幂法、QR 方法求下列矩阵的主特征值、模最小特征

值、全部特征值:

$$
\boldsymbol{A}=\begin{pmatrix} 4 & -1 & -2 \\ -1 & 5 & 3 \\ -2 & 3 & 7 \end{pmatrix}, \quad \boldsymbol{B}=\begin{pmatrix} 2 & 3 & 2 & 3 \\ 3 & 3 & 2 & -1 \\ 2 & 2 & 4 & 4 \\ 3 & -1 & 4 & 4 \end{pmatrix},
$$

$$
\boldsymbol{C}=\begin{pmatrix} 4 & -1 & 0 & 0 & 0 & 0 \\ -1 & 4 & -1 & 0 & 0 & 0 \\ 0 & -1 & 4 & -1 & 0 & 0 \\ 0 & 0 & -1 & 4 & -1 & 0 \\ 0 & 0 & 0 & -1 & 4 & -1 \\ 0 & 0 & 0 & 0 & -1 & 4 \end{pmatrix}, \quad \boldsymbol{D}=\begin{pmatrix} 0 & 9 & 0 & 0 & 0 & 0 \\ 5 & 0 & 8 & 0 & 0 & 0 \\ 0 & 5 & 0 & 7 & 0 & 0 \\ 0 & 0 & 5 & 0 & 6 & 0 \\ 0 & 0 & 0 & 5 & 0 & 5 \\ 0 & 0 & 0 & 0 & 5 & 0 \end{pmatrix}.
$$

实验七 常微分方程求解实验

1. 解初值问题各种方法比较

实验题目: 给定初值问题

$$
\begin{cases} \dfrac{\mathrm{d}y}{\mathrm{d}x}=\dfrac{y}{x}+x\mathrm{e}^{x}, \quad 1<x\leqslant 2, \\ y(1)=0, \end{cases}
$$

其精确解为 $y=x(\mathrm{e}^{x}-\mathrm{e})$, 按

(1) 欧拉法, 步长 $h=0.025$, $h=0.1$;

(2) 改进欧拉法, 步长 $h=0.05$, $h=0.01$;

(3) 四阶标准龙格–库塔法, 步长 $h=0.1$;

求在节点 $x_k=1+0.1k\,(k=1,2,\cdots,10)$ 处的数值解及误差, 比较各方法的优缺点.

2. 常微分方程性态和龙格–库塔法稳定性

实验题目: 给定常微分方程初值问题

$$
\begin{cases} \dfrac{\mathrm{d}y}{\mathrm{d}x}=\lambda y-\lambda x+1, \quad 0<x<1, \\ y(0)=1, \end{cases}
$$

其中 $-50\leqslant\lambda\leqslant 50$.

要求: (1) 对参数 λ 取不同的值, 取步长 $h=0.01$, 用四阶经典龙格–库塔法计算, 将计算结果画图比较, 并分析相应的初值问题的性态;

(2) 取参数 λ 为一个绝对值较小的负数和两个不同的步长 h, 一个步长使 λ, h 在经典龙格–库塔法的稳定域内, 另一个在稳定域外, 分别用龙格–库塔法计算并比较计算结果, 取全域等距的 10 个点上的计算值.

3. 刚性方程计算

实验题目: 给定刚性微分方程

$$\begin{cases} \dfrac{\mathrm{d}y}{\mathrm{d}x} = -600y + 1199.8\mathrm{e}^{-0.1x} - 600, \quad 0 < x \leqslant 5, \\ y(0) = 2, \end{cases}$$

其精确解为 $y(x) = \mathrm{e}^{-600x} + 2\mathrm{e}^{-0.1x} - 1$. 任选一显式方法, 取不同的步长求解, 并分析计算结果.

实验八 蒙特卡洛方法实验

1. 非线性规划问题

实验题目: 用蒙特卡洛方法编制 MATLAB 程序求非线性规划问题的最优解:

$$\begin{aligned} \max \quad & z = -2x_1^2 - x_2^2 + x_1x_2 + 8x_1 + 3x_2, \\ \text{s.t.} \quad & 3x_1 + x_2 = 10, \\ & x_1 \geqslant 0, \ x_2 \geqslant 0. \end{aligned}$$

2. 导弹追踪问题

实验题目: 设位于坐标原点的甲舰向位于x轴上点 $A(1,0)$ 处的乙舰发射导弹, 导弹头始终对准乙舰. 如果乙舰以最大的速度 (常数) 沿平行于 y 轴的直线行驶, 导弹的速度为 5. 模拟导弹运行的轨迹. 乙舰行驶多远时, 导弹将它击中?

3. 维修方案问题

实验题目: 某设备上安装有 4 只型号规格完全相同的电子管, 已知电子管寿命服从 1000h～2000h 的均匀分布. 电子管损坏时有两种维修方案, 一是每次更换损坏的那只; 二是当其中1只损坏时 4 只同时更换. 已知更换时间为换 1 只时需 1h, 4 只同时换为 2h. 更换时机器因停止运转每小时的损失为 20 元, 又每只电子管价格 10 元, 试用模拟方法确定哪一个方案经济合理?

附录 B 习题参考答案及提示

第 1 章

1.1 (1) 0.5, 0.00217%, 5; (2) 0.5×10^{-5}, 0.217%, 3; (3) 0.5×10^{-2}, 0.000217%, 6; (4) 0.5×10^{2}, 0.0217%, 3.

1.2 (1) 0.5, 0.014%, 4; (2) 0.5×10^{-4}, 0.11%, 3; (3) 0.5×10^{-3}, 0.0017%, 5; (4) 0.5×10^{-9}, 0.017%, 4.

1.3 (1) 3.1416, 0.5×10^{-4}; (2) 3.1416, 0.5×10^{-4}; (3) 3.14159.

1.4 至少 3 位有效数字. 提示: $\dfrac{1}{2(a_1+1)}\times10^{-(n-1)}=2\times10^{-4}\Rightarrow n=5-2\lg2-\lg(a_1+1)\Rightarrow 4-2\lg2\leqslant n\leqslant5-3\lg2\Rightarrow3.3979\leqslant n\leqslant4.0969$.

1.5 $|\varepsilon_r(x)|\leqslant\dfrac{1}{2a_1}\times10^{-2}\leqslant0.5\times10^{-2}$.

1.6 提示: $\dfrac{1}{2\times2}\times10^{-(n-1)}<10^{-3}\Rightarrow n>4-2\lg2\Rightarrow n=4$.

1.7 提示: (1) $\sin(x+y)-\sin x=2\sin\dfrac{y}{2}\cos(x+\dfrac{y}{2})$; (2) $1-\cos1^\circ=\dfrac{1-\cos^21^\circ}{1+\cos1^\circ}=\dfrac{\sin^21^\circ}{1+\cos1^\circ}$; (3) $\ln(\sqrt{10^{10}+1}-10^5)=\ln\dfrac{1}{\sqrt{10^{10}+1}+10^5}=-\ln(\sqrt{10^{10}+1}+10^5)$.

1.8 (1) (A) 比较准确; (2) (A) 比较准确.

1.9 算法 2 准确. 在算法 1 中, $\varepsilon_0\approx0.2231$ 带有误差 0.5×10^{-4}, 而这个误差在以后的每次计算中顺次以 $4^1, 4^2,\cdots$ 传播到 I_n 中. 而算法 2 中的误差是按 $\frac{1}{4^n}$ 减少的, 是稳定的计算公式.

第 2 章

2.1 $k\geqslant[\frac{3}{\lg2}]+1=10$.

2.2 提示: 可得序列 $x_{k+1}=\sqrt{1+x_k}=\varphi(x_k)$, 设 $\lim\limits_{k\to\infty}x_k=\bar{x}$, 可得 $\bar{x}=\sqrt{1+\bar{x}}$, 即 $\bar{x}^2-\bar{x}-1=0$, $\bar{x}=\frac{1+\sqrt5}{2}$. 注意到 $\varphi'(\bar{x})=1/(2\sqrt{1+\bar{x}})<1$.

2.3 提示: 迭代函数 $\varphi(x)=x-\beta f(x)$, $\varphi'(x)=1-\beta f'(x)$, $\forall\beta\in(0,2/M)$, $|\varphi'(x^*)|=|1-\beta f'(x)|<1$. 故此迭代格式收敛于 $f(x)=0$ 的根 x^*.

2.4 提示: $\varphi(x)=x^2-2x+2$, $\varphi'(x)=2x-2$. 由 $\varphi'(x)=2|x-1|<1$ 得 $\dfrac12<x<\dfrac32$.

2.5 提示: 设 $\varphi(x)=\cos x$, $\varphi'(x)=-\sin x$, 故可考虑区间 $[-1,1]$, $x^*\approx0.738760$.

2.6 提示: 由已知 $y=\varphi(x)$ 在 $[a,b]$ 上只有一个实根, 故其反函数 $x=\psi(y)$ 存在, 又 $\varphi'(x)=\dfrac{1}{\psi'(y)}$. 当 $x\in[a,b]$ 时, $|\varphi'(x)|\geqslant L>1$, 故 $|\psi'(y)|=\dfrac{1}{\varphi'(x)}<1$, 因此迭代格式 $y_{k+1}=\psi(y_k)$ 收敛.

2.7 提示: (1) 迭代函数 $\varphi(x)=2+0.5\sin x$, 又 $2-0.5\leqslant2+0.5\sin x\leqslant2+0.5$, $x\in(-\infty,+\infty)$, $\varphi(x)\in[2-0.5,2+0.5]\in(-\infty,+\infty)$, $\max\limits_{x\in R}|\varphi'(x)|=|0.5\cos x|<1$, $\therefore\lim\limits_{k\to\infty}x_k=x^*$. (2) $x_1=2.4546$, $|x_1-x_0|=0.4546$; $x_2=2.3171$, $|x_2-x_1|=0.1376$; $x_3=2.3671$, $|x_3-x_2|=0.0500$; $x_4=2.3497$, $|x_4-x_3|=0.0174$; $x_5=2.3559$, $|x_5-x_4|=0.0062$; $x_6=2.3537$, $|x_6-x_5|=0.0022$; $x_7=2.3544$, $|x_7-x_6|=7.68\times10^{-4}$. 取近似值 $x^*\approx x_7=2.3544$. (3) 取 $x^*\approx2.3544$, 则 $\varphi'(x^*)\approx1.6471\neq0$, 故此迭代法是线性收敛的.

2.8 提示: (1) 设 $f(x)=x-\ln x-2=0$, 有等价方程 $x=\ln x+2$. 取迭代函数 $\varphi(x)=\ln x+2$, 此时, $\varphi'(x)=\frac1x$, $\max\limits_{2<x<+\infty}|\varphi'(x)|=|\dfrac1x|\leqslant\dfrac12<1$. 所以迭代过程 $x_{k+1}=\ln x_k+2$ 局部收敛. (2)

取初值 $x_0=3$, 计算结果如下: $x_1=3.09861$, $x_2=3.13095$, $x_3=3.14134$, $x_4=3.14465$, $x_5=3.14570$, $x_6=3.14604$. 取 $x^*\approx x_6=3.146$, 有 4 位有效数字. (3) 用斯蒂芬迭代法加速, $y_k=\ln x_k+2, z_k=\ln y_k+2, x_{k+1}=z_k-\dfrac{(z_k-y_k)^2}{z_k-2y_k+x_k}$, 计算结果如下: $x_1=3.14674$, $x_2=3.14619$, $x_3=3.14619$.

2.9 提示: 由 x^* 是 $f(x)=0$ 的单根, 有 $f(x^*)=0$, $f'(x^*)\neq 0$. 由 $\varphi(x)=x-m(x)f(x)$, 有 $\varphi'(x)=1-m'(x)f(x)-m(x)f'(x^*)$, $\varphi'(x^*)=1-m(x^*)f'(x^*)$. 当 $m(x^*)\neq\dfrac{1}{f'(x^*)}$ 时, 有 $\varphi'(x^*)\neq 0$, 此时, 若 $|\varphi'(x^*)|<1$ 不满足时, 没有一阶收敛, 故至多为一阶收敛, 而当 $m(x^*)=\dfrac{1}{f'(x^*)}$ 时, $\varphi'(x^*)=0$, 迭代至少是二阶收敛的.

2.10 提示: 至多是一阶的. 因迭代函数 $\varphi(x)=x-\dfrac{f(x)}{f'(x_0)}$.

2.11 提示: 令 $f(x)=\dfrac{1}{x}-a=0$, $x_{k+1}=2x_k-ax_k^2,\ \ k=0,1,\cdots$. 若 $a>0$, $x_0\in(\dfrac{1}{2a},\dfrac{3}{2a})$; 若 $a<0$, $x_0\in(\dfrac{3}{2a},\dfrac{1}{2a})$.

2.12 提示: 令 $f(x)=\dfrac{1}{x^2}-a=0$. 牛顿迭代格式为: $x_{k+1}=\dfrac{3}{2}x_k-\dfrac{1}{2}ax_k^3,\ \ k=0,1,\cdots$.

2.13 提示: 迭代格式 $x_{k+1}=\dfrac{2}{3}x_k+\dfrac{10}{3x_k^2},\ \ k=0,1,\cdots$. 对任意的 $x_0\in(-\infty,-\sqrt[3]{20})\cup(\sqrt[3]{4},+\infty)$, 可使迭代收敛.

2.14 提示: $\varphi(x)=\dfrac{3}{4}x+\dfrac{a}{4x}$, $\varphi'(x)=\dfrac{3}{4}-\dfrac{a}{4x^2}$, 因 $\varphi'(\sqrt{a})=\dfrac{3}{4}-\dfrac{a}{4a}=\dfrac{1}{2}\neq 0$, 所以仅为线性收敛.

2.15 提示: $0=f(x^*)=f(x_k)+f'(x_k)(x^*-x_k)+\dfrac{f'(\xi_k)}{2}(x^*-x_k)^2$, 其中 ξ_k 在 x_k 与 x^* 之间. 由 $x_{k+1}=x_k-\dfrac{f(x_k)}{f'(x_k)}$ 及前一式可得 $0=f'(x_k)(x^*-x_{k+1})+\dfrac{f'(\xi_k)}{2}(x^*-x_k)^2$. 亦即 $\dfrac{e_{k+1}}{e_k^2}=\dfrac{f''(\xi_k)}{2f'(x_k)}\to\dfrac{f''(\xi^*)}{2f'(x^*)}$.

2.16 提示: $\varphi(x)=x-m\dfrac{f(x)}{f'(x)}$, 证 $\varphi'(x^*)=0$.

2.17 提示: 令 $\varphi(x)=x-\dfrac{[f(x)]^2}{f(x+f(x))-f(x)}$.

2.18 提示: (1) 令 $\varphi(x)=\dfrac{2x(x^2+a)}{3x^2+a},\ \ \varphi''(x)=\dfrac{4ax(x^2-a)}{(3x^2+a)^3}$, $\varphi''(\sqrt{a})=0$. 故迭代至少三次收敛. (2) $\lim\limits_{x\to\sqrt{a}}\dfrac{\varphi(x)-\sqrt{a}}{(x-\sqrt{a})^3}=\lim\limits_{x\to\sqrt{a}}\dfrac{\varphi'(x)}{3(x-\sqrt{a})^2}=\lim\limits_{x\to\sqrt{a}}\dfrac{\varphi''(x)}{6(x-\sqrt{a})}=\lim\limits_{x\to\sqrt{a}}\dfrac{24ax(x^2-a)}{6(x-\sqrt{a})(3x^2+a)^3}$ $=\lim\limits_{x\to\sqrt{a}}\dfrac{24ax(x+\sqrt{a})}{6(3x^2+a)^3}=\dfrac{1}{8a}$.

2.19 提示: 迭代函数 $\varphi(x)=\alpha x+\beta\dfrac{a}{x^2}+\gamma\dfrac{a^2}{x^5}$.

第 3 章

3.1 (1) $\boldsymbol{x}=(0,-1,1)^{\mathrm{T}}$; (2) $\boldsymbol{x}=(1,1,1)^{\mathrm{T}}$. 3.2 略.

3.3 提示: (1) $a_{ij}^{(2)}=a_{ij}-m_{i1}a_{1j}=a_{ij}-\frac{a_{i1}}{a_{11}}a_{1j}=a_{ji}-\frac{a_{1i}}{a_{11}}a_{j1}=a_{ji}^{(2)}$, 所以 $\boldsymbol{A}_2$ 是对称的.

(2) $\boldsymbol{A}^{(2)}=\begin{pmatrix}a_{11} & \boldsymbol{\alpha}_1^{\mathrm{T}}\\ 0 & \boldsymbol{A}_2\end{pmatrix}=\boldsymbol{L}_1\boldsymbol{A},\ \ \boldsymbol{L}_1=\begin{pmatrix}1 & & & \\ -\frac{a_{21}}{a_{11}} & 1 & & \\ \vdots & \vdots & \ddots & \\ -\frac{a_{n1}}{a_{11}} & 0 & \cdots & 1\end{pmatrix}$, 则 $\boldsymbol{L}_1\boldsymbol{A}\boldsymbol{L}_1^{\mathrm{T}}=\begin{pmatrix}a_{11} & 0\\ 0 & \boldsymbol{A}_2\end{pmatrix}$

对称正定. 故 $\boldsymbol{A}_2$ 正定.

3.4 提示: $\sum\limits_{j=2,j\neq i}^{n}|a_{ij}^{(2)}|=\sum\limits_{j=2,j\neq i}^{n}\left|a_{ij}-\dfrac{a_{i1}}{a_{11}}a_{1j}\right|\leqslant\sum\limits_{j=2,j\neq i}|a_{ij}|+\sum\limits_{j=2,j\neq i}\left|\dfrac{a_{i1}}{a_{11}}a_{1j}\right|=\sum\limits_{j=1,j\neq i}^{n}|a_{ij}|-|a_{i1}|+\left|\dfrac{a_{i1}}{a_{11}}\right|\sum\limits_{j=2,j\neq i}^{n}|a_{1j}|<|a_{ii}|-|a_{i1}|+\left|\dfrac{a_{i1}}{a_{11}}\right|\sum\limits_{j=2,j\neq i}^{n}|a_{1j}|=|a_{ii}|-\left|\dfrac{a_{i1}}{a_{11}}\right|\left[|a_{11}|-\sum\limits_{j=2,j\neq i}^{n}|a_{1j}|\right]=|a_{ii}|-\left|\dfrac{a_{i1}}{a_{11}}\right|\left[|a_{11}|-\sum\limits_{j=2}^{n}|a_{1j}|+|a_{1i}|\right]\leqslant|a_{ii}|-\left|\dfrac{a_{i1}}{a_{11}}\right||a_{1i}|\leqslant\left|a_{ii}-\dfrac{a_{i1}}{a_{11}}a_{1i}\right|=|a_{ii}^{(2)}|$, 这已表明, $\boldsymbol{A}_2$ 是严格对角占优矩阵.

3.5 提示: (1) 必须 $\boldsymbol{A}$ 为对称正定矩阵, 即 $a=-1$, $-1<b<2$. (2) $\boldsymbol{x}=(\frac{1}{4},\frac{1}{2},\frac{1}{4})^{\mathrm{T}}$.

3.6 提示: (1) 因正定矩阵必然非奇异, 且其顺序主子式均大于 0, 则由 例 3.8 可知其必存在 LU 分解. (2) 题设条件满足了例 3.8 的条件, 从而知该矩阵可进行 LU 分解.

3.7 提示: 可举一反例.

3.8 提示: 若 $\boldsymbol{A}$ 非奇异且其各阶顺序主子式均非零, 则有 $\boldsymbol{A}=\boldsymbol{L}\boldsymbol{U}_1$, 其中 $\boldsymbol{L}$ 是单位下三角矩阵, $\boldsymbol{U}_1$ 是上三角矩阵.

反之, 若 $\boldsymbol{A}$ 非奇异, 且 $\boldsymbol{A}=\boldsymbol{L}\boldsymbol{D}\boldsymbol{U}=\boldsymbol{L}\hat{\boldsymbol{U}}$. 设 $\boldsymbol{A},\boldsymbol{L},\hat{\boldsymbol{U}}$ 的各阶顺序主子阵分别为 $\boldsymbol{A}_k,\boldsymbol{L}_k,\hat{\boldsymbol{U}}_k(k=1,\cdots,n)$, 显然 $\boldsymbol{A}_k=\boldsymbol{L}_k\boldsymbol{U}_k$. 由 LU 分解的定义可知, $\boldsymbol{L},\hat{\boldsymbol{U}}$ 的各阶顺序主子式均不为零, 即 $\det(\boldsymbol{L}_k)=1$, $\det(\hat{\boldsymbol{U}}_k)\neq 0$, 从而 $\det(\boldsymbol{A}_k)=\det(\boldsymbol{L}_k)\det(\hat{\boldsymbol{U}}_k)\neq 0, k=1,\cdots,n$. 即 $\boldsymbol{A}$ 的各阶顺序主子式均不为 0.

3.9 提示: (1) $x_n=b_n/u_{nn}, x_k=(b_k-\sum\limits_{i=k+1}^{n}u_{ki}x_i)/u_{kk}, k=n-1,\cdots,1$; (2) $\dfrac{n^2+n}{2}$.

3.10 提示: (1) $x_1=b_1/l_{11}$, $x_k=(b_k-\sum\limits_{i=1}^{k-1}l_{ki}x_i)/l_{kk}$; (2) $\dfrac{n^2+n}{2}$.

3.11 $\|\boldsymbol{x}\|_1=9$, $\|\boldsymbol{x}\|_2=\sqrt{29}$, $\|\boldsymbol{x}\|_\infty=4$.

3.12 (1) $\|\boldsymbol{A}\|_1=6$, $\|\boldsymbol{A}\|_\infty=7$, $\|\boldsymbol{A}\|_2=\sqrt{15+\sqrt{221}}$. (2) $15+\sqrt{221}$.

3.13 $\mathrm{cond}(\boldsymbol{A})_1=\|\boldsymbol{A}\|_1\|\boldsymbol{A}^{-1}\|_1=1\times 10^{10}$.

3.14 1.6875×10^{-5}.

3.15 提示: 将 $(\boldsymbol{A}+\delta\boldsymbol{A})(\boldsymbol{x}+\delta\boldsymbol{x})=\boldsymbol{b}$ 两端减去 $\boldsymbol{A}\boldsymbol{x}=\boldsymbol{b}$ 得 $\boldsymbol{A}\delta\boldsymbol{x}=-\delta\boldsymbol{A}(\boldsymbol{x}+\delta\boldsymbol{x})$, $\delta\boldsymbol{x}=-\boldsymbol{A}^{-1}\delta\boldsymbol{A}(\boldsymbol{x}+\delta\boldsymbol{x})$, 由相容性有 $\|\delta\boldsymbol{x}\|_2\leqslant\|\boldsymbol{A}^{-1}\|_2\|\delta\boldsymbol{A}\|_2\|\boldsymbol{x}+\delta\boldsymbol{x}\|_2$. 于是, $\dfrac{\|\delta\boldsymbol{x}\|_2}{\|\boldsymbol{x}+\delta\boldsymbol{x}\|_2}\leqslant\|\boldsymbol{A}^{-1}\|_2\|\delta\boldsymbol{A}\|_2=\mathrm{cond}(\boldsymbol{A})_2\dfrac{\|\delta\boldsymbol{A}\|_2}{\|\boldsymbol{A}\|_2}$. 又已知 $\boldsymbol{A}^{\mathrm{T}}=\boldsymbol{A}$, 有 $\mathrm{cond}(\boldsymbol{A})_2=\dfrac{|\lambda_1|}{|\lambda_2|}$, 故结论得证.

第 4 章

4.1 提示: $\boldsymbol{x}^{(k+1)}=(\boldsymbol{I}-\theta\boldsymbol{A})\boldsymbol{x}^{(k)}+\theta b$, 故迭代矩阵 $\boldsymbol{B}=\boldsymbol{I}-\theta\boldsymbol{A}$ 的特征值为 $1-\theta\lambda_i$, 其中 $\lambda_i>0$ 是 $\boldsymbol{A}$ 的特征值, 故当 $0<\theta<\dfrac{2}{\lambda_n}$时, 有$|1-\theta\lambda_i|<1$, 从而迭代收敛. 反之, 若迭代收敛, 则 $|1-\theta\lambda_i|<1$, 可得 $0<\theta<\dfrac{2}{\lambda_n}$.

4.2 提示: $|\lambda\boldsymbol{I}-\boldsymbol{B}_J|=(\lambda-0.8)(\lambda^2+0.8\lambda-0.32)=0$, $\lambda_1=0.8,\lambda_{2,3}=0.4(-1\pm\sqrt{3})$. 因 $|\lambda_3|=0.4(1+\sqrt{3})>1$, 故用雅可比迭代法不收敛.

4.3 提示: 谱半径 $\rho(\boldsymbol{B}_s)=\max|\lambda_i|=2>1$, 故用高斯–赛德尔迭代法不收敛.

4.4 提示: (1) 计算 $\rho(\boldsymbol{B}_J)=0<1$, 故雅可比迭代法收敛.

(2) 计算 $\rho(\boldsymbol{B}_s)=2>1$, 故高斯-赛德尔迭代法发散.

4.5 提示: (1) 计算 $\rho(\boldsymbol{B}_s)=\dfrac{1}{2}<1$, 从而高斯-赛德尔迭代收敛. (2) 计算 $\rho(\boldsymbol{B}_J)=\dfrac{\sqrt{5}}{2}>1$, 故雅可比迭代发散.

4.6 提示: (1) $\boldsymbol{A}=\begin{pmatrix} a & 1 & 3 \\ 1 & a & 2 \\ 3 & 2 & a \end{pmatrix}$, 当 $|a|>5$ 时, 雅可比迭代收敛. (2) $\begin{cases} a>0, \quad a^2-1>0, \\ a^3-14a+12>0, \end{cases} \Rightarrow$ $\begin{cases} a>1, \\ a^3-14a+12>0, \end{cases} \Rightarrow \begin{cases} a>1, \\ a(a^2-14)+12>0, \end{cases}$ 所以, 当 $a \geqslant \sqrt{14}$ 时, $\boldsymbol{A}$ 对称正定, 从而高斯-赛德尔迭代收敛.

4.7 当 $|a|<\dfrac{1}{\sqrt{2}}$ 时, 迭代格式收敛.

4.8 提示: 将原方程组调整为 $\begin{cases} -8x_1+x_2+x_3=-7 \\ x_1-5x_2+x_3=14 \\ x_1+x_2-4x_3=-13 \end{cases}$, 上述方程组的系数矩阵是严格对角占优的, 故雅可比迭代, 高斯-赛德尔迭代均收敛.

4.9 提示: $\rho(\boldsymbol{J})=0.9<1$, 故迭代法收敛.

4.10 提示: 容易验证 $\boldsymbol{A}$ 是对称正定的, 故高斯–赛德尔迭代收敛, 但 $2\boldsymbol{D}-\boldsymbol{A}$ 不正定, 故雅可比迭代发散.

4.11 提示: (1) 计算 $\rho(\boldsymbol{B}_J)=0.945<1$, 故雅可比迭代收敛. (2) 计算 $\rho(\boldsymbol{B}_S)=1$, 故高斯–赛德尔迭代发散.

4.12 提示: (1) 将原方程组的系数矩阵调整为 $\begin{pmatrix} -22 & 11 & 1 \\ 1 & -4 & 2 \\ 11 & -5 & -33 \end{pmatrix}$, 显然为严格对角占优矩阵, 故迭代法收敛. (2) 将原方程组的系数矩阵调整为上述矩阵后, 写出迭代矩阵 $\boldsymbol{B}_J$. 因为 $\|\boldsymbol{B}_J\|_\infty<1$, 故迭代法收敛.

第 5 章

5.1 $\dfrac{5}{6}x^2+\dfrac{3}{2}x-\dfrac{7}{3}$. 5.2 $\dfrac{4}{3}\approx 1.3333$, $|R_1(2)|\leqslant\dfrac{1}{4}<0.5\times 10^0$. 5.3 $P_3(x)=56x^3+24x^2+5$.

5.4 提示: (1) 设 $f(x)=x^j$, 当 $j=0,1,\cdots,n$ 时, 有 $f^{(n+1)}(x)=0$. 对 $f(x)$ 构造拉格朗日插值多项式, $L_n(x)=\sum\limits_{k=0}^{n}x_k^j l_k(x)$, 其 $R_n(x)=f(x)-L_1(x)=\dfrac{f^{(k+1)}(\xi)}{(n+1)!}\omega_{n+1}(x)=0$. 故 $f(x)=L_n(x)$, 即 $\sum\limits_{k=0}^{n}x_k^j l_k(x)=x^j, j=0,1,\cdots,n$. (2) 令 $g(t)=(t-x)^j, j=0,1,\cdots,n$. 对 $g(t)$ 构造 n 次拉格朗日插值多项式, 得 $L_n(t)=\sum\limits_{k=0}^{n}(x_k-x)^k l_k(t)$. 由 (1) 的结论知 $\sum\limits_{k=0}^{n}(x_k-x)^k l_k(t)=(t-x)^j$ 对一切 t 均成. 特别地, 取 $t=x$, 即有 $\sum\limits_{k=0}^{n}(x_k-x)^j l_k(x)=0$, $j=0,1,\cdots,n$.

5.5 提示: 因为 $f(x)=L_1(x)+R_1(x)$, $L_1(x)=0$, 所以 $|f(x)|=|R_1(x)|=\dfrac{|f''(\xi)|}{2!}|x-a||x-b|$,又因为二次函数 $(x-a)(x-b)$ 在 $[a,b]$ 上的最大值为 $\dfrac{(b-a)^2}{4}$, 所以 $|f(x)|\leqslant\dfrac{(b-a)^2}{8}\max\limits_{a\leqslant x\leqslant b}|f''(x)|$.

5.6 $L_3(x)=f(x)-R_3(x)=x(3x^2+x-3)$.

5.7 因 $f^{(n+1)}(x)=0$, $x\in[a,b]$, 所以 $R_n(x)=0$, 故 $f(x)=L_n(x)$.

5.8 提示: $f[x_0,x_0]=\lim\limits_{x\to x_0}f[x,x_0]=\lim\limits_{x\to x_0}\dfrac{f(x_0)-f(x)}{x_0-x}=\lim\limits_{x\to x_0}\dfrac{f(x)-f(x_0)}{x-x_0}=f'(x_0)$.

5.9 提示: $f[x_0,x_1,\cdots,x_p]=\sum\limits_{k=0}^{p}\dfrac{f(x_k)}{\omega_{p+1}'(x_k)}$. 当 $p\leqslant n$ 时, 有 $f[x_0,x_1,\cdots,x_p]=0$. 而当

$p=n+1$ 时, 有 $f[x_0,x_1,\cdots,x_p]=\sum\limits_{k=0}^{n+1}\dfrac{f(x_k)}{\omega'_{n+2}(x_k)}=\dfrac{f(x_{n+1})}{f(x_{n+1})}=1$.

5.10 (1) 0.324027; (2) 因 $|R_1(x)|=|\dfrac{(\sin x)''}{2!}(0.33-0.32)(0.33-0.34)|\leqslant\dfrac{1}{2}\times 0.01\times 0.01=\dfrac{1}{2}\times 10^{-4}$, 故至少有 4 位有效数字.

5.11 提示: 由题设, 可令 $R(x)=f(x)-P(x)=a(x-1)(x-2)^2(x-3)$. 注意到 $P(x)$ 是不超过 3 次的多项式, 故 $P^{(4)}(x)=0$, 从而 $f^{(4)}(x)=R^{(4)}(x)=4!a$, 由此得 $a=\dfrac{f^{(4)}(x)}{4!}$, $x\in[1,3]$, 故 $f(x)-P(x)=\dfrac{f^{(4)}(\xi)}{4!}(x-1)(x-2)^2(x-3)$.

5.12 (1) 略; (2) $N_3(x)=\dfrac{4}{3}x^3-\dfrac{5}{2}x^2+\dfrac{29}{12}x$.

5.13 (1) $N_3(x)=-4+3(x+1)-\dfrac{5}{6}(x+1)x+\dfrac{5}{12}(x+1)x(x-2)$, $f(1.5)\approx N_3(1.5)=-0.4063$; (2) 由于 $y=f(x)$ 单调连续, 故存在反函数 $x=f^{-1}(y)$. 对反函数进行牛顿插值, 得 $\tilde{N}_3(y)=-1+\dfrac{1}{3}(y+4)+\dfrac{5}{12}(y+4)(y+2)-\dfrac{5}{42}(y+4)(y+1)y$, $f^{-1}(0.5)\approx\tilde{N}_3(0.5)=2.9107$.

5.14 提示: 由 $\sum\limits_{k=0}^{n}a_k\varphi_k(x)=\sum\limits_{k=0}^{n}(a_k\sum\limits_{i=0}^{k}c_i^{(k)}x^i)=\sum\limits_{i=0}^{k}(\sum\limits_{k=0}^{n}a_kc_i^{(k)})x^i=0$ 得 $\sum\limits_{k=0}^{n}a_kc_i^{(k)}=0$, $i=k,\cdots,n$. 由于 $c_0^{(0)}c_1^{(1)}\cdots c_n^{(n)}\neq 0$, 故 $a_0=a_1=\cdots=a_n=0$, 从而 $\varphi_0,\varphi_1,\cdots,\varphi_n$ 线性无关.

5.15 提示: $P(x)=L_n(x)+R_n(x)=\sum\limits_{k=0}^{n}l_k(x)P(x_k)+\dfrac{P^{(n+1)}(\xi)}{(n+1)!}\omega(x)=\sum\limits_{k=0}^{n}P(x_k)l_k(x)+\omega(x)$.

5.16 $m_0=\dfrac{17}{8}$, $m_1=\dfrac{7}{4}$, $m_2=\dfrac{5}{4}$, $m_3=\dfrac{19}{8}$.

$$S(x)=\begin{cases}-\dfrac{1}{8}(x-1)^3+\dfrac{17}{8}(x-1)+1, & x\in[1,2];\\ -\dfrac{1}{8}(x-2)^3-\dfrac{3}{8}(x-2)^2+\dfrac{7}{4}(x-2)+3, & x\in[2,4];\\ \dfrac{3}{8}(x-4)^3-\dfrac{9}{8}(x-4)^2-\dfrac{5}{4}(x-4)+4, & x\in[4,5].\end{cases}$$

5.17 $$S(x)=\begin{cases}-\dfrac{1}{3}(x+1)^3+\dfrac{4}{3}(x+1)^2-1, & x\in[-1,0];\\ -x^3-\dfrac{1}{2}x^2+\dfrac{5}{3}x, & x\in[0,1];\\ \dfrac{7}{3}(x-1)^3-\dfrac{8}{3}(x-1)^2-\dfrac{2}{3}(x-1)+1, & x\in[1,2].\end{cases}$$

5.18 (1) 提示: 法方程组 $\begin{cases}28x_1+12x_2=35,\\12x_1+8x_2=18.4.\end{cases}$ 解得 $x_1=0.74$, $x_2=1.19$. 误差平方和 $\delta^2=0.1620$.

(2) 提示: 法方程组 $\begin{cases}18x_1-3x_2=51\\-3x_1+46x_2=48\end{cases}$ 解得 $x_1=3.0403$, $x_2=1.2418$. 误差平方和 $\delta^2=0.3407$.

5.19 $y=0.973+0.050x^2$.

5.20 提示: (1) $a=0.9566$, $b=-0.3918$, $\varphi_1(x)=a+bx^2$, 误差 0.001118; (2) $a=3.7487$, $b=-0.8270$, $\varphi_2(x)=a\mathrm{e}^{bx}$, 误差 2.1575.

第 6 章

6.1 提示: 验证公式对 $f(x)=1,x,x^2,x^3$ 是准确的, 而对 $f(x)=x^4$ 是不准确的.

6.2 提示: (1) 验证公式对 $f(x)=1,x,x^2,x^3,x^4,x^5$ 是准确的. (2) 0.2843.

6.3 (1) 近似值 0.0352, 截断误差 $|R_M[f]| \leqslant 0.0013$; (2) 近似值 0.0391, 截断误差 $|R_T[f]| \leqslant 0.0026$; (3) 近似值 0.0365, 截断误差 $|R_S[f]| = 0$;

6.4 (1) 2.508064, 2.476780; (2) 1.281448, 1.277828.

6.5 $n \geqslant 57.735$, 取 $n = 58$, 近似值为 0.7468.

6.6 $f(x) = 1 + \dfrac{1}{2\sqrt{x}}$, $|f^{(4)}(x)| = \left|\dfrac{105}{32}x^{-\frac{9}{2}}\right| \leqslant \dfrac{105}{32}$, $\forall x \in [1,2]$; $|R[S_n]| = \left| -\dfrac{b-a}{180}(\dfrac{h}{2})^4 f^{(4)}(\xi)\right| \leqslant \dfrac{1}{180}\cdot\dfrac{h^4}{2^4}\cdot\dfrac{105}{32} \leqslant \dfrac{1}{2}\times 10^{-5}$; $n = \dfrac{1}{h} \geqslant 3.8853$, 故取 $n = 4$.

6.7 (1) $\displaystyle\int_0^1 f(x)\mathrm{d}x \approx \frac{1}{3}[2f(0.25) - f(0.5) + 2f(0.75)]$; (2) 3 次迭代精度; (3) $\displaystyle\int_0^1 x^2\mathrm{d}x = \frac{1}{3}[2\times 0.25^2 - 0.5^2 + 2\times 0.75^2] = \frac{1}{3}$.

6.8 已知节点 $x_1 = -\lambda$, $x_2 = 0$, $x_3 = \lambda$. 设求积公式为 $\displaystyle\int_{-1}^1 f(x)\mathrm{d}x \approx A_0 f(-\lambda) + A_1 f(0) + A_2 f(\lambda)$, 设求积公式对 $f(x) = 1, x^2, x^3, x^4, x^5$ 均准确成立, 求得$\lambda = \pm\sqrt{\dfrac{3}{5}}$, $A_0 = \dfrac{5}{9}$, $A_1 = \dfrac{8}{9}$, $A_2 = \dfrac{5}{9}$, 故 $\displaystyle\int_{-1}^1 f(x)\mathrm{d}x = \frac{1}{9}\left[5f(-\sqrt{\frac{3}{5}}) + 8f(0) + 5f(\sqrt{\frac{3}{5}})\right]$. 设公式的代数精度至少为 5 次, 将 $f(x) = x^6$ 代入求积公式, 左 $= \dfrac{2}{7}$, 右$= \dfrac{6}{25}$, 公式不准确成立, 故代数精度为 5 次.

6.9 提示: 用反证法. 取 $f(x) = [\omega(x)]^2 = [(x-x_0)(x-x_1)\cdots(x-x_n)]^2$ 为 $2n+2$ 次多项式.

6.10 $\displaystyle\int_0^4 f(x)\mathrm{d}x = \int_{-2}^2 f(t+2)\mathrm{d}t \approx \frac{4}{3}[2f(1) - f(2) + 3f(3)]$.

6.11 方法1: 令公式对 $f(x) = 1, x, x^2, x^3$ 准确成立, 得 $A_0 + A_1 = 1$, $x_0A_0 + x_1A_1 = \dfrac{1}{2}$, $x_0^2A_0 + x_1^2A_1 = \dfrac{1}{3}$, $x_0^3A_0 + x_1^3A_1 = \dfrac{1}{4}$, 解得: $x_0 = \dfrac{1}{2} - \dfrac{1}{2\sqrt{3}}$, $x_1 = \dfrac{1}{2} + \dfrac{1}{2\sqrt{3}}$, $A_0 = A_1 = \dfrac{1}{2}$, 即$\displaystyle\int_0^1 f(x)\mathrm{d}x = \frac{1}{2}\left[f(\frac{1}{2} - \frac{1}{2\sqrt{3}}) + f(\frac{1}{2} + \frac{1}{2\sqrt{3}})\right]$. 方法 2: 利用公式 $\displaystyle\int_{-1}^1 f(t)\mathrm{d}t = f(-\frac{1}{\sqrt{3}}) + f(\frac{1}{\sqrt{3}})$, 作变量替换 $x = \dfrac{1}{2}t + \dfrac{1}{2}$, $\displaystyle\int_0^1 f(x)\mathrm{d}t = \int_{-1}^1 f(\frac{1}{2} + \frac{1}{2}t)\mathrm{d}t$ 即得.

6.12 $f'(h) = f'(0) + hf''(0) + \dfrac{1}{2}h^2 f'''(0) + O(h^3)$, $\dfrac{1}{3}f'(0) + \dfrac{2}{3h}[f(2h) - f(h)] = f'(0) + hf''(0) + \dfrac{7}{9}h^2 f'''(0) + O(h^3)$. 余项$= -\dfrac{5}{18}f'''(0)h^2 + O(h^3)$.

6.13 余项$= -\dfrac{f^{(5)}(\xi)}{30}h^4$.

6.14 $f'(2.6) \approx \dfrac{f(2.6) - f(2.5)}{2.6 - 2.5} \approx 12.8120$, $f'(2.6) \approx \dfrac{f(2.7) - f(2.6)}{2.7 - 2.6} \approx 14.1600$, $f'(2.6) \approx \dfrac{f(2.7) - f(2.5)}{2.7 - 2.5} \approx 13.4860$, $f''(2.6) \approx \dfrac{f(2.7) - 2f(2.6) + f(2.5)}{0.1^2} \approx 13.4800$.

6.15 (1) $f'(1.0) \approx -0.247$, 误差 0.0025; (2) $f'(1.1) \approx -0.217$, 误差 0.00125; (3) $f'(1.2) \approx -0.187$, 误差 0.0025.

第 7 章

7.1 2.9943; $R_1 = 2.9999$, $R_2 = 3.0000$, $R_3 = 3.0000$.

7.2 2.9995; 相应的特征向量 $(1.0000, 0.9994)^{\mathrm{T}}$.

7.3 1; 相应的特征向量 $(1.0000,-1.0000)^{\mathrm{T}}$.

7.4 $-0.2361, 4.2361$, 相应的特征向量 $(-0.8507,0.5257)^{\mathrm{T}}$, $(0.5257,0.8507)^{\mathrm{T}}$.

7.5 特征值: 1.3004, 3.2391, 5.4605; 特征向量: $(0.8097,0.5665,0.1531)^{\mathrm{T}}$, $(0.5744,-0.7118,-0.4042)^{\mathrm{T}}$, $(0.1200,-0.4153,0.9018)^{\mathrm{T}}$.

7.6 $=\begin{pmatrix} 1.0000 & -2.8284 & 0 \\ -2.8284 & -2.0000 & -3.0000 \\ 0 & -3.0000 & 6.0000 \end{pmatrix}$.

第 8 章

8.1 $y_0=1,\ \ y_1=0.9,\ \ y_2=0.8019,\ \ y_3=0.7089,\ \ y_4=0.6229,\ \ y_5=0.5451$.

8.2 $y_0=2,\ \ y_1=1.6333,\ \ y_2=1.2944,\ \ y_3=0.9787,\ \ y_4=0.6823,\ \ y_5=0.4109$.

8.3 (1) 梯形公式: $y_0=2,\ \ y_1=1.8148,\ \ y_2=1.6586,\ \ y_3=1.5306,\ \ y_4=1.4301,\ \ y_5=1.3563$; (2) 改进欧拉公式: $y_0=2,\ \ y_1=1.8156,\ \ y_2=1.6600,\ \ y_3=1.5326,\ \ y_4=1.4325,\ \ y_5=1.3591$; (3) 解析解: $y(0)=2.0000$, $y(0.1)=1.8148$, $y(0.2)=1.6587$, $y(0.3)=1.5308$, $y(0.4)=1.4303$, $y(0.5)=1.3565$.

8.4 $y_0=1,\ \ y_1=0.9537,\ \ y_2=0.9146,\ \ y_3=0.8823,\ \ y_4=0.8564,\ \ y_5=0.8367$.

8.5 (1) $y_{n+1}=\dfrac{2-h}{2+h}y_n, n=0,1,2,\cdots$; (2) $y_0=1,\ \ y_1=0.9048,\ \ y_2=0.8186$, 故 $y(0.2)\approx y_2=0.8186$; (3) 因 $y_{n+1}=\dfrac{2-h}{2+h}y_n=\left(\dfrac{2-h}{2+h}\right)^{n+1}y_0$, $y_0=1$, 故 $y_n=\left(\dfrac{2-h}{2+h}\right)^n$. 由于 $\left(\dfrac{2-h}{2+h}\right)^n=(1-\dfrac{2h}{2+h})^n=\left[\left(1-\dfrac{h}{1+h/2}\right)^{\frac{1}{h}}\right]^x$, $(x=nh)$, 所以, 当 $h\to 0$ 时, $y_n\to \mathrm{e}^{-x}$.

8.6 $y_1=2,\ \ y_2=2.3004,\ \ y_2=2.4654,\ \ y_3=2.5561,\ \ 2.6059,\ \ y_5=2.6333$.

8.7 提示: $x_0=0, y_0=0, x_n=nh$, 由欧拉法, 有 $y_1=bh,\ \ y_2=2bh+ahx_1,\ \ y_3=3bh+ah(x_1+x_2),\cdots,\ y_n=(n-1)bh+ah(x_1+\cdots+x_{n-2})+h(ax_{n-1}+b)=nbh+ah^2[1+2+\cdots+(n-1)]=bx_n+ah^2\dfrac{(n-1)n}{2}=bx_n+\dfrac{1}{2}ax_{n-1}x_n$. 由已知 $y(x)=\dfrac{1}{2}ax^2+bx$, 有 $y(x_n)-y_n=\dfrac{1}{2}ax_n^2+bx_n-(bx_n+\dfrac{1}{2}ax_{n-1}x_n)=\dfrac{1}{2}ahx_n$.

8.8 提示: 对 K_2, K_3 在 (x_n,y_n) 处二元泰勒展开. 将 $y(x_{n+1})$ 在 x_n 处展开.

8.9 提示: 只需分别验证改进欧拉法和四阶龙格–库塔法的增量函数 $\varphi_1(x,y,h)=\dfrac{1}{2}[f(x,y)+f(x+h,y+hf(x,y))]$ 和 $\varphi_2(x,y,h)=\dfrac{1}{6}[K_1(x,y)+2K_2(x,y,h)+2K_3(x,y,h)+K_4(x,y,h)]$ 对 y 满足 Lipschitz 条件即可.

8.10 提示: 中矩形公式: $\displaystyle\int_a^b f(x)\mathrm{d}x\approx(b-a)f(\frac{a+b}{2})$, 误差 $\dfrac{f''(\eta)}{24}(b-a)^3$. 对 $y'(x)=f(x,y)$ 两边在 $[x_{n-1},x_{n+1}]$ 上积分得 $y_{n+1}=y_{n-1}+\displaystyle\int_{x_{n-1}}^{x_{n+1}}f(x,y)\mathrm{d}x=y_{n-1}+2hf(x_n,y_n)$, 误差为 $\dfrac{f''(\xi)}{24}(x_{n+1}-x_{n-1})^3=\dfrac{y'''(\xi)}{24}(2h)^3=\dfrac{y'''(\xi)}{3}h^3$.

8.11 提示: (1) 对 $y'(x)=f(x,y)$ 两边在 $[x_n,x_{n+1}]$上积分得 $y(x_{n+1})-y(x_n)=\displaystyle\int_{x_n}^{x_{n+1}}f(x,y(x))\mathrm{d}x$. 由梯形公式, 得 $y_{n+1}=y_n+\dfrac{h}{2}[f(x_n,y_n)+f(x_{n+1},y_{n+1})]$, 即 $y_{n+1}=y_n+\dfrac{h}{2}(f_n+f_{n+1})$. (2) 对 $y'(x)=f(x,y)$ 两边在 (x_{n-1},x_{n+1}) 上积分得$y_{n+1}=y_{n-1}+\displaystyle\int_{x_{n-1}}^{x_{n+1}}f(x,y(x))\mathrm{d}x$, 利用辛普森公式, 得 $y_{n+1}=y_{n-1}+\dfrac{2h}{b}[f(x_{n-1},y_{n-1})+4f(x_n,y_n)+f(x_{n+1},y_{n+1})]$, 即 $y_{n+1}=$

$y_{n-1} + \dfrac{h}{3}(f_{n-1} + 4f_n + f_{n+1})$.

8.12 (1) $f(x,y) = -100(y-x^2)+2x$, 欧拉格式为 $y_{n+1} = y_n + hf(x_n, y_n) = y_n + h(-100y_n + 100x_n^2 + 2x_n) = (1-100h)y_n + h(100x_n^2 + 2x_n)$, 当 $|1-100h| \leqslant 1$, 即 $0 \leqslant h \leqslant 0.02$ 时是稳定的. (2) 梯形公式为: $y_{n+1} = y_n + \dfrac{h}{2}[f(x_n, y_n) + f(x_{n+1}, y_{n+1})] = y_n + \dfrac{h}{2}[-100y_n + 100x_n^2 + 2x_n - 100y_{n+1} + 100x_{n+1}^2 + 2x_{n+1}]$, 即 $(1+50h)y_{n+1} = (1-50h)y_n + h[50(x_n^2 + x_{n+1}^2) + x_n + x_{n+1}]$, 故 $y_{n+1} = \dfrac{1-50h}{1+50h}y_n + \dfrac{h}{1+50h}[50(x_n^2 + x_{n+1}^2) + x_n + x_{n+1}]$. 因 $\left|\dfrac{1-50h}{1+50h}\right| < 1$ 恒成立, 故用梯形公式求解该问题是无条件绝对收敛的.

8.13 (1) 提示: $K_2 = f(x_n + \dfrac{h}{2}, y_n + \dfrac{h}{2}K_1) = f(x_n, y_n) + f_x(x_n, y_n)\cdot\dfrac{h}{2} + f_y(x_n, y_n)\cdot\dfrac{h}{2}K_1 + O(h^2) = y'(x_n) + \dfrac{h}{2}y''(x_n) + O(h^2)$. 所以, $y_{n+1} = y_n + hK_2 = y(x_n) + hy'(x_n) + \dfrac{h^2}{2}y''(x_n) + O(h^3)$. 注意到 $y(x_{n+1}) = y(x_n) + hy'(x_n) + \dfrac{h^2}{2}y''(x_n) + O(h^3)$, $\therefore \varepsilon_{n+1} = y(x_{n+1}) - y_{n+1} = O(h^3)$, 即公式是二阶的. (2) 对 $y' = \lambda y(\lambda < 0)$, 利用中点公式, 得 $y_{n+1} = y_n + h[\lambda(y_n + \dfrac{h}{2}\cdot\lambda y_n)] = \dfrac{1}{2}[2 + 2h\lambda + (h\lambda)^2]y_n$. 由 $\dfrac{1}{2}|2 + 2h\lambda + (h\lambda)^2| < 1$, 得 $h \leqslant -\dfrac{2}{\lambda}$.

8.14 $y_{n-1} = y(x_n - h) = y(x_n) - hy'(x_n) + \dfrac{h^2}{2}y''(x_n) + O(h^3)$, $y'_{n-1} = y'(x_n - h) = y'(x_n) - hy''(x_n) + O(h^2)$, $y'_{n+1} = y'(x_n + h) = y'(x_n) + hy''(x_n) + O(h^2)$. 将上面三式代入公式, 得 $y_{n+1} = \dfrac{1}{2}[y(x_n) - hy'(x_n) + \dfrac{h^2}{2}y''(x_n) + O(h^3) + y(x_n)] + \dfrac{h}{4}\{3[y'(x_n) - hy''(x_n)] - y'(x_n) + 4[y'(x_n) + hy''(x_n)] + O(h^2)\} = y(x_n) + hy'(x_n) + \dfrac{h^2}{2}y''(x_n) + O(h^3)$. 将上式与 $y(x_{n+1}) = y(x_n) + hy'(x_n) + \dfrac{h^2}{2}y''(x_n) + O(h^3)$ 相减, 得 $\varepsilon^{n+1} = y(x_{n+1}) - y_{n+1} = O(h^3)$, 即公式是二阶的.

8.15 (1) $f(x_{n+1}, y_{n+1}) = f(x_n + h, y_n + hy'(x_n)) = f(x_n, y_n) + h[f_x(x_n, y_n) + f_y(x_n, y_n)\cdot y'(x_n)] + O(h^2) = y'(x_n) + hy''(x_n) + O(h^2)$, 代入公式得 $y_{n+1} = y(x_n) + \dfrac{h}{3}\{y'(x_n) + 2[y'(x_n) + hy''(x_n) + O(h^2)]\} = y(x_n) + hy'(x_n) + \dfrac{2h^2}{3}y''(x_n) + O(h^3)$ 与 $y(x_{n+1}) = y(x_n) + hy'(x_n) + \dfrac{h^2}{2}y''(x_n) + O(h^3)$ 得 $\varepsilon_{n+1} = y(x_{n+1}) - y_{n+1} = O(h^2)$, 故公式是一阶的. (2) 对模型方程 $y' = \lambda y(\lambda < 0)$, 所给方法的形式为 $y_{n+1} = y_n + \dfrac{h}{3}(\lambda y_n + 2\lambda y_{n+1})$, 即 $y_{n+1} = \dfrac{3+\lambda h}{3-2\lambda h}y_n$, 由于 $|\dfrac{3+\lambda h}{3-2\lambda h}| < 1$ 对任何 $\lambda < 0$ 都成立, 故该格式是无条件绝对稳定的.

8.16 欧拉格式为 $\begin{cases} y_{n+1} = (1+3h)y_n + 2hz_n, & y(0) = 0, \\ z_{n+1} = 4hy_n + (1+h)z_n, & z(0) = 1. \end{cases}$ $y_1 = (1+0.3)y_0 + 0.2z_0 = 0.2$, $z_1 = 0.4y_0 + 1.1z_0 = 1.1$, $y_2 = 1.3y_1 + 0.2z_1 = 1.3\times0.2 + 0.2\times1.1 = 0.48$, $z_2 = 0.4y_1 + 1.1z_1 = 0.4\times0.2 + 1.1\times1.1 = 1.29$.

8.17 令 $z = y'$, 将二阶方程化为等价的一阶方程组.

8.18 因 $f(x, y, y') = -2y^2 - 4xyy'$, 由习题 8.17 的结果, 计算得 $y_2 = 0.98$.

第 9 章

略.

参考文献

[1] 冯康, 等. 数值计算方法. 北京: 国防工业出版社, 1978.

[2] 王能超. 计算方法. 北京: 高等教育出版社, 2005.

[3] 关冶, 陆金甫.数值方法. 北京: 清华大学出版社, 2006.

[4] 胡兵, 李清朗. 现代科学工程计算基础. 成都: 四川大学出版社, 2003.

[5] 汪卉琴, 刘目楼. 数值分析. 北京: 冶金工业出版社, 2004.

[6] 姜健飞, 胡良剑, 唐俭. 数值分析及其 MATLAB 实验. 北京: 科学出版社, 2004.

[7] 陈兰平, 王凤. 数值分析. 北京: 科学出版社, 2000.

[8] 宋国乡, 冯有前, 王世儒. 数值分析. 西安: 西安电子科技大学出版社, 2002.

[9] 贺俐, 陈桂兴. 计算方法. 武汉: 武汉大学出版社, 2006.

[10] 施妙根, 顾丽珍. 科学与工程计算基础. 北京: 清华大学出版社, 1999.

[11] 白峰杉. 数值计算引论. 北京: 高等教育出版社, 2004.

[12] 马东升, 熊春光. 数值计算方法习题及习题解答. 北京: 机械工业出版社, 2006.

[13] 黄云清, 舒适, 陈艳萍, 等. 数值计算方法. 北京: 科学出版社, 2009.

[14] Jeffery J. Leader 著. 数值分析与科学计算. 张威, 刘志军, 李艳红, 译. 北京: 清华大学出版社, 2008.

[15] John H. Mathews, Kurtis D. Fink 著. 数值方法 (MATLAB 版). 周璐, 陈渝, 钱方等 译. 北京: 电子工业出版社, 2007.

[16] 薛莲. 数值计算方法. 北京: 电子工业出版社, 2007.

[17] 司守奎, 孙玺菁. 数学建模算法与应用. 北京: 国防工业出版社, 2011.

[18] 徐萃薇, 孙绳武. 计算方法引论. 北京: 高等教育出版社, 2002.

[19] 杨咸启,李晓玲,师忠秀. 数值分析方法与工程应用. 北京: 国防工业出版社, 2008.

[20] 蔡旭晖, 刘卫国, 蔡立燕. MATLAB 基础与应用教程. 北京: 人民邮电出版社, 2009.